安全生产新技术丛书

# 起重安全

（第二版）

孙桂林　孙　淼　主编

中国劳动社会保障出版社

图书在版编目(CIP)数据

起重安全/孙桂林，孙淼主编．—2版．—北京：中国劳动社会保障出版社，2006

安全生产新技术丛书

ISBN 978-7-5045-5958-6

Ⅰ．起… Ⅱ．①孙… ②孙… Ⅲ．起重机械-安全技术
Ⅳ．TH210.8

中国版本图书馆CIP数据核字(2006)第157573号

中国劳动社会保障出版社出版发行

(北京市惠新东街1号 邮政编码：100029)

出版人：张梦欣

*

北京市艺辉印刷有限公司印刷装订 新华书店经销

850毫米×1168毫米 32开本 10.75印张 227千字

2007年1月第2版 2008年2月第2次印刷

定价：23.00元

读者服务部电话：010-64929211

发行部电话：010-64927085

出版社网址：http://www.class.com.cn

版权专有 侵权必究

举报电话：010-64954652

# 编 委 会

**主　任**　闪淳昌

**委　员**　杨国顺　施卫祖　吕海燕　牛开健
高继轩　柯振泉　冯维君　杨泗霖
杨有启　孙桂林　王海军　马恩远
王琛亮　时　文　邢　磊　甘晓东
冯国庆　洪　亮　吴　燕　张建荣
刘普明　吴旭正

**编写人员**　孙桂林　孙　淼　李　锋
孙佩韦　高　扬　缪　玫

# 前　言

进入21世纪，人类跨进一个崭新的时代。人们在欢庆新世纪，享受经济高速发展带来的成果的同时，也面临着生产中种种危险隐患的威胁。因此，在坚持科学发展观，实施可持续发展战略，全面建设小康社会的过程中，安全生产工作便显得尤其重要。

当前，我国正处于经济发展的转型期，安全生产基础薄弱，安全生产管理水平不高。受生产力发展水平、从业人员整体素质等因素的影响，安全生产形势相当严峻，重大特大事故频繁发生，造成了巨大的人员伤亡和财产损失。这种局面如果得不到有效控制，将直接影响我国改革开放、经济发展、构建社会主义和谐社会宏伟目标的实现。

随着科学技术的进步和发展，新设备、新产品、新工艺、新材料不断涌现，生产过程中的潜在危险和有害因素不断增加，企业的安全生产和事故的预防和控制工作面临新的挑战。如何有效地预防和控制企业中各种安全生产风险，从被动防范事故向主动控制危险源头，往本质安全化方面转变；如何以人为本，珍爱生命，保护劳动大众的安全与健康；如何加强安全培训，使广大职工和生产管理人员了解和掌握安全生产新技术、新知识，增强劳动者自我保护的意识和能力，成为安全生产工作的艰巨任务。为此，我们组织有关专家、学者和专业技术人员编写了这套“安全生产新技术丛书”。

本套丛书从企业安全生产的各项具体工程技术入手，有针对性地提出了解决安全问题的方法和措施。理论联系实际，既注重科学性、规范性，又突出实用性和可操作性。丛书本着“少而精”“实用、管用”的原则，对安全生产技术特别是新技术、新成果进行了系统的介绍。本套丛书可作为全国各工矿企业管理干部和技术人员的工作用书，也可供各单位用作职工安全技术岗位培训教材。

本套丛书所涉及的内容十分广泛，由于编者经验不足、水平有限，书中内容若有不妥和错误之处，热切希望读者不吝赐教。

编委会

# 内 容 提 要

本书系统地介绍了通用桥式起重机、通用门式起重机、葫芦式起重机、流动式起重机、塔式起重机和港口起重机的安全装置，运行操作的安全知识以及安全检查的要点；书中还介绍了起重机易损零部件和通用安全装置的安全技术知识。

本书可作为各种起重设备操作人员的培训教材及继续学习用书，还可供企业安全管理干部及有关技术人员学习参考。

# 目　　录

# 第一章　概　述

## 第一节　起重搬运在现代生产中的作用

任何物质的生产过程都将伴随着一个物料（品）的搬运、加工、再搬运的过程。在古代，人们依靠人力、畜力拉动简单的起重工具来起重和搬运物料。我国是使用起重工具最早的国家。

在公元前 1765—1760 年，我国商代已经出现了“桔槔”，到公元前 1115—1079 年，我国发明了“辘轳”。“辘轳”最初用来从井中汲水，1974 年在湖北发掘出的春秋战国时代古铜矿遗址中有木制“辘轳”残件，用于提升铜矿石。在元代王桢著的《农书》和明代宋应星著的《天工开物》中都有“辘轳”图。至今，现代起重机仍然利用着这一原理。14 世纪欧洲出现由人力和畜力驱动的起重机。19 世纪出现用金属材料制造的桥式起重机，19 世纪后期由于内燃机的出现，则开始采用内燃机驱动起重机（1827 年），随后又出现电动起重机（1885 年）。20 世纪以来，特别是第二次世界大战以来，起重机有了很大的发展。

我国已经能够设计制造单钩 1 200 t 的大型桥式起重机，用于三峡水利工程左岸水电站主厂房的转子吊装作业，已于 2000 年 8 月试车成功。该桥式起重机的主钩起重量为 1 200 t，副钩起重量为 125 t，主钩起升高度为 34 m，跨度为 33 m，单机质量为 830 t。主、副钩起升速度，大小车运行速度均可实现交流变频无级调速。我国自行设计的 1 100 t 门式起重机，双小车，每台小车起重量为 550 t，跨度为 24 m，起升高度为 13 m，起升速度为 0.5～1.5 m/min，空载起升速度为 3 m/min，大车运行速度为10 m/min。国内最大的铸造起重机，起重量为 450/80 t（主钩/副钩），已经投入使用，跨度为 21.4 m，主梁断面高度为 3.1 m。世界上最大的流动起重机有：荷兰 Mammoet Holding 公司生产的 MSG100 型起重机，起重量达到 4 400 t；美国 Lampson International 公司生产的 LTL—3000 型起重机，起重量达到 3 000 t；美国 Deep South Crane & Rigging 公司生产的 TC—36000 型起重机，起重量达到 2 268 t。此外，能生产起重量在 1 200 t 以上的流动起重机的国家还有德国、比利时、加拿大、英国、日本和印度等。

为了顺应生产发展的需要，现代起重搬运机械发展迅速，人们制造出种类繁多的起重搬运机械和设备，在国民经济各个部门起着重要的作用。如一个较大的港口要装设几千台起重搬运机械，一个大型钢铁联合企业也要装备几千台起重搬运机械。在铁路、机械制造、建筑业、石油化工、电站、林业、商业等各行各业都装备着大量的起重搬运机械设备。不仅如此，在食品加工、服务行业、旅游行业、医疗卫生业也都大量地使用着起重搬运机械。

现代化的起重搬运技术已经不是单纯的减轻体力劳动强度的手段，而是现代化生产不可缺少的组成部分。根据生产系统的需要，应及时、迅速、有节奏地将原材料、零部件搬动到指定的加工岗位上去，否则现代化生产就不可能实现。实践证明，在某些关键岗位上增加一两台起重设备，劳动生产率就会成倍地增长，世界各发达国家都十分重视物料搬运系统的投资。生产规模越大，物料搬运的重要性就越突出。用性能良好的物料搬运机械组成合理的搬运系统，可以充分发挥生产能力，同时还能保证生产安全。

2002 年世界物料搬运系统前十名的排名如下：

第 1 名是德国的 Siemens Denmatic 公司，销售额为 29 亿美元；第 2 名是日本的 Daifuku Co. Ltd 公司，销售额为 13.5 亿美元；第 3 名是德国的 Schaefer Holding International GmbH 公司，销售额为 13 亿美元；第 4 名是英国的 FKI plc 公司，销售额为 12.75 亿美元；第 5 名是瑞士的 Swisslog Hoolding. Ab 公司，销售额为 7 亿美元；第 6 名是日本的 Murata Machinery Ltd 公司，销售额为 5.71 亿美元；第 7 名是美国的 Colmbus Mckinnon Corp. 公司，销售额为 4.55 亿美元；第 8 名是荷兰的 Vanderlande Industries，BV 公司，销售额为 3.54 亿美元；第 9 名是挪威的 Dxion Group Ltd 公司，销售额为 3.53 亿美元；第 10 名是美国的 Lockheed Martin Corp. 公司，销售额为 3.2 亿美元。

2002 年中国物料搬运系统共进口轻小型起重设备 127 349 台，金额为 149.76 百万美元；各类起重机 2 539 台、装卸机械等 41 171 台，金额为 629.65 百万美元。出口轻小型起重设备 20 423 528台，金额为 629.65 百万美元；各类起重机 3 399 台，金额为 457.10 百万美元；叉车、搬运车 395 238 台，金额为 89.65 百万美元；电梯、自动扶梯、各类运输机、装卸机械等 356 528 台，金额为 126.58 百万美元。

我国 2002 年起重设备生产量为 76.5 万 t，2003 年起重设备生产量为 100 万 t，年增长率为 30%。2002 年起重设备出口额为 7.3 亿美元，2003 年起重设备出口额可达 8 亿美元，出口增长率为 10%。2004 年将继续维持稳定增长的势头。

## 第二节 起 重 事 故

起重搬运机械在现代化生产中起着重要的作用。随着生产的发展，需要装卸及搬运的物料越来越多，所以，起重机械的数量将会随之增加。由于起重搬运机械的作业特点是将物品在一定的空间范围内进行提升搬运，因此，如果起重搬运机械的设计、制造、安装、使用和维修等环节上稍有疏忽，都有可能造成人身或设备事故。这些事故一方面造成人员的伤亡，另一方面也会造成很大的经济损失。

最近几年，起重事故中一次伤亡多人的事故屡有发生。如某钢厂 125 t 铸造起重机发生断钩事故，钢水倾出，造成 7 人死亡；某工地一台安装中的塔式起重机发生倾翻事故，造成 8 人死亡。起重事故造成的经济损失也是很大的。

近年来，建筑行业大发展，塔式起重机的事故也比较多。根据统计，2001 年 1 月—2002 年 7 月在北京地区共发生倒塔事故 11 起，死亡 10 人，重伤 12 人。门式起重机在安装过程中倾覆，造成十余人死亡的重大死亡事故。

在一些发达国家，起重事故也比较多。日本 1980 年全产业事故死亡人数为 3 009 人，而其中起重事故死亡人数为 215 人，起重事故死亡人数占全产业事故死亡人数的 7.1%；1985 年全产业事故死亡人数为 2 572 人，起重事故死亡人数为 201 人，起重事故死亡人数占全产业事故死亡人数的 7.8%；1988 年为 9.0%；1991 年为 8.7%。虽然起重事故死亡人数的绝对数是下降的，但死亡人数所占的百分比还是比较高的。

在日本，虽然从 20 世纪 70 年代以来总的工伤事故一直在下降，但“起重事故”所占的比例并无明显降低。从 1980—2002 年，全产业劳动伤亡人数从 335 706 人降至 125 918 人，“起重事故”伤亡人数从 6 011 人降至 2 753 人。“起重事故”伤亡人数占全产业劳动伤害死亡人数的百分比高达 7%～9%不等，其中 1988 年为 9%，1991 年为 8.7%，2001 年为 7.5%，2002 年为 6.9%。

如图 1—1 所示为日本 1973—2002 年由于起重机事故造成伤害休息 4 天以上的起重伤害死伤人数图。

2002 年的起重伤害中的“死亡事故”分析：

从起重机的类型来分类，桥架型起重机占 33.3%；臂架型起重机占 57%；其他类型起重机占 9.7%。

从产业来分类，制造业占 31.6%，建筑业占 45.6%，陆地

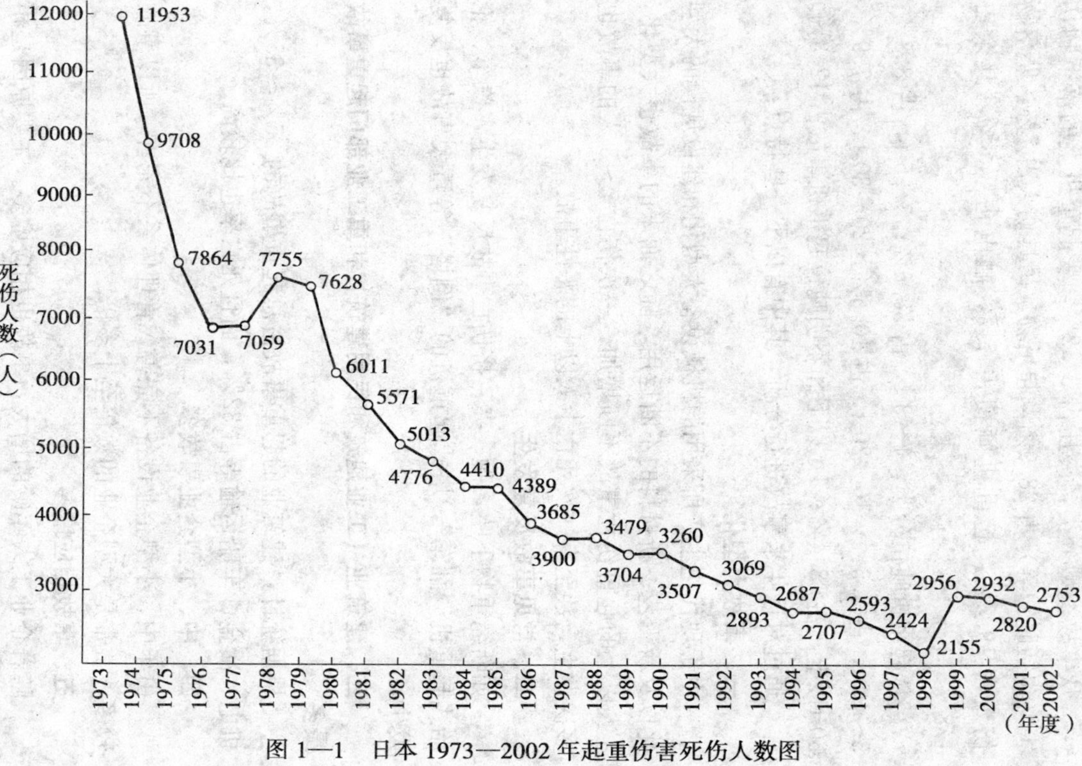


图 1—1　日本 1973—2002 年起重伤害死伤人数图

运输业占 9.6%，港口运输业占 2.6%，其他产业占 10.6%。

从事故类型分类，夹压占 34.2%，受起重机上的落下物伤害（包括脱钩等）占 28.9%，起吊物、吊具伤人占 7%，坠落物伤人占 19.3%，起重机倾覆占 7%，触电占 1.8%，其余占 1.8%。

从起重机吨位分类，1～3 t，占 38.6%；3～5 t，占 8.8%；5～10 t，占 3.5%；10～20 t，占 10.5%；20～30 t，占 7.9%，30 t以上，占 18.4%；1 t 以下和不明吨位起重机事故占 12.3%。

通过对近年来事故进行分析，其中有以下一些特点：

**一、事故大型化**

由于现代化生产所采用的机械设备大型化和建设规模的大型化以及新工艺、新材料的不断运用，随之而来的事故也大型化。3 人以上的起重伤亡事故不断增加，一次伤亡 7～8 人的事故也多次发生，甚至有一次死亡十人以上的恶性事故。

**二、常见事故反复发生**

如断绳重物下坠，砸、夹、挤伤亡事故反复发生，汽车、轮胎式起重机“翻车”，塔式起重机的“倒塔”等重大事故也反复发生。

**三、建筑业（工业建筑和民用建筑）和重工业部门起重事故最多**

根据统计，建筑业的起重事故占总起重事故的 25%～35%，机电、冶金、车船运输等占 32%，而且死亡率也比较高。

**四、中、小型企业事故多**

由于中、小型企业设备不完善，管理体系不完善，所以事故较多，常常是大型企业的数倍至十多倍。

**五、事故相应增多**

随着企业工人年龄的增大，事故也相应增多。主要原因是相关人员反应迟钝，受伤害后治愈时间长。

**六、机械化的初级阶段事故多**

由于机械化而采用大量的起重运输设备，且由于初级阶段常常有机械化、手工作业相交替，这样与机械相关连的事故就会增多。当机械化进入完善阶段，事故将会逐渐减少。

**七、出现新型事故**

随着技术的发展，出现一些新型的事故。例如，在大城市，电台附近工作的高大型起重机，由于电磁感应吊钩上出现高频高压电等事故。

## 第三节　起重机械分类

起重机械可分为轻小型起重设备、升降机和起重机。如图1—2所示为起重机械分类图。

**一、轻小型起重设备的分类**

轻小型起重设备一般只有一个升降机构，使重物做升降运动。在某些场合也可以进行水平运输。如卷扬机，既可以作为升降设备，也可以作为水平运输设备。属于这一类型的起重设备有千斤顶、滑车、起重葫芦和绞车等。起重葫芦包括手动葫芦和电动葫芦等。

**二、升降机的分类**

升降机包括施工升降机、升船机、启闭机和电梯。

**三、起重机的分类**

1. 按取物装置和用途分类

起重机按取物装置和用途分类见表1—1。

2. 按运移方式分类

起重机按运移方式分类见表1—2。

3. 按使用场合分类

起重机按使用场合分类见表1—3。

起重机械
轻小型起重设备
升降机
起重机
千斤顶
滑车
起重葫芦
绞车
悬挂单轨系统
螺旋千斤顶
齿条千斤顶
液压千斤顶
手拉葫芦
手扳葫芦
电动葫芦
气动葫芦
卷绕式绞车
摩擦式绞车
绞盘
桥架型起重机
缆索型起重机
臂架型起重机
桥式起重机
门式起重机
半门式起重机
缆索起重机
门式缆索起重机
门座起重机
半门座起重机
塔式起重机
铁路起重机
流动式起重机
浮式起重机
甲板起重机
桅杆起重机
悬臂起重机
履带式起重机
汽车式起重机
轮胎式起重机
特殊底盘起重机
柱式悬臂起重机
壁上起重机

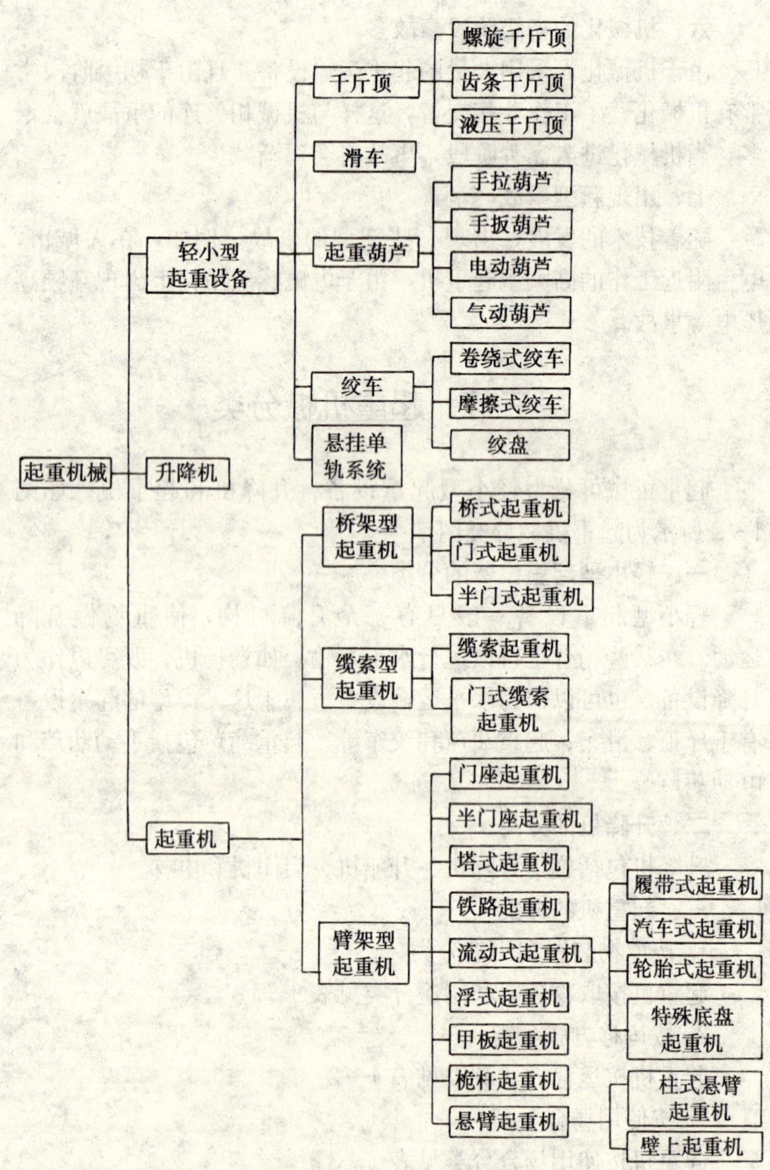

图 1—2　起重机械分类图

表 1—1　起重机按取物装置和用途分类

| 编号 | 名词术语 | 定义（或说明） |
| --- | --- | --- |
| 1 | 吊钩起重机 | 用吊钩作为取物装置的起重机 |
| 2 | 抓斗起重机 | 用抓斗作为取物装置的起重机 |
| 3 | 电磁起重机 | 用电磁吸盘作为取物装置的起重机 |
| 4 | 冶金起重机 | 适应金属冶炼、轧制等热加工特殊要求，直接用于生产工艺流程中的特种起重机 |
| 5 | 堆垛起重机 | 通常采用货叉作为取物装置，在仓库或车间堆取成件物品的起重机 |
| 6 | 集装箱起重机 | 在港口码头、车站货场，对集装箱船舶、车辆进行装卸、堆码拆垛和转运集装箱的起重机 |
| 7 | 安装起重机 | 安放预制件，吊装机器设备等作业用的起重机 |
| 8 | 救援起重机 | 抢险、清理事故现场用的起重机 |

表 1—2　起重机按运移方式分类

| 编号 | 名词术语 | 定义（或说明） |
| --- | --- | --- |
| 1 | 固定式起重机 | 固定在基础或支撑基座上，只能在原地工作的起重机 |
| 2 | 运行式起重机 | 整机可以移动的有轨运行或无轨运行起重机 |
| 2.1 | 自行式起重机 | 可依靠自身的运行机构实现移动的起重机 |
| 2.2 | 拖行式起重机 | 本身不具备运行动力，由牵引车整机伴随行走的运行式起重机 |
| 3 | 爬升式起重机 | 装在正在修建的建筑物构件上，能随着建筑物的增高而依靠自身机构整体向上断续爬升的起重机 |
| 4 | 便携式起重机 | 安装在底座上，可由人力或借助辅助设备，从一个场地搬移到另一个场地的起重机 |

续表

| 编号 | 名词术语 | 定义（或说明） |
| --- | --- | --- |
| 5 | 随车起重机 | 固定在载货汽车上，通常用于装卸车上货物的起重机 |
| 6 | 辐射式起重机 | 可以围绕固定垂直中心线沿弧形轨道运移的起重机 |

**表 1—3　　　　起重机按使用场合分类**

| 编号 | 名词术语 | 定义（或说明） |
| --- | --- | --- |
| 1 | 车间起重机 | 用于加工车间、修理车间内，吊运工件和机器的起重机 |
| 2 | 机器房起重机 | 在机器房内吊装、维修发电机、水轮机等设备用的起重机 |
| 3 | 仓库起重机 | 在仓库内和堆场上吊运、堆垛物品用的起重机 |
| 4 | 储料场起重机 | 在露天料场上堆垛、转载大宗物料用的起重机 |
| 5 | 建筑起重机 | 在建筑现场用于吊运建材、安装预制件、吊装机器设备等的起重机 |
| 6 | 工程起重机 | 土石方工程施工现场用的起重机 |
| 7 | 港口起重机 | 根据港口装卸作业要求而专门设计制造的起重机 |
| 8 | 船厂起重机 | 在造船厂建造船舶用的起重机 |
| 8.1 | 船台起重机 | 在造船台上吊装船体和船舶装备用的造船起重机 |
| 8.2 | 船坞起重机 | 船坞（浮船坞）上应用的造船起重机 |
| 8.3 | 船装起重机 | 船舶下水后，安装船舶附属设备和配套部件用的造船起重机 |
| 9 | 坝顶起重机 | 在水电站大坝上启闭闸门、吊运设备等使用的起重机 |
| 10 | 船上起重机 | 装在船舶甲板上，用来装卸船货的起重机 |

4. 按构造分类

(1) 桥架型起重机　桥架型起重机包括通用桥式起重机、堆垛起重机、门式起重机、装卸桥、冶金起重机和缆索起重机。

桥架型起重机一般都由起升机构、小车运行机构、大车运行机构等组成。可使重物在一个有限的空间内起升和搬运。

如图 1—3 所示为桥架型起重机外形图。

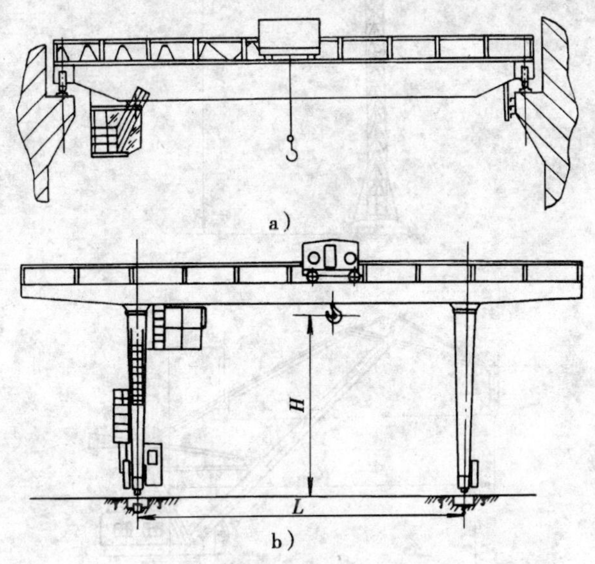


图 1—3　桥架型起重机外形图

a) 桥式起重机　b) 门式起重机

(2) 臂架型起重机　臂架型起重机包括塔式起重机、门座式起重机、浮式起重机、履带式起重机、汽车式起重机、轮胎式起重机、铁路起重机。

臂架型起重机一般都由起升机构、变幅机构、旋转机械、运行机构组成。对于液压起重机还有伸缩臂机构及支腿伸缩机构。

如图 1—4 所示为臂架型起重机外形图。

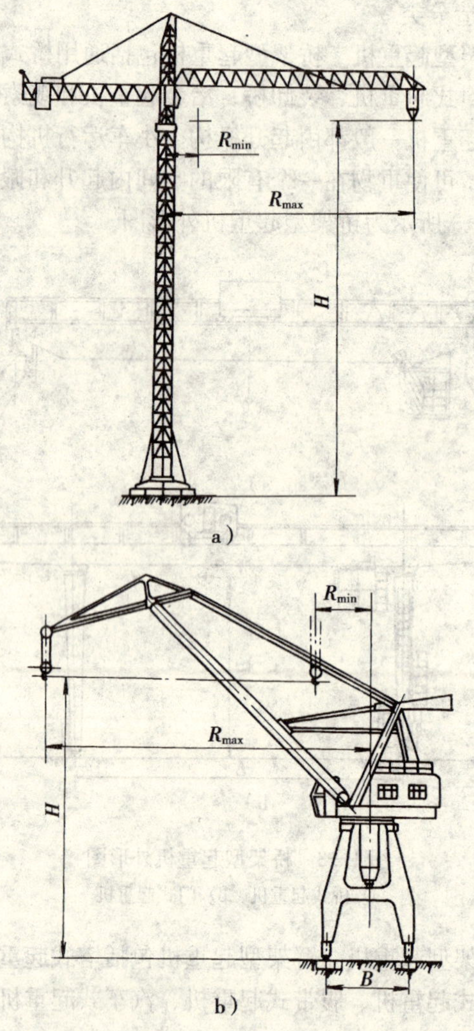


图 1—4　臂架型起重机外形图
a）塔式起重机　b）门座式起重机

## 第四节　起重机基本参数

### 一、质量和载荷参数

1. 起重量 $G$

（1）有效起重量 $G_p$　起重机能吊起的重物或物料的净质量。对于幅度可变的起重机，根据幅度规定有效起重量，单位是 t。

（2）额定起重量 $G_n$　起重机允许吊起的重物和物料，连同可分吊具（或属具）质量的总和（对于流动式起重机，包括固定在起重机上的吊具）。对于幅度可变的起重机，根据幅度规定起重机的额定起重量，单位是 t。

（3）总起重量 $G_t$　起重机能吊起的重物或物料，连同可分吊具和长期固定在起重机上的吊具或属具（包括吊钩、滑轮组、起重钢丝绳，以及在臂架或起重小车以下的其他起吊物）的质量总和。对于幅度可变的起重机，根据幅度规定总起重量，单位是 t。

（4）最大起重量 $G_{max}$　在起重机正常工作条件下允许吊起的最大额定起重量，单位是 t。

2. 起重力矩 $M$

起重力矩是指幅度 $L$ 和相应起吊物品重力 $Q$ 的乘积，单位是 kN · m。

3. 起重倾覆力矩 $M_A$

起重倾覆力矩是指起吊物品重力和从载荷中心线至倾覆线距离的乘积，单位是 kN · m。

4. 起重机总质量 $G_0$

起重机总质量是指包括压重、平衡重、燃料、油液、润滑剂和水等在内的起重机各部分质量的总和，单位是 kg 或 t。

5. 起重机设计质量 $G_k$

起重机设计质量是指不包括压重、平衡重、燃料、油液、润滑剂、水等的起重机质量，单位是 kg 或 t。

6. 轮压 $P$

轮压是指一个车轮传递到轨道或地面上的最大垂直载荷（按工况不同，分为工作轮压和非工作轮压），单位是 N 或 kN。

7. 外伸支腿最大压力

外伸支腿最大压力是指流动式起重机支腿全伸进行起重作业时，一个支腿座承受的最大法向反作用力，单位是 N 或 kN。

**二、起重机尺寸参数**

1. 幅度 $L$

幅度是指臂架型起重机置于水平场地时，空载吊具垂直中心线至回转中心线之间的水平距离（非回转浮式起重机为空载吊具垂直中心线至船艏护木的水平距离）。单位是 m。

（1）最大幅度 $L_{max}$　起重机工作时，臂架倾角最小或小车在臂架最外极限位置时的幅度，单位是 m。

（2）最小幅度 $L_{min}$　臂架倾角最大或小车在臂架最内极限位置时的幅度，单位是 m。

2. 离倾覆线伸距 $A$

离倾覆线伸距是指起重机置于水平场地时，空载吊具垂直中心线至倾覆线之间的水平距离，单位是 m。

3. 悬臂有效伸距 $l$

悬臂有效伸距是指离悬臂最近的起重机轨道中心线到位于悬臂端部吊具中心线之间的距离，单位是 m。

4. 吊具横向极限位置 $G$

吊具横向极限位置是指起重机轨道中心线和吊具垂直中心线之间的最小水平距离，单位是 m。

5. 尾部半径 $r$

尾部半径是指与臂架相对的起重机另一侧回转部分的最大半径，单位是 m。

6. 起升高度 $H$

起升高度是指起重机水平停车面至吊具允许最高位置的垂直距离。

（1）对吊钩和货叉算至它们的支撑表面。

（2）对其他吊具，算至它们的最低点（闭合状态）。

桥式起重机应空载置于水平场地上方，从地面开始测量其起升高度，单位是 m。

7. 下降深度 $h$

下降深度是指从地面计算其下降深度，单位是 m。

8. 起升范围 $D$

起升范围是指吊具最高和最低工作位置之间的垂直距离（$D=H+h$），单位是 m。

9. 起重臂长度 $L_b$

起重臂长度是指起重臂根部销轴至顶端定滑轮轴线（小车变幅塔式起重机为至臂端形位线）在起重臂纵向中心线方向的投影距离，单位是 m。

10. 起重机倾角

起重机倾角是指在起升平面内起重臂纵向中心线与水平线的夹角，单位是（°）。

11. 整机全长

整机全长是指桥架型起重机与起重机运行方向相垂直，并分别贴靠在整机前后最外端突出部位的两垂直面之间的距离。分为工作状态全长、非工作状态全长和行驶状态全长，单位是 mm。

对于汽车式起重机，应是全部装备在垂直于整机纵向轴线并分别贴靠在整机前后最外端突出部位的两垂直面之间的距离。

12. 整机全宽

整机全宽是指桥架型起重机与起重机运行方向相平行，并分别贴靠在整机左右两侧固定突出部位的两垂直面之间的距离。分为工作状态全宽、非工作状态全宽和行驶状态全宽，单位是 mm。对于汽车式起重机，应在平行于整机纵向轴线方向测量。

13. 整机全高

整机全高是指自起重机停车面到整机最高突出部位相贴靠的水平面之间的距离。分为工作状态全高、非工作状态全高和行驶状态全高，单位是 mm。

**三、运动速度**

1. 起升（下降）速度 $v_n$

起升（下降）速度是指稳定运动状态下额定载荷的垂直位移速度，单位是 m/min 或 m/s。

2. 微速下降速度 $v_m$

微速下降速度是指稳定运动状态下安装或堆垛最大额定载荷时的最小下降速度，单位是 m/min 或 m/s。

3. 回转速度 $\omega$

回转速度是指稳定运动状态下起重机转动部分的回转角速度。规定为在水平场地上，离地 10 m 高度处，风速小于 3 m/s 时，起重机幅度最大，且带额定载荷时的转速，单位是 r/min 或 rad/s。

4. 起重机（大车）运行速度 $v_k$

起重机（大车）运行速度是指稳定运动状态下起重机运行的速度。规定为在水平路面（或水平轨面）上，离地 10 m 高度处，风速小于 3 m/s 时的起重机带额定载荷时的运行速度，单位是 m/min 或 m/s。

5. 小车运行速度 $v_t$

小车运行速度是指稳定运动状态下小车运行的速度。规定为离地 10 m 高度处，风速小于 3 m/s 时，带额定载荷的小车在水平轨道上运行的速度，单位是 m/min 或 m/s。

6. 变幅速度 $v_r$

变幅速度是指稳定运动状态下额定载荷在变幅平面内水平位移的平均速度。规定为离地 10 m 高度处，风速小于 3 m/s 时，起重机在水平路面上，幅度从最大值至最小值的平均速度，单位是 m/s。

7. 变幅时间

变幅时间是指幅度从最大值改变到最小值时所需的时间。规定为离地 10 m 高度处，风速小于 3 m/s 时，起重机在水平路面上，悬吊对应于最大幅度的起重量，从最大幅度至最小幅度所需的时间，单位是 s。

8. （道路）行驶速度 $v_0$

（道路）行驶速度是指在道路上行驶状态下，起重机由自身动力驱动的最大运行速度，单位是 km/h。

9. 吊重行走速度

吊重行走速度是指在坚硬地面上，轮胎式起重机吊起额定载荷平移运行时的速度，单位是 km/h。

10. 起重臂伸缩速度

起重臂伸缩速度是指起重臂伸出（或缩回）时，其头部沿臂架纵向中心线移动的速度，单位是 m/s。

11. 起重臂伸缩时间

起重臂伸缩时间是指空载状态下，起重臂以最大伸缩速度由全缩（全伸）状态，运动到全伸（全缩）状态所用的时间，单位是 s。

12. 收放腿时间

收放腿时间是指起重机的外伸支腿由全伸（全收）状态运动到全收（全伸）状态所用的时间，单位是 s。

**四、与起重机运行线路有关的参数**

1. 起重机轨道标高 $H_0$

起重机轨道标高是指桥架型起重机轨道顶面和地面之间的垂直距离，单位是 mm 或 m。

2. 起重机停车面

起重机停车面是指支撑起重机运行装置的基础或轨顶水平面。起重机轨道或路面在不同水平面时，最低的支撑水平面为起重机的停车面。

3. 跨度 $S$

跨度是指桥架型起重机支撑中心线之间的水平距离，单位是 m。

4. 轨距或轮距 $K$

轨距或轮距是指对于除铁路起重机之外的臂架型起重机，为轨道中心线或起重机行走轮胎面（或履带）中心线之间的水平距离；对于铁路起重机，为运行线路两条钢轨头部顶面下内侧 16 mm处的水平距离；对于起重小车，为小车轨道中心线之间的距离。起重机两侧为双轨线路时，轨距为双轨几何中心线之间的距离，单位是 mm 或 m。

5. 基距（轴距）$B$

基距是指沿起重机（或小车）纵向运动方向的起重机（或小车）支撑中心线之间的距离，单位是 mm。

6. 外伸支腿纵向间距 $B_0$

外伸支腿纵向间距是指流动式起重机沿纵向运行方向的外伸支腿垂直中心线之间的距离，单位是 mm。

7. 外伸支腿横向间距 $K$

外伸支腿横向间距是指垂直于流动式起重机纵向运动方向的外伸支腿垂直中心线之间的距离，单位是 mm。

8. 制动距离

制动距离是指工作机械从操作制动开始到机械停住，吊具（或大车、小车）所经过的距离，单位是 mm。

9. 工作坡度 $i$

工作坡度是指起重机允许工作的坡度，由 $i=h/B$ 确定（$B$ 为起重机基距；$h$ 为坡道上基距 $B$ 两起点位置的水平高差，其高差应在无载时测得），一般以百分数表示。

10. 爬坡能力

爬坡能力是指无载流动式起重机能以稳定行驶速度爬行的最大坡度，$i=h/B$，一般以百分数表示，或用（°）表示。

11. 支撑轮廓

支撑轮廓是指起重机支撑件（车轮、履带或外伸支腿）与各支撑点连线在水平面上的投影。

12. 线路曲率半径 $R_k$

线路曲率半径是指起重机运行线路曲线段的内轨中心线的最小曲率半径，单位是 m。

13. 最小转弯半径 $R$

最小转弯半径是指起重机转向时，其前轮外侧运行轨迹的最小圆弧半径，单位是 m。

# 第五节　起重机工作级别和机构工作级别

## 一、起重机工作级别

起重机工作级别根据起重机利用等级和载荷状态分为 8 级。

1. 起重机利用等级

起重机利用等级是表征起重机在其有效寿命期间内的使用频繁程度，用总的工作循环次数 $N$ 表示。根据总的循环次数 $N$，把起重机利用等级分为 $U_0$～$U_9$ 共 10 级。

起重机利用等级见表 1—4。

**表 1—4　　起重机利用等级**

<table>
<tr><th>利用等级</th><th>总的工作循环次数 $N$</th><th>附注</th></tr>
<tr><td>$U_0$</td><td>$1.6\times10^4$</td><td rowspan="4">不经常使用</td></tr>
<tr><td>$U_1$</td><td>$3.2\times10^4$</td></tr>
<tr><td>$U_2$</td><td>$6.3\times10^4$</td></tr>
<tr><td>$U_3$</td><td>$1.25\times10^5$</td></tr>
<tr><td>$U_4$</td><td>$2.5\times10^5$</td><td>经常轻闲地使用</td></tr>
<tr><td>$U_5$</td><td>$5\times10^5$</td><td>经常中等地使用</td></tr>
<tr><td>$U_6$</td><td>$1\times10^5$</td><td>不经常繁忙地使用</td></tr>
<tr><td>$U_7$</td><td>$2\times10^6$</td><td rowspan="3">繁忙地使用</td></tr>
<tr><td>$U_8$</td><td>$4\times10^6$</td></tr>
<tr><td>$U_9$</td><td>$>4\times10^6$</td></tr>
</table>

2. 起重机的载荷状态

起重机的载荷状态与两个因素有关。一个是同实际起升载荷与最大起升载荷的比$\left(\frac{P_i}{P_{max}}\right)$有关，另一个是同起升载荷作用次数与总的工作循环次数比$\left(\frac{n_i}{N}\right)$有关。表示$\left(\frac{P_i}{P_{max}}\right)$和$\left(\frac{n_i}{N}\right)$关系的值称载荷谱系数 $K_P$，其表达式如下：

$$K_P = \sum \left[\frac{n_i}{N}\left(\frac{P_i}{P_{max}}\right)^m\right]$$

式中 $P_i$——第 $i$ 个起升载荷，$P_i = P_1$，$P_2$，$P_3$，…，$P_n$；

$n_i$——载荷 $P_i$ 的作用次数；

$N$——总的工作循环次数，$N = \sum n_i$；

$P_{max}$——最大起升载荷；

$m$——指数，$m=3$。

起重机的载荷状态及其名义载荷谱系数 $K_p$ 见表 1—5。

**表 1—5　　起重机的载荷状态及其名义载荷谱系数 $K_P$**

| 载荷状态 | 名义载荷谱系数 $K_p$ | 说明 |
|---|---|---|
| Q1—轻 | 0.125 | 很少起升额定载荷，一般起升轻微载荷 |
| Q2—中 | 0.25 | 有时起升额定载荷，一般起升中等载荷 |
| Q3—重 | 0.5 | 经常起升额定载荷，一般起升较重的载荷 |
| Q4—特重 | 1.0 | 频繁地起升额定载荷 |

3. 起重机工作级别

根据起重机利用等级和载荷状态可把起重机分为 A1～A8 共 8 种工作级别。

起重机工作级别的划分见表 1—6。

**表 1—6　　起重机工作级别的划分**

| 载荷状态 | 名义载荷谱系数 $K_P$ | 利用等级 | | | | | | | | | |
|---|---|---|---|---|---|---|---|---|---|---|---|
| | | $U_0$ | $U_1$ | $U_2$ | $U_3$ | $U_4$ | $U_5$ | $U_6$ | $U_0$ | $U_8$ | $U_9$ |
| Q1—轻 | 0.125 | | | A1 | A2 | A3 | A4 | A5 | A6 | A7 | A8 |
| Q2—中 | 0.25 | | A1 | A2 | A3 | A4 | A5 | A6 | A7 | A8 | |
| Q3—重 | 0.5 | A1 | A2 | A3 | A4 | A5 | A6 | A7 | A8 | | |
| Q4—特重 | 1.0 | A2 | A3 | A4 | A5 | A6 | A7 | A8 | | | |

从上述分类中可知，起重机工作级别是以金属结构受力状态为根据的。它与起重机工作类型（旧设备）的分类根据是不同的。尽管如此，还是可以找出两者的相当关系。即：A1～A4 相当于轻型，A5～A6 相当于中型，A7 相当于重型，A8 相当于特重型。

## 二、机构工作级别

起重机机构工作级别是根据机构工作级别和载荷状态分级的。

1. 机构利用等级

机构利用等级按机构使用寿命分为 10 级，即 $T_0 \sim T_9$，见表 1—7。

**表 1—7　　　　　　　　机构利用等级**

| 机构利用等级 | 总使用寿命（h） | 附注 |
|---|---|---|
| $T_0$<br>$T_1$<br>$T_2$<br>$T_3$ | 200<br>400<br>800<br>1 600 | 不经常使用 |
| $T_4$ | 3 200 | 经常轻闲地使用 |
| $T_5$ | 6 300 | 经常中等地使用 |
| $T_6$ | 12 500 | 不经常繁忙地使用 |
| $T_7$<br>$T_8$<br>$T_9$ | 25 000<br>50 000<br>100 000 | 繁忙地使用 |

总的使用寿命规定为机构在设计的使用年数内处于运转的总小时数，它仅作为机构的设计基础，而不能视为保用期。

2. 机构载荷状态

机构载荷状态表明机构受载的轻重程度，它用载荷谱系数 $K_m$ 表征，$K_m$ 用以下公式计算：

$$K_m = \sum \left[ \frac{t_i}{t_T} \left( \frac{P_i}{P_{max}} \right)^m \right]$$

式中　$P_i$——该机构在工作时间内所承受的各个不同的载荷，（$P_i = P_1$，$P_2$，$P_3$，…，$P_n$）；

$P_{max}$——$P_i$ 中的最大值；

$t_i$——该机构承受载荷 $P_i$ 的持续时间（$t_i = t_1$，$t_2$，$t_3$，…，$t_n$）；

$t_T$——所有不同载荷作用时的持续时间总和 $t_T = \sum t_i$；

$m$——指数，$m=3$。

机构载荷状态及其名义载荷谱系数 $K_m$ 见表 1—8。

**表 1—8　　机构载荷状态及其名义载荷谱系数 $K_m$**

| 载荷状态 | 名义载荷谱系数 $K_m$ | 附注 |
|---|---|---|
| L1—轻 | 0.125 | 机构经常承受轻的载荷，偶尔承受最大的载荷 |
| L2—中 | 0.25 | 机构经常承受中等的载荷，偶尔承受最大的载荷 |
| L3—重 | 0.50 | 机构经常承受较重的载荷，也常受最大的载荷 |
| L4—特重 | 1.00 | 机构经常承受最大的载荷 |

3. 机构工作级别

机构工作级别按机构的利用等级和载荷状态分为 8 级，即 M1～M8，见表 1—9。

**表 1—9　　机构工作级别**

| 载荷状态 | 名义载荷谱系数 $K_m$ | 机构利用等级 | | | | | | | | | |
|---|---|---|---|---|---|---|---|---|---|---|---|
| | | $T_0$ | $T_1$ | $T_2$ | $T_3$ | $T_4$ | $T_5$ | $T_6$ | $T_7$ | $T_8$ | $T_9$ |
| $L_1$—轻 | 0.125 | | | M1 | M2 | M3 | M4 | M5 | M6 | M7 | M8 |
| $L_2$—中 | 0.25 | | M1 | M2 | M3 | M4 | M5 | M6 | M7 | M8 | |
| $L_3$—重 | 0.50 | M1 | M2 | M3 | M4 | M5 | M6 | M7 | M8 | | |
| $L_4$—较重 | 1.00 | M2 | M3 | M4 | M5 | M6 | M7 | M8 | | | |

机构工作级别与机械、电气、液压元件的设计有关，也与机械零部件、电气元器件、液压元器件的质量有关。

起重机工作级别举例见表 1—10，机构工作级别举例见表 1—11。

**表 1—10　　起重机工作级别举例**

| 起重机形式 | | | 工作级别 |
|---|---|---|---|
| 桥式起重机 | 吊钩式 | 电站安装及检修用 | A1～A3 |
| | | 车间及仓库用 | A3～A5 |
| | | 繁重工作车间及仓库用 | A6～A7 |
| | 抓斗式 | 间断装卸用 | A6～7 |
| | | 连续装卸用 | A8 |

续表

| 起重机形式 | | | 工作级别 |
|---|---|---|---|
| 桥式起重机 | 冶金专用 | 吊料箱用 | A7～A8 |
| | | 加料用 | A8 |
| | | 铸造用 | A6～A8 |
| | | 锻造用 | A7～A8 |
| | | 淬火用 | A8 |
| | | 夹钳、脱锭用 | A8 |
| | | 揭盖用 | A7～A8 |
| | | 料耙式 | A8 |
| | | 电磁铁式 | A7～A8 |
| 门式起重机 | | 一般用途吊钩式 | A5～A6 |
| | | 装卸用抓斗式 | A7～A8 |
| | | 电站用吊钩式 | A2～A3 |
| | | 造船安装用吊钩式 | A4～A5 |
| | | 装卸集装箱用 | A6～A8 |
| 装卸桥 | | 料场装卸用抓斗式 | A7～A8 |
| | | 港口装卸用抓斗式 | A8 |
| | | 港口装卸集装箱用 | A6～A8 |
| 门座起重机 | | 安装用吊钩式 | A3～A5 |
| | | 装卸用吊钩式 | A6～A7 |
| | | 装卸用抓斗式 | A7～A8 |
| 塔式起重机 | | 一般建筑安装用 | A2～A1 |
| | | 用吊罐装卸混凝土 | A4～A6 |
| 汽车、轮胎、履带、铁路起重机 | | 安装及装卸用吊钩式 | A1～A4 |
| | | 装卸用抓斗式 | A4～A6 |
| 甲板起重机 | | 吊钩式 | A4～A6 |
| | | 抓斗式 | A6～A7 |
| 浮式起重机 | | 装卸用吊钩式 | A5～A6 |
| | | 装卸用抓斗式 | A6～A7 |
| | | 造船安装用 | A4～A6 |
| 缆索起重机 | | 安装用吊钩式 | A3～A5 |
| | | 装卸或施工用吊钩式 | A6～A7 |
| | | 装卸或施工用抓斗式 | A7～A8 |

表 1—11　　　　机构工作

| 起重机形式 | | | 主起升机构 | | | 副起升机构 | | |
|---|---|---|---|---|---|---|---|---|
| | | | 利用等级 | 载荷情况 | 工作级别 | 利用等级 | 载何情况 | 工作级别 |
| 桥式起重机 | 一般用途（吊钩式） | 电站安装及检修用 | T2 | L1，L2 | M1，M2 | T3 | L1 | M2 |
| | | 车间及仓库用 | T3，T4 | L1，L2 | M2～M4 | T4，T5 | L1，L2 | M3～M5 |
| | | 繁重工作车间及仓库用 | T5，T6 | L2，L3 | M5～M7 | T5 | L3 | M6 |
| | 抓斗式 | 间断装卸用 | T5，T6 | L3 | M6～M7 | | | |
| | | 连续装卸用 | T6，T7 | L3 | M7，M8 | | | |
| | 冶金专用 | 吊料箱用 | T6，T7 | L3 | M7，M8 | | | |
| | | 加料用 | T7，T8 | L3 | M8 | T7，T8 | L3 | M8 |
| | | 铸造用 | T6，T7 | L3，L4 | M7，M8 | T6，T7 | L3，L4 | M7，M8 |
| | | 锻造用 | T6，T7 | L3 | M7，M8 | T6 | L3 | M7 |
| | | 淬火用 | T5，T6 | L3 | M6，M7 | T7，T8 | L3 | M7，M8 |
| | | 夹钳、脱锭用 | T7，T8 | L3，L4 | M8 | T5，T6 | L2 | M5，M6 |
| | | 揭盖用 | T6，T7 | L3 | M7，M8 | | | |
| | | 料耙式 | T7 | L4 | M8 | | | |
| | | 电磁铁式 | T6，T7 | L3 | M7，M8 | | | |
| 门式起重机 | 一般用途吊钩式 | | T5 | L2，L3 | M5，M6 | T5 | L2，L3 | M5，M6 |
| | 装卸用抓斗式 | | T6，T7 | L3，L4 | M7，M8 | | | |
| | 电站用吊钩式 | | T3 | L1，L2 | M2，M3 | T3 | L2 | M3 |
| | 造船安装用吊钩式 | | T4 | L2，L3 | M4，M5 | T4 | L2，L3 | M4，M5 |
| | 装卸集装箱用 | | T6，T7 | L2，L3 | M6～M8 | | | |

注：未列入本表中的起重机机构工作级别可参照接近的起重机机构工作级别选择。

## 级别举例

| 小车运行机构 | | | 大车运行机构 | | | 回转机构 | | | 变幅机构 | | |
|---|---|---|---|---|---|---|---|---|---|---|---|
| 利用等级 | 载荷情况 | 工作级别 | 利用等级 | 载荷情况 | 工作级别 | 利用等级 | 载荷情况 | 工作级别 | 利用等级 | 载荷情况 | 工作级别 |
| T2 | L1，L2 | M1，M2 | T2 | L1 | M1 | | | | | | |
| T4，T5 | L1，L2 | M3～M5 | T4，T5 | L1，L2 | M3，M5 | | | | | | |
| T4，T5 | L3 | M5，M6 | T6 | L2，L3 | M6，M7 | | | | | | |
| T5，T6 | L3 | M6～M8 | T5，T6 | L3 | M6，M7 | | | | | | |
| T5，T6 | L3 | M6，M7 | T5，T6 | L3 | M6，M7 | | | | | | |
| T5，T6 | L3 | M6，M7 | T6 | L3 | M7 | | | | | | |
| T7，T8 | L3 | M8 | T7，T8 | L3 | M8 | T7 | L3 | M7 | | | |
| T6 | L3，L4 | M7，M8 | T6，T7 | L3 | M7，M8 | | | | | | |
| T5，T6 | L3 | M6，M7 | T6，T7 | L3 | M7，M8 | | | | | | |
| T5，T6 | L3 | M6，M7 | T6，T7 | L3 | M7，M8 | | | | | | |
| T6，T7 | L4 | M8 | T6，T7 | L4 | M8 | T6，T7 | L3 | M7，M8 | | | |
| | | | T6，T7 | L3 | M7，M8 | | | | | | |
| T6，T7 | L4 | M8 | T6，T7 | L4 | M8 | T6，T7 | L3 | M7，M8 | | | |
| T5，T6 | L3 | M6，M7 | T5 | L3 | M6 | | | | | | |
| T5 | L3 | M5 | T5 | L3 | M5 | | | | | | |
| T6，T7 | L3，L4 | M7，M8 | T6 | L2，L3 | M6，M7 | | | | | | |
| T3 | L2 | M3 | T3 | L2 | M3 | | | | | | |
| T5 | L2，L3 | M5，M6 | T5 | L2，L3 | M5，M6 | | | | | | |
| T6，T7 | L2，L3 | M6～M8 | T5～T7 | L2，L3 | M5～M8 | | | | | | |

# 第二章　起重机易损零部件安全技术

## 第一节　吊钩安全技术

### 一、吊钩的分类和力学性能

1. 吊钩的种类

吊钩按制造方法可分为锻造吊钩和片式吊钩。

锻造吊钩又可分为单钩和双钩。单钩一般用于小起重量，双钩多用于较大的起重量。锻造吊钩的材料必须采用平炉、电炉或氧气顶吹转炉冶炼。常用钢材的牌号有 DG20，DG20Mn，DG34CrMo，DG34CrNi2Mo，DG34Cr2NiMo。

2. 吊钩的力学性能

吊钩按钩身（弯曲部分）的断面形状可分为矩形、梯形和丁字形断面吊钩。

吊钩按其力学性能分为 5 个强度等级，其强度等级见表 2—1。

**表 2—1　　　　吊钩强度等级**

| 强度等级 | M | P | (S) | T | (V) |
|---|---|---|---|---|---|
| 屈服点 $\sigma_s$ 或屈服强度 $\sigma_{r0.2}$* （MPa） | 235 | 315 | 390 | 490 | 620 |
| 冲击功 $A_K$（应变时效试样）(J) | 48 | 41 | 41 | 34 | 34 |

注：1. 强度等级是以吊钩材料的屈服强度作为分级的依据。

2. 表中所列的力学性能为最小值。

3. 优先采用 M，P 级，对括号内的强度等级尽量避免采用。

---

* GB/T 228—2002《金属材料　室温拉伸试验方法》规定屈服强度分为上屈服强度和下屈服强度，其中屈服强度（无符号）的值与旧标准中屈服点 $\sigma_s$ 相近；规定残余延伸强度 $R_{r0.2}$ 等同于旧标准中的 $\sigma_{r0.2}$.

## 二、吊钩的起重量、钩号

1. 吊钩的起重量

吊钩的起重量是由强度等级和机构工作级别确定的，吊钩的起重量见表 2—2。

**表 2—2　　　　吊钩的起重量**

| 强度等级 | 机构工作级别 | | | | | | | | | | 强度等级 |
|---|---|---|---|---|---|---|---|---|---|---|---|
| M | — | — | — | — | M3 | M4 | M5 | M6 | M7 | M8 | M |
| P | — | — | — | M3 | M4 | M5 | M6 | M7 | M8 | — | P |
| (S) | — | — | M3 | M4 | M5 | M6 | M7 | M8 | — | — | (S) |
| T | — | M3 | M4 | M5 | M6 | M7 | — | — | — | — | T |
| (V) | M3 | M4 | M5 | M6 | M7 | — | — | — | — | — | (V) |
| 钩号 | 起重量（t） | | | | | | | | | | 钩号 |
| 006 | 0.32 | 0.25 | 0.2 | 0.16 | 0.125 | 0.1 | — | — | — | — | 006 |
| 010 | 0.5 | 0.4 | 0.32 | 0.25 | 0.2 | 0.16 | 0.125 | 0.1 | — | — | 010 |
| 012 | 0.63 | 0.5 | 0.4 | 0.32 | 0.25 | 0.2 | 0.16 | 0.125 | 0.1 | — | 012 |
| 020 | 1 | 0.8 | 0.63 | 0.5 | 0.4 | 0.32 | 0.25 | 0.2 | 0.16 | 0.25 | 020 |
| 025 | 1.25 | 1 | 0.8 | 0.63 | 0.5 | 0.4 | 0.32 | 0.25 | 0.2 | 0.16 | 025 |
| 04 | 2 | 1.6 | 1.25 | 1 | 0.8 | 0.63 | 0.5 | 0.4 | 0.32 | 0.25 | 04 |
| 05 | 2.5 | 2 | 1.6 | 1.25 | 1 | 0.8 | 0.63 | 0.5 | 0.4 | 0.32 | 05 |
| 08 | 4 | 3.2 | 2.5 | 2 | 1.6 | 1.25 | 1 | 0.8 | 0.63 | 0.5 | 08 |
| 1 | 5 | 4 | 3.2 | 2.5 | 2 | 1.6 | 1.25 | 1 | 0.8 | 0.63 | 1 |
| 1.6 | 8 | 6.3 | 5 | 4 | 3.2 | 2.5 | 2 | 1.6 | 1.25 | 1 | 1.6 |
| 2.5 | 12.5 | 10 | 8 | 6.3 | 5 | 4 | 3.2 | 2.5 | 2 | 1.6 | 2.5 |
| 4 | 20 | 16 | 12.5 | 10 | 8 | 6.3 | 5 | 4 | 3.2 | 2.5 | 4 |
| 5 | 25 | 20 | 16 | 12.5 | 10 | 8 | 6.3 | 5 | 4 | 3.2 | 5 |
| 6 | 32 | 25 | 20 | 16 | 12.5 | 10 | 8 | 6.3 | 5 | 4 | 6 |

续表

| 钩号 | 起重量（t） | | | | | | | | | | 钩号 |
|---|---|---|---|---|---|---|---|---|---|---|---|
| 8 | 40 | 32 | 25 | 20 | 16 | 12.5 | 10 | 8 | 6.3 | 5 | 8 |
| 10 | 50 | 40 | 32 | 25 | 20 | 16 | 12.5 | 10 | 8 | 6.3 | 10 |
| 12 | 63 | 50 | 40 | 32 | 25 | 20 | 16 | 12.5 | 10 | 8 | 12 |
| 16 | 80 | 63 | 50 | 40 | 32 | 25 | 20 | 16 | 12.5 | 10 | 16 |
| 20 | 100 | 80 | 63 | 50 | 40 | 32 | 25 | 20 | 16 | 12.5 | 20 |
| 25 | 125 | 100 | 80 | 63 | 50 | 40 | 32 | 25 | 20 | 16 | 25 |
| 32 | 160 | 125 | 100 | 80 | 63 | 50 | 40 | 32 | 25 | 20 | 32 |
| 40 | 200 | 160 | 125 | 100 | 80 | 63 | 50 | 40 | 32 | 25 | 40 |
| 50 | 250 | 200 | 160 | 125 | 100 | 80 | 63 | 50 | 40 | 32 | 50 |
| 63 | 320 | 250 | 200 | 160 | 125 | 100 | 80 | 63 | 50 | 40 | 63 |
| 80 | 400 | 320 | 250 | 200 | 160 | 125 | 100 | 80 | 63 | 50 | 80 |
| 100 | 500 | 400 | 320 | 250 | 200 | 160 | 125 | 100 | 80 | 63 | 100 |
| 125 | — | 500 | 400 | 320 | 250 | 200 | 160 | 125 | 100 | 80 | 125 |
| 160 | — | — | 500 | 400 | 320 | 250 | 200 | 160 | 125 | 100 | 160 |
| 200 | — | — | — | 500 | 400 | 320 | 250 | 200 | 160 | 125 | 200 |
| 250 | — | — | — | | 500 | 400 | 320 | 250 | 200 | 160 | 250 |

注：机构工作级别低于 M3 的按 M3 考虑。

2. 吊钩的钩号

吊钩的钩号根据起重量分为 006～250 共 30 个号码。

## 三、吊钩的检验

1. 吊钩的表面和内部质量

（1）吊钩表面应光洁，不得有裂纹、折叠、过烧等缺陷。

（2）吊钩内部不得有裂纹、白点和影响其作业安全的夹杂物等其他缺陷。

（3）吊钩上的缺陷不准焊补。

2. 吊钩的检验方法

（1）吊钩的表面裂纹检验采用磁粉探伤（EJ187 磁粉探伤标准）进行，不能用磁粉探伤的部位，可采用渗透法检验。

（2）对自由锻造吊钩的坯料应采用超声波探伤法进行检验。

3. 吊钩试验

吊钩试验包括钢材的化学成分（熔炼成分）分析和力学性能试验。力学性能试验又包括拉力试验和冲击试验，以此来测定抗拉强度、屈服强度、断后伸长率和冲击韧度等。

**四、吊钩的安全检验**

1. 使用前检查

（1）吊钩应有制造厂的合格证等技术文件方可使用。

（2）检查吊钩的标志，直柄单钩（以下简称单钩）应包括制造厂名或厂标、钩号和强度等级。

（3）钩号为 006～5 的吊钩应复核开口度 $a_2$，其余钩号的吊钩应复核测量长度 $y$，其值单钩应符合 GB 10051.4《起重吊钩直柄单钩毛坯件》或 GB 10051.5《起重吊钩直柄单钩》的规定，吊钩检验图如图 2—1 所示。

2. 使用检查

（1）表面缺陷　检查吊钩的表面缺陷，表面不得有裂纹，如有裂纹则应报废。

（2）变形

1）钩号为 006～5 的吊钩应检查开口度 $a_2$（见图 2—1a），其余钩号的吊钩应检查测量长度 $y$（见图 2—1c），超过使用前实际尺寸的 10%时，吊钩应报废。

2）检查吊钩的扭转变形，当钩身的扭转角 $\alpha$（见图 2—1b）超过 10°时，吊钩应报废。

3）吊钩的钩柄不得有塑性变形，否则应报废。

（3）吊钩磨损量 $\Delta S$（见图 2—1a）的检查　磨损后危险截面的实际高度不得小于基本尺寸的 95%，否则吊钩应报废。

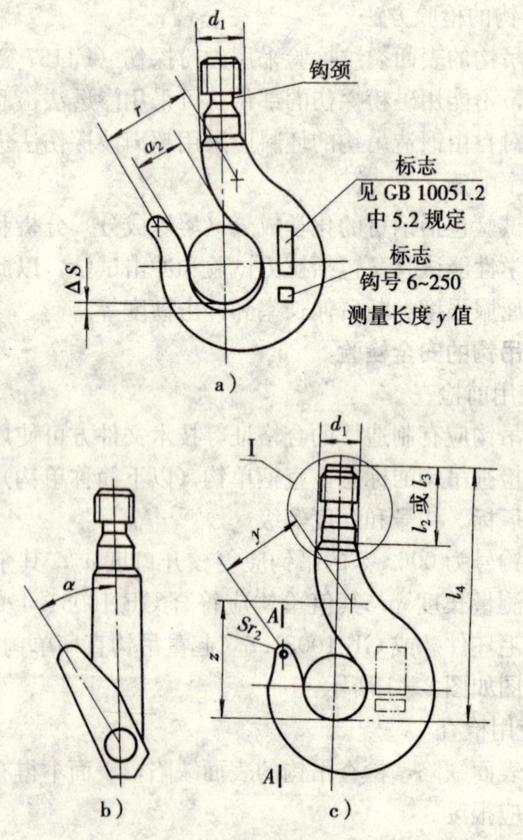


图 2—1　吊钩检验图

（4）腐蚀

1）钩柄直径 $d_1$（见图 2—1）在腐蚀后的尺寸不得小于基本尺寸的 95%，否则吊钩应报废。

2）吊钩的螺纹不得腐蚀。

（5）吊钩的缺陷不允许焊补。

**五、检查周期和检查人员**

经常性检查可由操作人员或委派其他人员执行，其周期见表

2—3。定期检查应由专职检查人员执行，其周期见表 2—4，检查人员应按规定逐项检查，定期检查应做记录并归档。

**表 2—3　　经常性检查的周期**

| 机构工作级别 | ≤M5 | M6～M7 | M8 |
| --- | --- | --- | --- |
| 检查周期（天） | 30 | 7～30 | 1～7 |

**表 2—4　　定期检查的周期**

| 机构工作级别 | ≤M6 | M7～M8 |
| --- | --- | --- |
| 检查周期 | 一年 | 每季 |

## 六、吊钩的危险断面分析

对吊钩进行检修时，必须要知道吊钩的危险断面所在。而危险断面是根据受力分析找出来的。对于单钩而言，其垂直断面（$B$—$B$）和水平断面（$A$—$A$）是危险断面，因为这两个断面受力最大。如图 2—2 所示为单钩危险断面分析图。

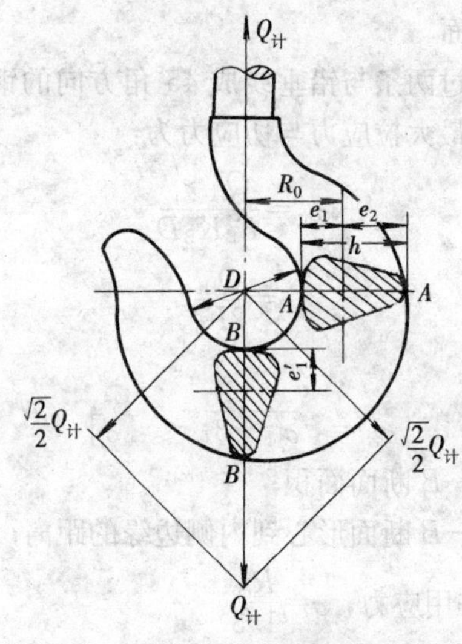


图 2—2　单钩危险断面分析图

1. $A—A$ 断面

内侧拉应力为：

$$\sigma_{拉}=\frac{2Q_{计}\ e_1}{F_A K_A D}$$

外侧压应力为：

$$\sigma_{压}=\frac{2Q_{计}\ e_2}{F_A K_A (D+2h)}$$

式中 $F_A$——$A—A$ 断面面积；

$D$——钩孔直径；

$h$——梯形断面高度；

$e_1$，$e_2$——断面形心距内、外边缘的距离；

$K_A$——曲梁截面 $A—A$ 的形状系数，对梯形断面：

$$K_A=\frac{2R_0}{(b_1+b_2)h}\left\{\left[b_2+\frac{b_1-b_2}{h}\left(\frac{D}{2}+h\right)\right]\ln\left(1+\frac{2h}{D}\right)-(b_1-b_2)\right\}-1$$

其中 $b_1$，$b_2$ 为梯形断面的大小边长。通常取 $D=h$；$b_1=0.67h$；$b_2=0.4b_1$，则 $K_A=0.10$。

2. $B—B$ 断面

假定载荷通过两条与铅垂线成 45°角方向的钢丝绳作用在吊钩上，那么内侧最大拉应力与切应力为：

$$\sigma_{拉}=\frac{Q_{计}\ e'_1}{F_B K_B D}$$

$$\tau=\frac{Q_{计}}{2F_B}$$

合成应力为：

$$\sigma_{合}=\sqrt{\sigma_{拉}^2+3\tau^2}\leqslant[\sigma]$$

式中 $F_B$——$B—B$ 断面面积；

$e'_1$——$B—B$ 断面形心到内侧边缘的距离；

$[\sigma]$——许用应力，$\sigma=\frac{R_m}{1.3}$。

3. 钩尾螺纹部分强度计算

螺杆颈部拉应力：

$$\sigma_{拉}=\frac{Q_{计}}{\frac{\pi}{4}d^2}\leqslant\frac{R_m}{4}$$

式中　$Q_{计}$——吊钩的计算载荷，$Q_{计}=1.2Q_{额}$；

$R_m$——材料的屈服强度；

$d$——螺杆的螺纹内径。

## 第二节　钢丝绳安全技术

### 一、钢丝绳的种类

1. 按绳股捻向分类

（1）右捻　绳股捻制的螺旋方向从中心线左侧开始向上、向右，这种捻向称为“右捻”，用“Z”表示。

（2）左捻　从中心线右侧开始向上、向左，这种捻向称为“左捻”，用“S”表示。

（3）右交互捻　表示钢丝绳是右捻，绳股为左捻，用ZS表示。

（4）左交互捻　表示钢丝绳是左捻，绳股为右捻，用SZ表示。

（5）右同向捻　表示钢线绳和绳股都是右向捻，用ZZ表示。

（6）左同向捻　表示钢丝绳和绳股都是左向捻，用SS表示。

（7）交互捻　也称逆向捻，这种捻法的钢丝绳从外观上看，外层钢丝的方向几乎与钢丝绳的纵向轴线相平行。在使用时表面钢丝与接触物的接触面积小，所以易磨损，挠性较差，但不松散旋转。

如图2—3所示为钢丝绳的捻向图。

2. 按钢丝绳股结构分类

（1）点接触钢丝绳　由于绳股内钢丝直径相同，各层螺距不等，所以钢丝互相交叉，形成点接触，在工作中接触应力高，因

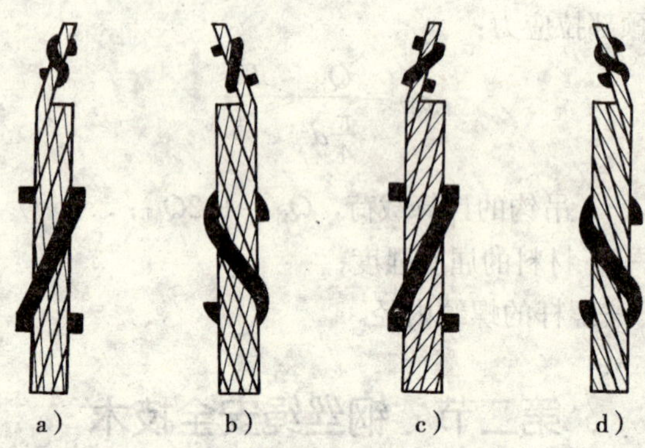


图 2—3　钢丝绳的捻向图

a）右交互捻（ZS）　b）左交互捻（SZ）

c）右同向捻（ZZ）　d）左同向捻（SS）

此钢丝易磨损折断。优点是制造工艺简单。

（2）线接触钢丝绳　绳股中各层钢丝间呈短线接触状态。由于是线接触，丝间接触应力较小，钢丝绳寿命会延长，同时增加钢丝绳的挠性。由于线接触钢丝绳较为密实，所以相同直径的钢丝绳中，线接触绳破断拉力大些。

线接触钢丝绳有瓦林吞（W）型和西尔（S）型以及填充（Fi）型。

（3）面接触钢丝绳　面接触钢丝绳是由异行钢丝捻制而成的。由于钢丝之间形成面接触，钢丝绳的接触应力降低，所以使用寿命就长；填充系数大，破断拉力也就大。缺点是挠性差，钢丝绳比较硬。

（4）密封型钢丝绳　外层采用 S 形钢丝，内层采用梯形钢丝，中心采用圆形钢丝捻制而成。

3. 按绳芯分类

（1）纤维芯　采用剑麻、棉纱、合成纤维和其他纤维制成。FC 表示纤维芯；NF 表示天然纤维芯；SF 表示合成纤维芯。

尼龙芯可分为尼龙丝芯、尼龙棒芯等。

（2）钢芯　可分为独立的钢丝绳芯（IWR）和钢丝股芯（IWS）。

**二、钢丝绳的性能**

1. 起重机常用钢丝绳结构形式见表 2—5。

**表 2—5　　起重机常用钢丝绳结构形式**

| 设备名称 | 钢丝绳名称 | 钢丝绳结构形式 |
|---|---|---|
| 普通起重机用 | 点接触型 | 6×19+NF，6×37+NF |
| | 线接触型 | 6×19S，6×19W，6×25Fi，6×29Fi，6×31SW，6×36SW，6×37SW，6×41SW，6×49SWS，6×55SWS<br>8×19S，8×19W，8×25Fi，8×26SW，8×31SW，8×36SW，8×41SW，8×49SWS，8×55SWS |
| | 四股扇形钢丝绳 | 4V×39S，4V×48S |
| 大型铸造起重机用 | 三角股钢丝绳 | 6V×37S，6V×36，6V×43，6×19S+IWR，6×19W+IWR，6×36SW+IWR，6×41SW+IWR，6×25Fi+IWR |
| 港口装卸和建筑塔式起重机用 | 四股扇形股钢丝绳 | 4V×39S，4V×48S |
| | 多层股钢丝绳 | 18×19，18×19S，18×19W，34×7，36×7 |

2. 6×19+FC 及 6×19+IWS 型钢丝绳的力学性能见表 2—6。

3. 6×37+FC 及 6×37+IWR 型钢丝绳的力学性能见表 2—7。

**三、钢丝绳的试验和验收**

1. 钢丝绳直径和不圆度的测量

（1）钢丝绳直径应采用带有宽量爪的游标卡尺测量，其测量方法示意图如图 2—4 所示，量爪的宽度要能跨越两个相邻的绳股。测量部分应取至钢丝绳（无张力）端头 15 m 外的直线部位，在相距至少 1 m 的截面上，并在同一截面两个不同方向进行测量，取其平均值作为实测直径。实测直径不应超过允许偏差。

表 2—6　　6×19+FC 及 6×19+IWS 型钢丝绳的力学性能

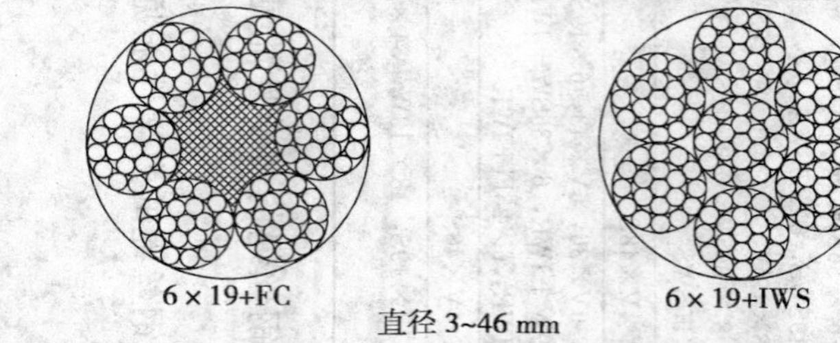


直径 3~46 mm

| 钢丝绳公称直径 | | 钢丝绳近似质量 (10$^{-2}$kg/m) | | | 钢丝绳公称抗拉强度（MPa） | | | | | | | | | |
|---|---|---|---|---|---|---|---|---|---|---|---|---|---|---|
| | | | | | 1 470 | | 1 570 | | 1 670 | | 1 770 | | 1 870 | |
| | | | | | 钢丝绳最小破断拉力（kN） | | | | | | | | | |
| d (mm) | 允许偏差 (%) | 天然纤维芯钢丝绳 | 合成纤维芯钢丝绳 | 钢芯钢丝绳 | 纤维芯钢丝绳 | 钢芯钢丝绳 | 纤维芯钢丝绳 | 钢芯钢丝绳 | 纤维芯钢丝绳 | 钢芯钢丝绳 | 纤维芯钢丝绳 | 钢芯钢丝绳 | 纤维芯钢丝绳 | 钢芯钢丝绳 |
| 3 | +8 | 3.11 | 3.03 | 3.43 | 4.06 | 4.39 | 4.33 | 4.69 | 4.61 | 4.98 | 4.89 | 5.28 | 5.16 | 5.58 |
| 4 | +7 | 5.54 | 5.39 | 6.10 | 7.22 | 7.80 | 7.71 | 8.33 | 8.20 | 8.87 | 8.69 | 9.40 | 9.18 | 9.93 |
| 5 | 0 | 8.65 | 8.42 | 9.52 | 11.20 | 12.20 | 12.00 | 13.00 | 12.80 | 13.80 | 13.50 | 14.60 | 14.30 | 15.50 |
| 6 | | 12.50 | 12.10 | 13.70 | 16.20 | 17.50 | 17.30 | 18.70 | 18.40 | 19.90 | 19.50 | 21.10 | 20.60 | 22.30 |
| 7 | | 17.00 | 16.50 | 18.70 | 22.10 | 23.90 | 23.60 | 25.50 | 25.10 | 27.10 | 26.60 | 28.70 | 28.10 | 30.40 |
| 8 | | 22.10 | 21.60 | 24.40 | 28.80 | 31.20 | 30.80 | 33.30 | 32.80 | 35.40 | 34.70 | 37.60 | 36.70 | 39.70 |
| 9 | | 28.00 | 27.30 | 30.90 | 36.50 | 39.50 | 39.00 | 42.20 | 41.50 | 44.90 | 44.00 | 47.50 | 46.50 | 50.20 |
| 10 | | 34.60 | 33.70 | 38.10 | 45.10 | 48.80 | 48.10 | 52.10 | 51.20 | 55.40 | 54.30 | 58.70 | 57.40 | 62.00 |
| 11 | | 41.90 | 40.80 | 46.10 | 54.60 | 59.00 | 58.30 | 63.00 | 62.00 | 67.00 | 65.70 | 71.10 | 69.40 | 75.10 |
| 12 | | 49.80 | 48.50 | 54.90 | 64.90 | 70.20 | 69.40 | 75.00 | 73.80 | 79.80 | 78.20 | 84.60 | 82.60 | 89.40 |

续表

| 钢丝绳公称直径 | | 钢丝绳近似质量（$10^{-2}$kg/m） | | | 钢丝绳公称抗拉强度（MPa） | | | | | | | | | |
|---|---|---|---|---|---|---|---|---|---|---|---|---|---|---|
| | | | | | 1 470 | | 1 570 | | 1 670 | | 1 770 | | 1 870 | |
| | | | | | 钢丝绳最小破断拉力（kN） | | | | | | | | | |
| *d*（mm） | 允许偏差（%） | 天然纤维芯钢丝绳 | 合成纤维芯钢丝绳 | 钢芯钢丝绳 | 纤维芯钢丝绳 | 钢芯钢丝绳 | 纤维芯钢丝绳 | 钢芯钢丝绳 | 纤维芯钢丝绳 | 钢芯钢丝绳 | 纤维芯钢丝绳 | 钢芯钢丝绳 | 纤维芯钢丝绳 | 钢芯钢丝绳 |
| 13 | | 58.50 | 57.00 | 64.40 | 76.20 | 82.40 | 81.40 | 88.00 | 86.60 | 93.70 | 91.80 | 99.30 | 97.00 | 104.00 |
| 14 | | 67.80 | 66.10 | 74.70 | 88.40 | 95.60 | 94.40 | 102.00 | 100.00 | 108.00 | 106.00 | 115.00 | 112.00 | 121.00 |
| 16 | | 88.60 | 86.30 | 97.50 | 115.00 | 124.00 | 123.00 | 133.00 | 131.00 | 141.00 | 139.00 | 150.00 | 146.00 | 158.00 |
| 18 | | 112.00 | 109.00 | 123.00 | 146.00 | 158.00 | 156.00 | 168.00 | 166.00 | 179.00 | 176.00 | 190.00 | 186.00 | 201.00 |
| 20 | | 133.00 | 135.00 | 152.00 | 180.00 | 195.00 | 192.00 | 208.00 | 205.00 | 221.00 | 217.00 | 235.00 | 229.00 | 248.00 |
| 22 | +6 | 167.00 | 163.00 | 184.00 | 218.00 | 236.00 | 233.00 | 252.00 | 248.00 | 268.00 | 263.00 | 284.00 | 277.00 | 300.00 |
| 24 | 0 | 199.00 | 194.00 | 219.00 | 259.00 | 281.00 | 277.00 | 300.00 | 295.00 | 319.00 | 312.00 | 338.00 | 330.00 | 357.00 |
| 26 | | 234.00 | 228.00 | 258.00 | 305.00 | 329.00 | 325.00 | 352.00 | 346.00 | 374.00 | 367.00 | 397.00 | 388.00 | 419.00 |
| 28 | | 271.00 | 264.00 | 299.00 | 353.00 | 382.00 | 377.00 | 408.00 | 401.00 | 434.00 | 426.00 | 460.00 | 450.00 | 486.00 |
| (30) | | 311.00 | 303.00 | 343.00 | 406.00 | 439.00 | 433.00 | 469.00 | 461.00 | 498.00 | 489.00 | 528.00 | 516.00 | 558.00 |
| 32 | | 354.00 | 345.00 | 390.00 | 462.00 | 499.00 | 493.00 | 533.00 | 524.00 | 567.00 | 556.00 | 601.00 | 587.00 | 635.00 |
| (34) | | 400.00 | 390.00 | 440.00 | 521.00 | 564.00 | 557.00 | 602.00 | 592.00 | 640.00 | 628.00 | 679.00 | 663.00 | 717.00 |
| 36 | | 448.00 | 437.00 | 494.00 | 584.00 | 632.00 | 524.00 | 675.00 | 664.00 | 718.00 | 704.00 | 761.00 | 744.00 | 804.00 |
| (38) | | 500.00 | 487.00 | 550.00 | 651.00 | 704.00 | 695.00 | 752.00 | 740.00 | 800.00 | 784.00 | 848.00 | 828.00 | 896.00 |
| 40 | | 554.00 | 539.00 | 610.00 | 722.00 | 780.00 | 771.00 | 833.00 | 820.00 | 887.00 | 869.00 | 940.00 | 918.00 | 993.00 |
| (42) | | 610.00 | 594.00 | 672.00 | 796.00 | 860.00 | 850.00 | 919.00 | 904.00 | 978.00 | 958.00 | 1 030.00 | 1 010.00 | 1 090.00 |
| 44 | | 670.00 | 652.00 | 738.00 | 873.00 | 944.00 | 933.00 | 1 000.00 | 992.00 | 1 070.00 | 1 050.00 | 1 130.00 | 1 110.00 | 1 200.00 |
| (46) | | 732.00 | 713.00 | 806.00 | 954.00 | 1 030.00 | 1 010.00 | 1 100.00 | 1 080.00 | 1 170.00 | 1 140.00 | 1 240.00 | 1 210.00 | 1 310.00 |

注：1. 最小钢丝破断拉力总和=钢丝绳最小破断拉力×1.197（纤维芯）或1.287（钢芯）。

2. 新设计设备不得选用括号内的钢丝绳直径。

表 2—7　　**6×37+FC 及 6×37+IWR 型钢丝绳的力学性能**

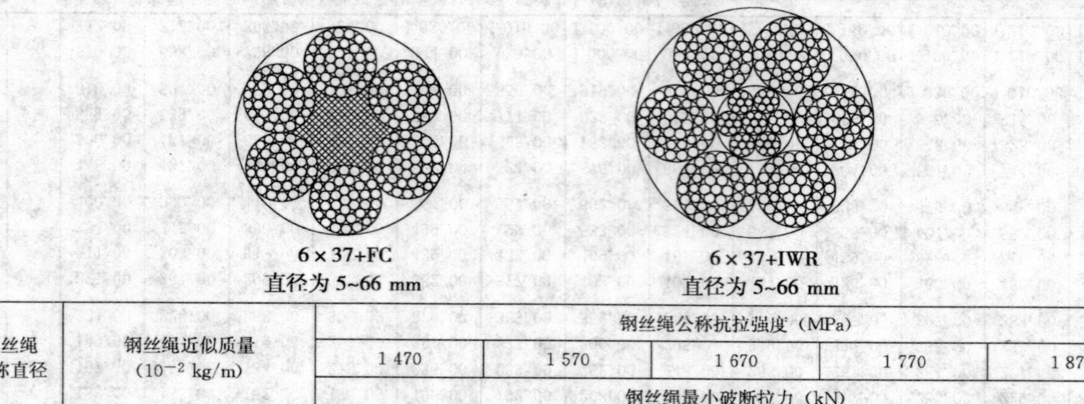

6×37+FC
直径为 5~66 mm

6×37+IWR
直径为 5~66 mm

| 钢丝绳公称直径 | | 钢丝绳近似质量 ($10^{-2}$ kg/m) | | | 钢丝绳公称抗拉强度 (MPa) | | | | | | | | | |
|---|---|---|---|---|---|---|---|---|---|---|---|---|---|---|
| | | | | | 1 470 | | 1 570 | | 1 670 | | 1 770 | | 1 870 | |
| | | | | | 钢丝绳最小破断拉力 (kN) | | | | | | | | | |
| $d$ (mm) | 允许偏差 (%) | 天然纤维芯钢丝绳 | 合成纤维芯钢丝绳 | 钢芯钢丝绳 | 纤维芯钢丝绳 | 钢芯钢丝绳 | 纤维芯钢丝绳 | 钢芯钢丝绳 | 纤维芯钢丝绳 | 钢芯钢丝绳 | 纤维芯钢丝绳 | 钢芯钢丝绳 | 纤维芯钢丝绳 | 钢芯钢丝绳 |
| 5 | +7<br>0 | 8.65 | 8.42 | 9.52 | 10.80 | 11.70 | 11.50 | 12.50 | 12.30 | 13.30 | 13.00 | 14.10 | 13.70 | 14.90 |
| 6 | | 12.50 | 12.10 | 13.70 | 15.60 | 16.80 | 16.60 | 18.00 | 17.70 | 19.10 | 18.70 | 20.30 | 19.80 | 21.40 |
| 7 | | 17.00 | 16.50 | 18.70 | 21.20 | 22.90 | 22.60 | 24.50 | 24.10 | 26.10 | 25.50 | 27.60 | 27.00 | 29.20 |
| 8 | | 22.10 | 21.60 | 24.40 | 27.70 | 30.00 | 29.60 | 32.00 | 31.50 | 34.00 | 33.40 | 36.10 | 35.30 | 33.10 |
| 9 | | 28.00 | 27.30 | 30.90 | 35.10 | 37.90 | 37.50 | 40.50 | 39.90 | 43.10 | 42.20 | 45.70 | 44.60 | 48.30 |
| 10 | | 34.60 | 33.70 | 38.10 | 43.30 | 46.80 | 46.30 | 50.00 | 49.20 | 53.20 | 52.20 | 56.40 | 55.10 | 59.60 |

续表

| 钢丝绳公称直径 | | 钢丝绳近似质量（$10^{-2}$ kg/m） | | | 钢丝绳公称抗拉强度（MPa） | | | | | | | | | |
|---|---|---|---|---|---|---|---|---|---|---|---|---|---|---|
| | | | | | 1 470 | | 1 570 | | 1 670 | | 1 770 | | 1 870 | |
| | | | | | 钢丝绳最小破断拉力（kN） | | | | | | | | | |
| *d*（mm） | 允许偏差（%） | 天然纤维芯钢丝绳 | 合成纤维芯钢丝绳 | 钢芯钢丝绳 | 纤维芯钢丝绳 | 钢芯钢丝绳 | 纤维芯钢丝绳 | 钢芯钢丝绳 | 纤维芯钢丝绳 | 钢芯钢丝绳 | 纤维芯钢丝绳 | 钢芯钢丝绳 | 纤维芯钢丝绳 | 钢芯钢丝绳 |
| 11 | | 41.90 | 40.80 | 46.10 | 52.40 | 56.70 | 56.00 | 60.60 | 59.60 | 64.40 | 63.10 | 68.30 | 66.70 | 72.10 |
| 12 | | 49.80 | 48.50 | 54.90 | 62.40 | 67.50 | 66.60 | 72.10 | 70.90 | 76.70 | 75.10 | 81.30 | 79.40 | 85.90 |
| 13 | | 58.50 | 57.00 | 64.40 | 73.20 | 79.20 | 78.20 | 84.60 | 83.20 | 90.00 | 88.20 | 95.40 | 93.20 | 100.00 |
| 14 | | 67.80 | 66.10 | 74.70 | 84.90 | 91.90 | 90.70 | 98.10 | 96.50 | 104.00 | 102.00 | 110.00 | 108.00 | 116.00 |
| 16 | | 88.60 | 86.30 | 97.50 | 111.00 | 120.00 | 118.00 | 128.00 | 126.00 | 136.00 | 133.00 | 144.00 | 141.00 | 152.00 |
| 18 | | 112.00 | 109.00 | 123.00 | 140.00 | 151.00 | 150.00 | 162.00 | 159.00 | 172.00 | 169.00 | 182.00 | 178.00 | 193.00 |
| 20 | | 138.00 | 135.00 | 152.00 | 173.00 | 187.00 | 185.00 | 200.00 | 197.00 | 213.00 | 208.00 | 225.00 | 220.00 | 233.00 |
| 22 | | 167.00 | 163.00 | 184.00 | 209.00 | 226.00 | 224.00 | 242.00 | 238.00 | 257.00 | 252.00 | 273.00 | 266.00 | 288.00 |
| 24 | +6 | 199.00 | 194.00 | 219.00 | 249.00 | 270.00 | 266.00 | 288.00 | 283.00 | 306.00 | 300.00 | 325.00 | 317.00 | 343.00 |
| 26 | 0 | 234.00 | 228.00 | 258.00 | 293.00 | 316.00 | 313.00 | 338.00 | 333.00 | 360.00 | 352.00 | 381.00 | 372.00 | 403.00 |
| 28 | | 271.00 | 264.00 | 299.00 | 339.00 | 367.00 | 363.00 | 392.00 | 386.00 | 417.00 | 409.00 | 442.00 | 432.00 | 467.00 |
| (30) | | 311.00 | 303.00 | 343.00 | 390.00 | 422.00 | 416.00 | 450.00 | 443.00 | 479.00 | 469.00 | 508.00 | 496.00 | 536.00 |
| 32 | | 354.00 | 345.00 | 390.00 | 444.00 | 480.00 | 474.00 | 512.00 | 504.00 | 545.00 | 534.00 | 578.00 | 564.00 | 610.00 |
| (34) | | 400.00 | 390.00 | 440.00 | 501.00 | 542.00 | 535.00 | 578.00 | 569.00 | 615.00 | 603.00 | 652.00 | 637.00 | 689.00 |
| 36 | | 448.00 | 437.00 | 494.00 | 562.00 | 607.00 | 600.00 | 649.00 | 638.00 | 690.00 | 676.00 | 731.00 | 714.00 | 773.00 |
| (38) | | 500.00 | 487.00 | 550.00 | 626.00 | 677.00 | 668.00 | 723.00 | 711.00 | 769.00 | 753.00 | 815.00 | 796.00 | 861.00 |

续表

| 钢丝绳公称直径 | | 钢丝绳近似质量 (10⁻² kg/m) | | | 钢丝绳公称抗拉强度（MPa） | | | | | | | | | |
|---|---|---|---|---|---|---|---|---|---|---|---|---|---|---|
| | | | | | 1 470 | | 1 570 | | 1 670 | | 1 770 | | 1 870 | |
| | | | | | 钢丝绳最小破断拉力（kN） | | | | | | | | | |
| $d$ (mm) | 允许偏差 (%) | 天然纤维芯钢丝绳 | 合成纤维芯钢丝绳 | 钢芯钢丝绳 | 纤维芯钢丝绳 | 钢芯钢丝绳 | 纤维芯钢丝绳 | 钢芯钢丝绳 | 纤维芯钢丝绳 | 钢芯钢丝绳 | 纤维芯钢丝绳 | 钢芯钢丝绳 | 纤维芯钢丝绳 | 钢芯钢丝绳 |
| 40 | | 554.00 | 539.00 | 610.00 | 693.00 | 750.00 | 741.00 | 801.00 | 788.00 | 852.00 | 835.00 | 903.00 | 882.00 | 954.00 |
| (42) | | 610.00 | 594.00 | 672.00 | 764.00 | 827.00 | 816.00 | 883.00 | 869.00 | 939.00 | 921.00 | 996.00 | 973.00 | 1 050.00 |
| 44 | | 670.00 | 652.00 | 738.00 | 839.00 | 907.00 | 896.00 | 969.00 | 953.00 | 1 030.00 | 1 010.00 | 1 090.00 | 1 060.00 | 1 150.00 |
| (46) | | 732.00 | 713.00 | 806.00 | 917.00 | 992.00 | 980.00 | 1 050.00 | 1 040.00 | 1 120.00 | 1 100.00 | 1 190.00 | 1 160.00 | 1 260.00 |
| 48 | | 797.00 | 776.00 | 878.00 | 999.00 | 1 080.00 | 1 060.00 | 1 150.00 | 1 130.00 | 1 220.00 | 1 200.00 | 1 300.00 | 1 270.00 | 1 370.00 |
| (50) | | 865.00 | 842.00 | 952.00 | 1 080.00 | 1 170.00 | 1 150.00 | 1 250.00 | 1 230.00 | 1 330.00 | 1 300.00 | 1 410.00 | 1 370.00 | 1 490.00 |
| 52 | | 936.00 | 911.00 | 1 030.00 | 1 170.00 | 1 260.00 | 1 250.00 | 1 350.00 | 1 330.00 | 1 440.00 | 1 410.00 | 1 520.00 | 1 490.00 | 1 610.00 |
| (54) | | 1 010.00 | 983.00 | 1 110.00 | 1 260.00 | 1 360.00 | 1 350.00 | 1 460.00 | 1 430.00 | 1 550.00 | 1 520.00 | 1 640.00 | 1 600.00 | 1 730.00 |
| 56 | | 1 090.00 | 1 060.00 | 1 190.00 | 1 350.00 | 1 470.00 | 1 450.00 | 1 570.00 | 1 540.00 | 1 670.00 | 1 630.00 | 1 770.00 | 1 720.00 | 1 870.00 |
| 58 | | 1 180.00 | 1 130.00 | 1 280.00 | 1 450.00 | 1 570.00 | 1 550.00 | 1 680.00 | 1 650.00 | 1 790.00 | 1 750.00 | 1 890.00 | 1 850.00 | 2 000.00 |
| 60 | | 1 250.00 | 1 210.00 | 1 370.00 | 1 560.00 | 1 680.00 | 1 660.00 | 1 800.00 | 1 770.00 | 1 910.00 | 1 870.00 | 2 030.00 | 1 980.00 | 2 140.00 |
| (62) | | 1 330.00 | 1 300.00 | 1 460.00 | 1 660.00 | 1 800.00 | 1 780.00 | 1 920.00 | 1 890.00 | 2 040.00 | 2 000.00 | 2 170.00 | 2 120.00 | 2 290.00 |
| 64 | | 1 420.00 | 1 380.00 | 1 560.00 | 1 770.00 | 1 920.00 | 1 890.00 | 2 050.00 | 2 010.00 | 2 180.00 | 2 130.00 | 2 310.00 | 2 250.00 | 2 440.00 |
| 66 | | 1 510.00 | 1 470.00 | 1 660.00 | 1 880.00 | 2 040.00 | 2 010.00 | 2 180.00 | 2 140.00 | 2 320.00 | 2 270.00 | 2 450.00 | 2 400.00 | 2 590.00 |

注：1. 最小钢丝破断拉力总和＝钢丝绳最小破断拉力×1.249（纤维芯）或 1.336（钢芯）。
2. 新设计设备不得选用括号内的钢丝绳直径。

GB/T 8918 规定，当直径大于或等于 8 mm 时，圆股钢丝绳的允许偏差为（0.06～0.07）$d$。

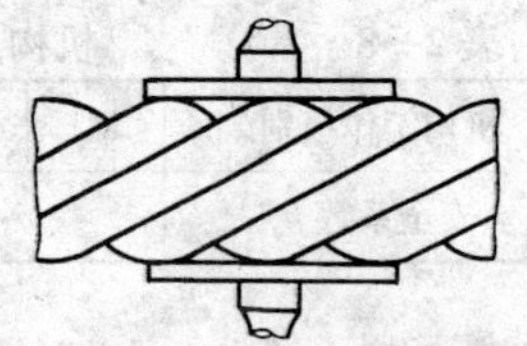

图 2—4 钢丝绳直径的测量方法示意图

（2）不圆度的测量　同一截面不同方向测量结果的差与实测直径之比称为不圆度，其允许偏差为（0.04～0.06）$d$。

2. 不松散检查

将钢丝绳一端解开相对立的两个股，长度约为两个捻距，然后将其恢复原状，不应自行松散。

3. 钢丝绳破断拉力试验

按规定进行整条钢丝绳破断拉力测定或测定钢丝破断拉力总和，测定结果不得低于性能表中的规定值。

4. 拆出钢丝试验

将钢丝从绳中拆出进行直径测量；抗拉强度、打结拉伸、扭转、反复弯曲等试验按 GB/T 8919 进行。

5. 验收

验收可分为按组批抽样验收和逐条验收（GB/T 8918），并按 GB 2104 要求出具质量证明书。

**四、钢丝绳的选用**

钢丝绳的选用是根据钢丝绳工作中的最大拉力和机构工作级别或工作状况来决定的。已知载荷或钢丝绳工作中的最大拉力，选择钢丝绳：

$$F_0 \geqslant Sn$$

式中 $F_0$——钢丝绳最小破断拉力，kN；

$S$——钢丝绳工作中的最大拉力，kN；

$n$——根据机构工作级别或工作状况来决定的安全系数，机构工作级别与安全系数见表 2—8，钢丝绳的用途与安全系数见表 2—9。

表 2—8　　　　　机构工作级别与安全系数

| 机构工作级别 | M1 | M2 | M3 | M4 | M5 | M6 | M7 | M8 |
|---|---|---|---|---|---|---|---|---|
| 安全系数 $n$ | | 4 | | 4.5 | 5 | 6 | 7 | 9 |

表 2—9　　　　　钢丝绳的用途与安全系数

| 用途 | 安全系数 $n$ |
|---|---|
| 支撑动臂用钢丝绳 | 4 |
| 起重机自身安装用钢丝绳 | 2.5 |
| 缆风绳 | 3.5 |
| 吊挂和捆绑用钢丝绳 | 6 |

根据计算出的钢丝绳最小破断拉力，从钢丝绳的力学性能表中选择适当的钢丝绳结构、抗拉强度和绳径。

已知钢丝绳的结构、抗拉强度和绳径，计算钢丝绳的允许拉力。

根据钢丝绳力学性能表，计算钢丝绳允许拉力有两种方法：

方法一，从钢丝绳力学性能表中直接查得，例如，钢丝绳结构：6×19＋FC—16—1 670 钢丝绳的最小破断拉力，从表中查得为 141 kN。然后根据工作级别选取安全系数，如工作级别为 M5，安全系数取 5，那么钢丝绳的允许拉力为：$S_{允许}=\frac{141}{5}=$ 28.2 kN。

方法二，钢丝绳最小破断拉力＝$KdR_0/1\ 000$

式中　$K$——钢丝绳最小破断拉力系数；见 GB/T 8918 表 5，6×19 或 6×37 结构的 $K$ 值均为 0.33；

$d$——钢丝绳公称直径，mm；

$R_0$——钢丝绳公称抗拉强度，MPa。

然后根据工作级别选取安全系数，计算出钢丝绳的允许拉力：

$$S_{允许}=\frac{S_{(破断拉力)}}{n_{(安全系数)}}$$

$$S_{允许}=\frac{0.33\times16^2\times1\ 670}{5\times1\ 000}=28.2\ \text{kN}$$

## 五、钢丝绳的报废标准

1. 钢丝绳的断丝数在一个捻节距内达到表 2—10 规定的数值时，则应报废。钢丝绳捻节距就是在一条钢丝绳股环绕轴线一周的轴向距离或者 6 股绳在钢丝绳上任一条母线上数 6 节。

钢丝绳报废时的断丝数也可以理解为在一个捻节距内断丝数达到总丝数的 10%则应报废。

如绳 6×37=222，断丝数标准为 222×10%≈22。

绳 6×19=114，断丝数标准为 114×10%≈12。

2. 钢丝绳有锈蚀或磨损时，应将表 2—10 中规定的断丝数按表 2—11 的折减系数折减，并按折减后的断丝数报废。钢丝径向磨损或锈蚀超过原直径的 40%时则应报废。

**表 2—10　　钢丝绳报废时的断丝数**

<table>
<tr><th rowspan="4">钢丝绳<br>断丝数量<br>安全系数</th><th colspan="4">钢丝绳结构（GB 1102）</th></tr>
<tr><th colspan="2">绳 6W（19）<br>绳 6×19</th><th colspan="2">绳 6×37</th></tr>
<tr><th colspan="4">一个节距中断丝数</th></tr>
<tr><th>交互捻</th><th>同向捻</th><th>交互捻</th><th>同向捻</th></tr>
<tr><td>小于 6</td><td>12</td><td>6</td><td>22</td><td>11</td></tr>
<tr><td>6～7</td><td>14</td><td>7</td><td>26</td><td>13</td></tr>
<tr><td>>7</td><td>16</td><td>8</td><td>30</td><td>15</td></tr>
</table>

**表 2—11　　折减系数**

| 钢丝表面磨损或锈蚀量% | 10 | 15 | 20 | 25 | 30～40 | >40 |
|---|---|---|---|---|---|---|
| 折减系数% | 85 | 75 | 70 | 60 | 50 | 0 |

3. 吊运炽热金属或危险品的钢丝绳的报废丝数，取一般起重机用钢丝绳报废标准的一半。

4. 断股、芯子外露等严重变形的钢丝绳则应报废。

## 六、钢丝绳的安全检查

钢丝绳在卷筒上应能按顺序整齐排列，起升机构和变幅机构不得使用编结接长的钢丝绳。吊运炽热金属或熔化金属用的钢丝绳，应采用石棉芯等耐高温的钢丝绳。

1. 检验周期

钢丝绳的检验可分为日常检验、定期检验和特殊检验。钢丝绳的检验项目见表 2—12。钢丝绳的检验部位见表 2—13。

**表 2—12　　钢丝绳的检验项目**

| | | | | | |
|---|---|---|---|---|---|
| 断丝 | √ | √ | 电弧及火烤 | — | √ |
| 磨损 | √ | √ | 涂油状态 | √ | √ |
| 腐蚀 | √ | √ | 末端固定状态 | √ | √ |
| 变形 | √ | √ | 卷筒与滑轮处 | — | √ |

**表 2—13　　钢丝绳的检验部位**

| 项目 | | 日常检验 | 定期检验和特殊检验 |
|---|---|---|---|
| 动绳 | 起重机起升、变幅、牵引用钢丝绳 | 微速运转观察全部钢丝绳，应特别注意下列部位：<br>1. 末端固定部位<br>2. 通过滑轮的部分 | 微速运转，除做全面检验外，特别注意下列部位：<br>1. 在卷筒上的固接部位<br>2. 卷在卷筒上的钢丝绳<br>3. 通过滑轮的钢丝绳<br>4. 平衡轮处的钢丝绳<br>5. 其他固定连接部位 |
| | 缆索起重机承载绳 | 除通常能观察到的部分外，应特别注意末端固定部位 | 全长仔细检验 |
| 静绳 | 缆风绳 | 除通常能观察到的部分外，应特别注意末端固定部位 | 全长仔细检验 |
| | 捆绑绳 | 除全长观察外，应特别注意下列部位：<br>1. 编接（结）部分<br>2. 与吊具连接部分 | 同日常检验 |

（1）日常检验　每个工作日都尽可能地对钢丝绳所有可见部分进行观察，如断丝、磨损、腐蚀、变形、润滑状态、绳端固定

状态等。

吊运炽热金属、酸碱溶液、易燃易爆以及有毒有害物品的钢丝绳，每周应保证检验两次；一般用途的起重机钢丝绳，每周应保证检验一次；预期使用寿命比较长的起重机钢丝绳，每月应保证检验一次。

这些检验除了日常检验的内容之外，还应包括钢丝绳绳股内外的断丝、磨损、腐蚀情况；钢丝绳直径减小情况；由于电弧或火烤造成的损伤；绕过滑轮、平衡轮的绳段以及在卷筒的固定绳段的损坏情况。

（2）特殊检验　当起重机发生事故，参数发生变化，遇有台风和地震等灾害后应进行特殊检验。对钢丝绳全长进行仔细检验。

2. 检验内容和方法

（1）断丝　对于常用的 6 股和 8 股钢丝绳，断丝主要发生在钢丝绳的外表面。而对于多层股的钢丝绳，断丝在钢丝绳表面和内部都有可能发生。在检查钢丝绳断丝时，要考虑断丝的部位、断丝的聚集情况和断丝的发展速率。当断丝聚集在小于 6*d*（*d* 为绳径）的范围内或聚集在一个绳股内时，要考虑提前报废。导致断丝的原因也各不相同，如图 2—5 所示为钢丝断丝状态分析图。

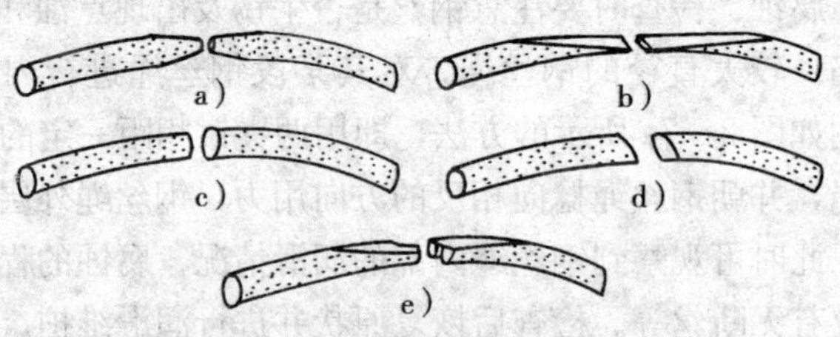


图 2—5　钢丝断丝状态分析图

a）拉力断丝　b）磨损断丝　c）疲劳断丝

d）扭转断丝　e）综合因素引起的断丝

用编结法连接时，编结长度应不小于钢丝绳直径的 15 倍，并且不得小于 300 mm。

（2）磨损　磨损检验主要包括检查磨损状态及进行直径减小值的测量。钢丝绳的磨损有外部磨损和内部磨损之分，外部磨损是由于钢丝绳与滑轮、卷筒之间的摩擦所致；而内部磨损则是由于钢丝绳的股间或丝间的摩擦造成的。从钢丝的磨损形态看，有偏心磨损和同心磨损之分，偏心磨损多发生在钢丝绳拉力大、运动量却不是很大的场合，偏心磨损发展较快。磨损又可分为单纯磨损和黏性磨损，黏性磨损是由于接触应力比较大，钢丝产生塑性变形而造成的。同心磨损则是因为钢丝绳使用时间长，运动量大造成的。如图 2—6 所示为钢丝绳磨损分类图。当钢丝磨损量达到原直径的 40％时，则钢丝绳应报废。

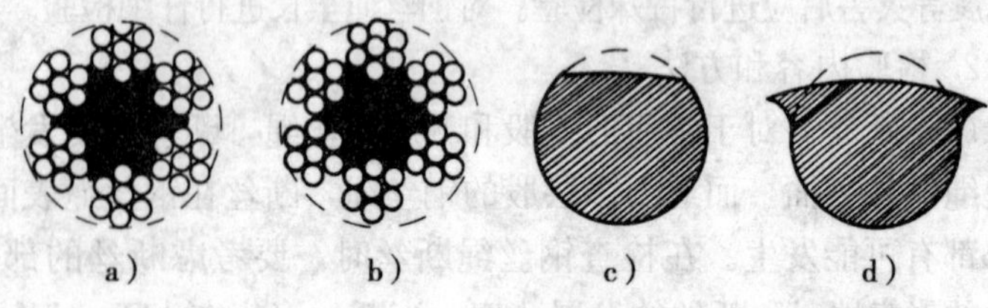


图 2—6　钢丝绳磨损分类图

a）同心磨损　b）偏心磨损　c）单纯磨损　d）黏性磨损

（3）腐蚀　检查时要注意钢丝是否生锈及出现点蚀和钢丝疏散等缺陷。较大直径的钢丝绳，对其某段钢丝绳进行内部检查时，可用如图 2—7a 所示的方法，即用两夹钳相距一定的距离夹紧钢丝绳，并朝钢丝绳捻向相反的方向用力，钢丝绳外层绳股就会松散。此时可观察到钢丝绳内部的润滑情况、腐蚀的程度、钢丝压痕及有无断丝等。检查后恢复原状并进行润滑维护。

如图 2—7b 所示是检查钢丝绳固定端附近绳段内部方法的示意图，用一把夹钳和一把探针配合检查即可。

（4）钢丝绳的润滑　润滑良好的钢丝绳，可以减少钢丝的磨损并增加钢丝抗弯曲的能力。对钢丝绳进行润滑时，可用手工涂刷润滑脂，也可利用简单机构使钢丝绳通过润滑油脂池来实现。

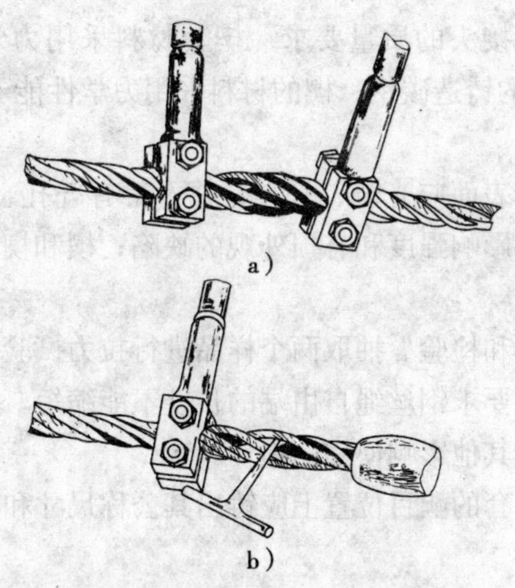


图 2—7　检查钢丝绳内部方法的示意图

## 七、钢丝绳用楔形接头和套环

1. 钢丝绳用楔形接头

楔形接头用于钢丝绳绳端的固定或连接，如图 2—8 所示为楔形接头形式图。

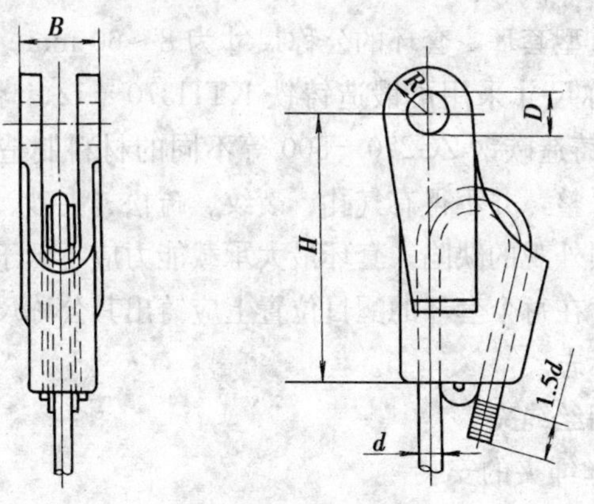


图 2—8　楔形接头形式图

（1）楔形接头的质量要求　楔套材料采用力学性能不低于 ZG270－500 的铸造碳钢；楔的材料采用力学性能不低于 HT200 的灰铸铁。

楔和楔套表面应光滑、平整，并不得有气孔、裂纹、疏松、夹砂、铸疤等影响强度和有损外观的缺陷；楔和楔套应进行退火和防锈处理。

（2）试验和检验　抽取两个样品进行拉力试验，逐渐加载直至断裂载荷。要求钢丝绳自由端的长度不能缩短，楔和楔套不允许出现裂纹或其他影响使用的损伤。

在楔和楔套的醒目位置上应铸出其公称尺寸和制造厂商商标的标志。

2. 钢丝绳用套环

（1）普通套环　套环的公称尺寸为 6～60 mm。套环的材料应采用 Q235A，15，35 钢；抗拉强度为 360～520 MPa；断后伸长率不小于 20％。套环表面应光滑、平整，并进行热浸镀锌，镀锌层的质量不低于 120 g/m$^2$。不得有漏镀、锌粒、气泡、裂纹等缺陷。

（2）重型套环　套环的公称尺寸为 8～60 mm。套环的材料应根据公称尺寸采用可锻造铸铁 KTH370－12、球墨铸铁 QT 450－10、铸造碳钢 ZG270－500 等不同的材料制造。套环表面应光滑、平整，并不得有气孔、裂纹、疏松、夹砂、铸疤等影响强度和有损外观的缺陷；套环最大承载能力应不低于钢丝绳最小破断拉力。在每个套环的醒目位置上应铸出其公称尺寸和制造厂商商标的标志。

## 八、钢丝绳夹

1. 钢丝绳夹的安装

钢丝绳夹的正确安装方法示意图如图 2—9 所示。钢丝绳夹推荐数量见表 2—14，将表中所推荐数量的钢丝绳夹支座按 6～7

倍钢丝绳直径的间距扣在钢丝绳的工作端（长边），再把对应的U形螺栓扣在钢丝绳的尾端（短边）上，然后将其紧固。要求钢丝绳夹处的强度至少为钢丝绳强度的80%。

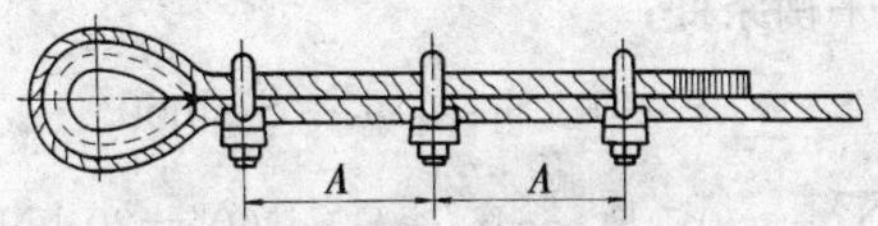


图2—9　钢丝绳夹的正确安装方法示意图

**表2—14　钢丝绳夹推荐数量**

| 钢丝绳夹公称尺寸（钢丝绳公称直径 $d$）（mm） | 钢丝绳夹数量 |
|---|---|
| ≤19 | 3 |
| >19～32 | 4 |
| >32～38 | 5 |
| >38～44 | 6 |
| >44～60 | 7 |

钢丝绳夹在实际使用中，受载1～2次后要进行检查，如果有松动应进一步拧紧。

2. 钢丝绳夹的质量要求

（1）支座材料推荐采用Q235A钢和铸造碳钢ZG270－500制造。U形螺栓采用Q235A钢制造。

（2）支座表面应光滑、平整，不得有气孔、裂纹、疏松、夹砂、铸疤、起磷、错箱等影响强度和有损外观的缺陷。U形螺栓应采用精制螺栓，杆部表面不应有过烧裂纹、凹痕、斑疤、条痕、氧化皮和浮锈；螺纹部分表面不应有毛刺、双牙尖、裂纹、划痕、碰伤和牙型不完整等缺陷。

钢丝绳夹包装的外表应有公称尺寸、数量、制造日期和制造厂商商标的标志等内容。

## 九、钢丝绳计算实例

**例 1** 钢丝绳分支 $S_1$ 与铅垂线夹角 $\alpha=45°$，分支 $S_2$ 与铅垂线夹角 $\beta=60°$时，物品质量为 2 t，求 $S_1$ 和 $S_2$ 的拉力。

解：根据平衡条件：

$$\sum x=0;\ S_1\sin45°=S_2\sin60°$$

$$\sum y=0;\ S_1\cos45°+S_2\cos60°=20\ \text{kN}$$

$$S_1=S_2\sin60°/\sin45°$$

经整理得：

$$S_2=\frac{20}{\frac{\sin60°}{\sin45°}\cos45°+\cos60°}=14.6\ \text{kN}$$

$$S_1=14.6\ \sin60°/\sin45°\approx18\ \text{kN}$$

从上述情况可以看出，钢丝绳内的拉力随角度的变化而变化。图 2—10 所示为反映角度与钢丝绳内拉力的变化曲线。

当两条绳夹角为 60°时，起吊 1 t 的货物时，重力为10 kN，每根绳内拉力为 5.777 kN。当同样重的货物，两绳夹角为 90°时（即绳与水平线成 45°），每根绳内拉力为 7.07 kN；当两绳夹角为 120°时（即绳与水平线成 30°），则绳内拉力为 10 kN。总之，两条绳间夹角越大，绳内拉力也越大，或者说，同样的绳子在大角度下允许起吊的质量要小。

可理解为用手臂提水桶，同样的两桶水，当伸展手臂时，就会感到很费力（当然这里还有力矩的问题，所以更感到肩部劳累）。当很难确定角度时，也可以根据尺寸来计算允许载荷。如图 2—11 所示为用钢丝绳起吊管材和板材的示意图。那么允许安全起吊的质量为：

$$S_{允}=2S_0\frac{H}{L}$$

式中　$S_0$——钢丝垂直状态允许安全起吊的质量。

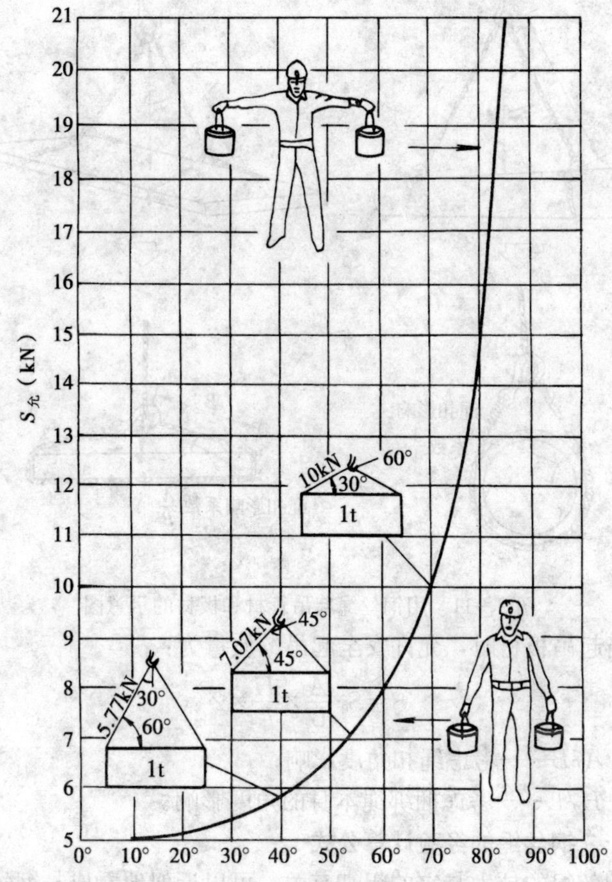


图 2—10　反映角度与钢丝绳内拉力的变化曲线

如果有绳扣时，还要考虑绳扣的影响。

其中起吊管子的情况，允许安全起吊的质量为：

$$S_{允}=S_0\times\frac{3}{4}\times\frac{H}{L}\times 2$$

式中　$S_0$——每根绳垂直起吊的安全载荷；

3/4——考虑绳扣角度为 45°，近似取 3/4。

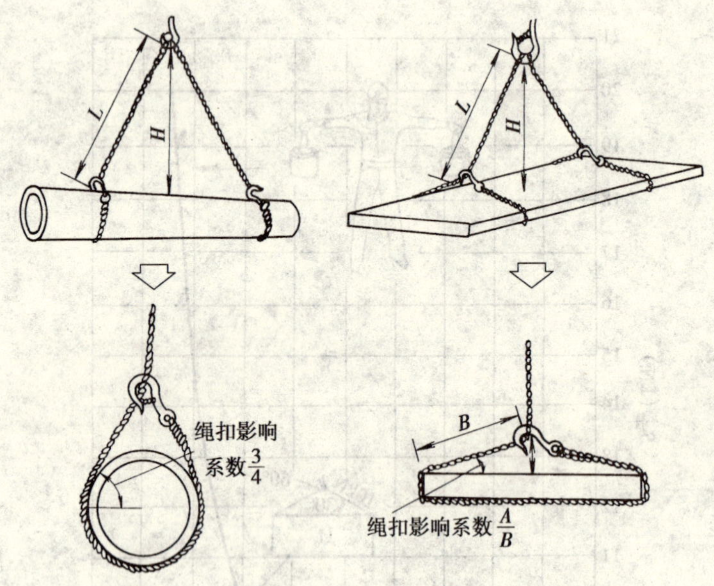


图 2—11 用钢丝绳起吊管材和板材的示意图

当起吊板材时，允许安全起吊的质量为：

$$S=S_0\ \frac{A}{B}\times\frac{H}{L}\times 2$$

式中 $A/B$——考虑绳扣角度影响；

$H/L$——考虑捆绑绳本身的角度影响。

**十、钢丝绳的经验计算公式**

钢丝绳的拉力与它的粗细有关，可以近似地看成与钢丝绳直径的平方成比例。对于绳 6×19、绳 6×37 公称抗拉强度为 1 470～1 570 MPa 的钢丝绳可用下式计算：

钢丝绳的许用拉力：$S_{许}=100\ d^2$（N）

式中 $d$——钢丝绳的直径，mm。

在一些地区，常用“分”表示钢丝绳的直径，如果用“分”表示钢丝绳的直径时，钢丝绳的许用拉力可用下式计算：

$$S_{许}=0.1\ d^2$$

式中　绳径 $d$ 以“分”代入，1 分≈3.175 mm；

$S_{许}$ 的单位是 t。

钢丝绳计算比较见表 2—15。

**表 2—15　　钢丝绳计算比较**　　N

| 绳径（mm） | 许用拉力 $S_{许}$ | |
|---|---|---|
| | 查表计算 $S_{许}$ | 估算 $S_{许}$ |
| 9.3 | 9 020 | 8 650 |
| 11 | 12 160 | 12 100 |
| 12.5 | 16 020 | 15 600 |
| 15.5 | 25 000 | 24 000 |
| 17 | 30 300 | 28 900 |
| 18.5 | 36 000 | 34 200 |
| 20 | 42 100 | 40 000 |

以“分”为单位的钢丝绳近似计算见表 2—16。

**表 2—16　　以“分”为单位的钢丝绳近似计算**　　t

| 绳径（分） | 近似计算许用拉力 $S_{许}$ |
|---|---|
| 3 | 0.9 |
| 4 | 1.6 |
| 5 | 2.5 |
| 6 | 3.6 |
| 7 | 4.9 |

注：“分”是 $\frac{1}{8}$ in。

从表 2—15 和表 2—16 中的结果可以看出近似计算方法是较准确的。

当用 4 根绳成角度地起吊重物时，可用下式计算：

$$Q=4\times10\times d_{绳}^{2}C_{降}$$

式中　$d_{绳}$——钢丝绳的直径，mm；

$Q$——允许起吊质量，kg；

$C_{降}$——角度影响系数，见表 2—17。

表 2—17　　角度影响系数 $C_{降}$

| 角度 $\alpha$ | 0° | 30° | 45° | 60° |
|---|---|---|---|---|
| $C_{降}$（$\cos\alpha$） | 1 | 0.866 | 0.707 | 0.500 |

表中 $\alpha$ 角是指钢丝绳与铅垂线之间的夹角。

**十一、断绳事故案例**

**例 2**　某作业区装卸中队二小队承卸锚泊在 2 号浮筒的外轮“金宝”号第二舱的捆装货物。

当舱中间的货物卸完需用叉车铲舱内侧的货物时，即于21:15停靠在左舷的“外运驳 7”吊一台叉车（自重为 2.56 t），使用的吊杆核定负荷为 5 t，在起吊前，装卸二班指导员征求该轮“三副”的意见。“三副”即带领船员出来，对吊机刹车螺钉进行调整，而后叫工人起吊。为慎重起见，当叉车离驳船约 1 m高时，船上指挥人员指挥刹住车，然后又请“三副”鉴定一下是否稳当，此时“三副”答复是：“没问题，可以吊起”。

叉车吊离驳船约 4 m 高时，右舷吊杆欲收紧钢丝绳以平衡吊头，当开始受力时，右舷吊杆的“千斤钢索”突然破断，吊臂横过左舷砸落，打中船上指挥人员头部的左侧，经抢救无效死亡。

经查明，千斤钢丝绳为 6×24 型绳，直径为 20 mm。按规定在一个捻距内断丝数应不超过 14 丝，但该绳已断 38 丝，绳芯枯干，早已至报废期，因此，这次事故应由船主负全面责任。

**例 3**　某市第三建筑公司吊装铁跳板，因捆绑绳夹角过大，使绳内拉力过大而拉断，将某工人撞击致死。

使用的钢丝绳为 6×19－12.5－1 400，每条绳的 $S_{破}$＝68.08 kN，安全系数取 6，$S_{许}$＝11.34 kN。

两根绳的夹角为 60°，这时的允许起吊能力 $Q_{许}$＝2×11.34×0.5＝11.34 kN，而此时吊重为 2 700 kg。

严重超载造成断绳事故。

**例 4**　某作业所在出货作业中发生一起吊索拉断事故，货物从空中坠落，将一名工人砸死。

事故经过：当日下午某作业区门吊一班共 4 人，从 14:15 开始进行出货作业，15:15 在四号货位用 09 号汽车吊装长为 6.14 m、外径为 1.035 m、厚为 22 mm 的铸铁管，当吊起第三根离地面5 m 高处，向汽车方向移动，这时吊索突然拉断，铁管从空中坠落，将司机右腿从小腹部轧断，左脚掌砸伤变形，由于伤势过重当即死亡。

事故原因：

（1）作业前未开班前会，未交代作业中的安全注意事项，盲目作业，违反了有关安全作业的规定。

（2）吊索选用不当。两根钢丝绳各长 3.5 m，合计长 7 m，而被吊物铁管长 6.14 m，由于钢丝绳长度不够，吊起后夹角达 121°，而且两根钢丝绳直径过细，一根直径为 13 mm，另一根直径为 15.5 mm，按夹角和吊索直径计算只能吊 1.5 t 以下的重物，而钢管实际质量为 3.35 t，超重一倍多，这样就违反了有关按照货物质量和体积正确选用钢丝绳的规定。

## 第三节　起重用短环链安全技术

### 一、起重用短环链质量等级

起重用短环链条根据成品的力学性能可分为 5 个等级。分别为 L (3)，M (4)，P (5)，S (6)，T (8)。链条等级见表 2—18。

**表 2—18　　链条等级**

| 等级 | 在规定最小破断拉力作用下的平均应力（MPa） |
|---|---|
| L（3） | 315 |
| M（4） | 400 |
| P（5） | 500 |
| S（6） | 630 |
| T（8） | 800 |

L（3）级链条采用低碳钢制造，具有较好的延伸性能。

M（4）级链条一般采用中碳钢制造，通常可用于起重和悬吊。

S（6）级链条一般采用合金钢制造，具有较好的耐磨性。

P（5）级链条在国际标准中不是主要等级。

T（8）级链条一般采用合金钢制造。强度高，耐磨损，用做起重葫芦的起重链。

常用等级链条极限工作载荷见表 2—19。

**表 2—19　　常用等级链条极限工作载荷**

| 名义直径 $d_n$（mm） | 整根链条所承受的验证力（kN） | | | 最小破断力（kN） | | | 极限工作载荷（t） | | |
|---|---|---|---|---|---|---|---|---|---|
| | M（4） | S（6） | T（8） | M（4） | S（6） | T（8） | M（4） | S（6） | T（8） |
| 5 | 7.9 | 12.4 | 15.8 | 15.8 | 24.8 | 31.6 | 0.4 | 0.63 | 0.8 |
| 6.3 | 12.5 | 19.7 | 25 | 25 | 39.4 | 50 | 0.63 | 1.0 | 1.25 |
| 7.1 | 15.9 | 25 | 31.7 | 31.8 | 50 | 63.4 | 0.8 | 1.25 | 1.6 |
| 8 | 20.2 | 31.7 | 40.3 | 40.4 | 63.4 | 80.6 | 1.0 | 1.6 | 2.0 |
| 9 | 25.5 | 40.1 | 51 | 51 | 80.2 | 102 | 1.25 | 2.0 | 2.5 |
| 10 | 31.5 | 49.5 | 63 | 63 | 99 | 126 | 1.6 | 2.5 | 3.2 |
| 11.2 | 39.5 | 63 | 79 | 79 | 126 | 158 | 2.0 | 3.2 | 4.0 |
| 12.5 | 49.1 | 79 | 99 | 98.2 | 158 | 198 | 2.5 | 4.0 | 5.0 |
| 14 | 63 | 99 | 124 | 126 | 198 | 248 | 3.2 | 5.0 | 6.3 |
| 16 | 81 | 127 | 161 | 162 | 254 | 322 | 4.0 | 6.3 | 8.0 |
| 18 | 102 | 161 | 204 | 204 | 322 | 408 | 5.0 | 8.0 | 10 |
| 20 | 126 | 198 | 252 | 252 | 396 | 504 | 6.3 | 10 | 12.5 |
| 22.4 | 158 | 249 | 316 | 316 | 498 | 632 | 8.0 | 12.5 | 16 |
| 25 | 197 | 314 | 393 | 394 | 628 | 786 | 10 | 16 | 20 |
| 28 | 247 | 393 | 493 | 494 | 786 | 986 | 12.5 | 20 | 25 |
| 32 | 322 | 507 | 644 | 644 | 1 014 | 1 288 | 16 | 25 | 32 |
| 36 | 408 | 642 | 815 | 816 | 1 284 | 1 630 | 20 | 32 | 40 |
| 40 | 503 | 792 | 1 006 | 1 006 | 1 584 | 2 012 | 25 | 40 | 50 |
| 45 | 637 | 1 002 | 1 273 | 1 274 | 2 004 | 2 546 | 32 | 50 | 63 |

## 二、用于葫芦和其他起重设备的 T（8）级校准链条

对 T（8）级链条应进行以下检查：

1. 尺寸检查

（1）名义直径（$dn$） 用于制造链条的圆钢和钢丝的名义直径应符合 JB/T 8108.2 表 2 中的规定。

（2）实际直径（$d$） 是指测量所得的链环材料的直径。当实际直径小于 18 mm 时，成品链环除焊缝处外任何截面直径的公差应不超过名义直径的 2%～－6%。

当实际直径大于或等于 18 mm 时，成品链环除焊缝处外任何截面直径的公差均应不超过名义直径的 5%～－5%。

（3）焊缝处的公差 焊缝处的实际直径 $d_w$ 在任何截面内均应不小于焊缝处邻近的实际直径 $d$，且焊缝处的公差应不大于名义直径的 8%。

（4）焊缝影响长度 在链环中心的任何方向一侧应不超过名义直径的 0.6 倍。

（5）长度和宽度 应符合 JB 8108.2 表 2 中的要求。如图 2—12 所示为链条长度和宽度图。成品链条长度公差见表 2—20。

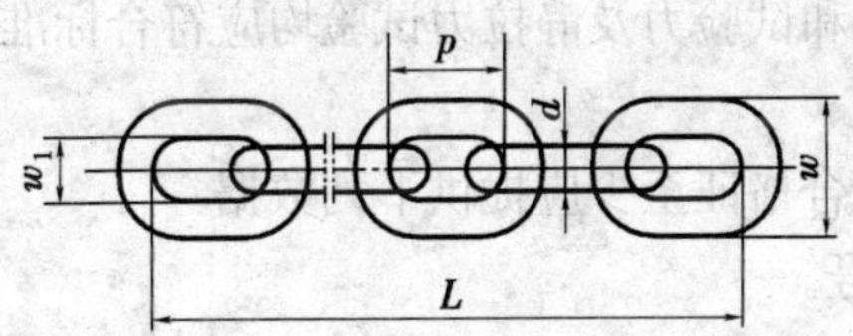


图 2—12 链条长度和宽度图

**表 2—20 成品链条长度公差**

| 名义直径 $d_n$ (mm) | 链环数 $N$ | 公差 | |
|---|---|---|---|
| | | (%) | (mm) |
| 6.3 | 1 | 1.93 | 0.37 |
| | 5 | 0.65 | 0.61 |
| | 21 | 0.406 | 1.61 |

续表

| 名义直径 $d_n$ (mm) | 链环数 $N$ | 公差 | |
|---|---|---|---|
| | | (%) | (mm) |
| 10 | 1<br>5<br>21 | 1.93<br>0.65<br>0.406 | 0.58<br>0.975<br>2.56 |
| 20 | 1<br>5<br>21 | 1.93<br>0.65<br>0.406 | 1.16<br>1.95<br>5.12 |

2. 材料和制造

(1) 材质　钢材必须由平炉钢、电炉钢或氧气顶吹转炉冶炼而成。链条应采用力学性能不低于 GB/T 3077 中的 20Mn2 钢制造。

(2) 热处理　链条应进行淬火和回火处理。热处理的链条应能承受 JB/T 8108.2 中表 4 的试验力要求。

3. 试验要求

力学性能和试验力及静拉力试验均应符合标准要求。

4. 验收

(1) 试验合格证至少应提供下列数据

1) 标准号。

2) 数量和名称。

3) 标志。

4) 链条名义直径，mm。

5) 验证力，kN。

6) 破断力，kN（超过规定的最小破断力）。

7) 破断时总极限伸长率，应不小于 10%。

(2) 质量等级标记　至少每隔 20 个链环或每隔 1 m 长度的链环应压印或刻印相应质量、条件等级的明显标记。

## 三、链条的选用

焊接链的选择可根据下式计算：

$$S_{max}K \leqslant S_b$$

式中 $S_{max}$——最大工作拉力；

$K$——安全系数，焊接环形链条的安全系数见表2—21；

$S_b$——链条拉断力。

表2—21 焊接环形链条的安全系数

| 使用情况 | 光卷筒或滑轮 | | 链轮 | | 捆绑物体用 | 吊挂用（带小钩） |
|---|---|---|---|---|---|---|
| | 手动 | 机动 | 手动 | 机动 | | |
| 安全系数 | 3 | 6 | 4 | 8 | 6 | 5 |

链条在使用中要注意温度的影响。单支链条在高（低）温度环境中极限载荷的百分比见表2—22。

表2—22 单支链条在高（低）温度环境中极限载荷的百分比

| 极限载荷百分比（%） 温度t（℃） 链条等级 | −30＜t＜200 | 200＜t＜300 | 300＜t＜350 | 350＜t＜400 | 400＜t＜475 | t＞475 |
|---|---|---|---|---|---|---|
| M（4） | 100 | 100 | 85 | 75 | 50 | 不允许使用 |
| S（6） | 100 | 90 | 75 | 75 | 不允许使用 | 不允许使用 |
| T（8） | 100 | 90 | 75 | 75 | 不允许使用 | 不允许使用 |

## 四、在用链条的安全技术

1. 链环不得有裂纹，如果发现裂纹则应报废。

2. 链条不应产生严重的塑性变形，如伸长达原尺寸的3%，应报废。

3. 链环直径磨损达原直径的10%时应报废。

焊接链的优点是挠性好，可以用较小直径的链轮和卷筒，使载荷产生的力矩较小，从而可以减小机构的尺寸。但是，链条自重大，不能承受冲击，所以运动速度较低。

链条的起吊能力受温度的影响，链条不允许在零下40℃以下温度工作。

## 第四节　合成纤维吊装带安全技术

吊装带是一种柔性吊运元件。用来吊运精密设备和零部件。

### 一、吊装带的安全系数和安全载荷

吊装带的安全系数，对于缝合带或封装带最小安全系数为6，带的末端金属件最小安全系数为4。

1. 吊带破断力

吊带破断力是指吊带在破坏实验中能承受的最大载荷。

2. 最大有效力（*MFU*）

最大有效力是指基本型吊带允许承受的最大作用力。

最大有效力=吊带破断力/吊带安全系数

3. 极限工作载荷（*WLL*）

极限工作载荷是指基本型吊带在垂直状态下所能承受的最大质量，以kg或t表示。

4. 最大安全工作载荷（$SWL_{max}$）

最大安全工作载荷是指在正常使用条件下所能承受的质量，以kg或t表示。

$$SWL_{max}=WLL\times M$$

式中　$SWL_{max}$——最大安全工作载荷，以kg或t表示；

$WLL$——极限工作载荷，以kg或t表示；

$M$——吊装方式系数，见表2—23。

表 2—23　　吊装方式系数

| 吊装方式 | 吊装系数 $M$ |
|---|---|
| 垂直起吊 | 1 |
| 结套起吊 | 0.8 |
| 平行起吊 | 2 |
| 吊带两分支间夹角成 45°角 | 1.8 |
| 吊带两分支间夹角成 90°角 | 1.4 |
| 吊带两分支间夹角成 120°角 | 1 |
| 2 支带起吊（与铅垂线成 45°角） | 1.4 |
| 4 支带起吊（与铅垂线成 60°角） | 2 |

## 二、安全技术要求

1. 带子的技术要求

（1）材料　带子可由聚酰胺（尼龙）（通常用绿色表示）、聚酯（通常用蓝色表示）、聚丙烯（通常用棕色表示）等材料的连续纤维编织而成。

（2）编织的质量要求　带子应由无任何明显缺陷的织物编织，在编织过程中所有的线材应由同材质制成。标准宽度有 25，35，50，75，100，150，200，300 mm。带宽允许偏差：当带宽小于等于 100 mm 时，允许偏差为±10%；当带宽大于 100 mm 时，允许偏差为±8%。带厚应均匀，当吊带由多条带子构成时，每条带子厚度应相同。吊带的着色剂、涂料、覆盖物等均应无毒、无害。

（3）吊带的缝制　接缝的缝制应采用与带子材料相同的优质线进行缝制，缝合处应平整。

（4）软环　软环不应降低带子的承载能力。软环的长度应满足下列要求：

当带子宽度为 25 mm 或 35 mm 时，软环长度应为 100 mm；当带子宽度为 50 mm 或 150 mm 时，软环长度应为带子宽度的 3

倍；当带子宽度大于 150 mm 时，软环长度为带子宽度的 2.5 倍。当用软环直接吊挂使用时，其支撑件直径不超过软环内长的 1/3，如果带宽大于 75 mm 时，不应直接用软环与钩环连接悬吊。

（5）末端件　末端件是装在吊带软环内的金属件，要求吊带软环内径不应小于末端件直径或厚度的 2.5 倍。末端件金属材料的破断强度不应低于吊带极限工作载荷的 4 倍。末端件不准用铸造件。

2. 安全检查

（1）对吊带进行全长表面检查，吊带表面不应有横向或纵向擦破或割断，边缘、软环及末端件不应有损坏。

（2）吊带不应有腐蚀及造成表面纤维脱落或擦掉等缺陷。

（3）缝合处应平整，不应有变质缺陷。

3. 安全使用和维护

（1）吊带在作业时不准拖曳，以防损坏吊带。

（2）承载时不准使吊带打拧，不使用打结的吊带。

（3）不要使用没有护套的吊带吊装有尖角、棱边的货物，以防损伤吊带。

（4）吊装时软环的张开角度不要超过 20°。

（5）不允许长时间悬吊货物，避免挂住或产生冲击载荷。

（6）不要把吊带存放在有明火或其他热源附近，也应注意避光保存。

（7）要定期清洗吊带。

## 第五节　滑轮组和卷筒安全技术

### 一、滑轮

1. 滑轮的种类

在起重机中用滑轮穿绕钢丝绳起省力作用。根据制造方法可将滑轮分为以下几种：

(1) 铸造滑轮

1）铸铁滑轮　有灰铸铁（HT200）滑轮、球墨铸铁（QT400—18）滑轮。灰铸铁滑轮工艺性能良好，对钢丝绳磨损较少。但由于铸铁脆，滑轮易碎。球墨铸铁滑轮的强度和冲击韧度高，也用于更高级别的机构中。

2）铸造碳钢滑轮　一般用铸造碳钢 ZG270－500 制造，有较高的强度和冲击韧度，但工艺性差，由于表面较硬，对钢丝绳磨损严重。多用于 M7，M8 工作级别的机构中。

(2) 焊接滑轮　对于直径 $D>800$ mm 的滑轮多采用焊接滑轮，通常采用 Q235A 钢焊接而成。这种滑轮与铸造碳钢滑轮相似，但质量轻，仅为铸造碳钢滑轮质量的 1/4 左右。

最近，采用新型弹性聚合物制作滑轮槽，可使钢丝绳寿命延长 2.5 倍。

(3) 尼龙滑轮和铝合金滑轮　在起重机上已有应用。尼龙滑轮轻而耐磨，但刚度较低。铝合金滑轮硬度低，对钢丝绳的磨损很少。

滑轮一般通过滚动轴承活套在轴上，速度较低时，也可采用滑动轴承。

2. 滑轮直径

滑轮直径对钢丝绳的使用寿命有直接影响，滑轮直径越小，钢丝绳弯曲得越严重，钢丝绳损坏得也就越快。为了使钢丝绳有一定使用寿命，就要求滑轮直径与钢丝绳直径有一定的合理的比例，即 $D/d \geqslant h_2$。$h_2$ 值是根据起重机的机构工作级别而定的，滑轮和卷筒的 $h$ 值见表 2—24。

对于流动式起重机，起升机构 $h_2=18$，变幅和伸缩机构 $h_2=16$。

3. 滑轮最小直径 $D_{min}$

滑轮最小直径可按钢丝绳中心进行计算：

表 2—24　　**滑轮和卷筒的 $h$ 值**

| 机构工作级别 | 滑轮 $h_2$ | 卷筒 $h_1$ |
|---|---|---|
| M1～M3 | 16 | 14 |
| M4 | 18 | 16 |
| M5 | 20 | 18 |
| M6 | 22.4 | 20 |
| M7 | 25 | 22.4 |
| M8 | 28 | 25 |

$$D_{min}=h_2 d$$

式中　$D_{min}$——按钢丝绳中心计算的滑轮直径；

$h_2$——与机构工作级别有关的系数；

$d$——钢丝绳直径。

计算后进行圆整，取下列标准值：$D=250$，300，350，400，500，600，700，800 mm。

平衡轮直径，对桥式类型起重机平衡轮的 $h$ 值与一般滑轮的 $h$ 值一样，也就是取 $h_{平}=h_2$；对其他起重机取 $h_{平}\geqslant 0.6h_2$；对轻小型起重设备 $h_2$ 值可取 10，但最低不得小于 8。

滑轮绳槽尺寸必须保证钢丝绳顺利通过并不跳槽。绳槽半径 $R\approx(0.53\sim0.6)\ d_{绳}$。绳槽夹角 $\beta=35°\sim40°$为宜。

4. 滑轮质量检查

金属铸造滑轮出现下述情况之一时应报废：

(1) 裂纹。

(2) 轮槽不均匀磨损达 3 mm。

(3) 轮槽壁厚磨损达原壁厚的 20%。

(4) 因磨损使轮槽底部直径减小量达钢丝绳直径的 50%。

(5) 有其他损害钢丝绳的缺陷。

## 二、滑轮组

由若干个动滑轮和定滑轮组成滑轮组，在起重机上，滑轮组多属于省力滑轮组。

如图 2—13 所示为单联滑轮组（滑车）示意图，多用于臂架类型起重机。滑轮组省力的倍数称为倍率，用 $m$ 表示。

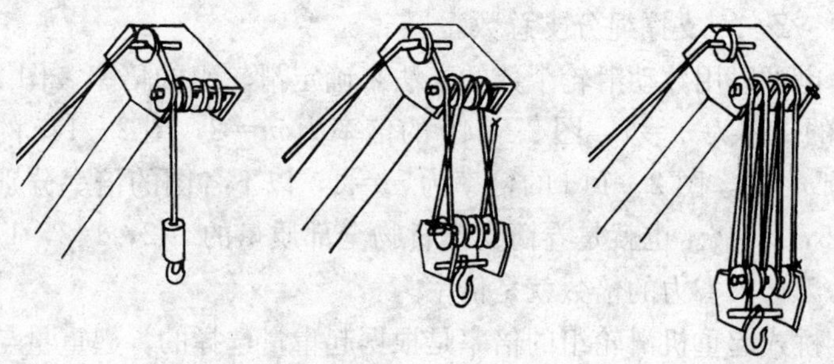

图 2—13　单联滑轮组（滑车）示意图

图中滑轮组倍率分别为 $m=1$；$m=4$；$m=7$。

从图中可知倍率数就是支撑绳数。

桥式起重机上多采用双联滑轮组（见图 2—14），双联滑轮组的特点是承载绳分支数为双数，通向卷筒上的钢丝绳为两根，双联滑轮组有动滑轮、定滑轮和平衡轮。平衡轮只起调整平衡的作用，在平衡轮附近的钢丝绳基本不动。

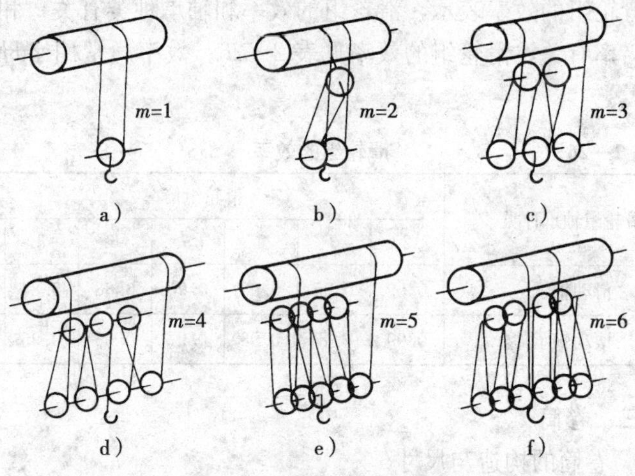


图 2—14　双联滑轮组示意图

双联滑轮组的倍率用 $m$ 表示，其计算公式为：

$$m=Z/2$$

式中　$Z$——支撑绳分支总数。

也可以用数动滑轮个数的方法来确定滑轮组的倍率。图 2—14a 的倍率为 $m=1$，图 2—14b 的倍率为 $m=2$，图 2—14c 的倍率为 $m=3$，图 2—14d 的倍率为 $m=4$，以下各图的倍率分别为 $m=5$，$m=6$。也就是卷筒支撑货物全部质量的 1/2，1/3，1/4，1/5，1/6，省力的倍数就是倍率。

桥式起重机滑轮组的倍率是根据起重量选择的。起重量与滑轮组的倍率见表 2—25。

**表 2—25　　起重量与滑轮组的倍率**

| 起重量（t） | 5～10 | 15～25 | 30～40 |
|---|---|---|---|
| 双联滑轮组倍率 $m$ | 2 | 2～3 | 3～4 |

由于滑轮转动时要克服一定的摩擦阻力，还有钢丝绳的僵性阻力。所以钢丝绳在穿绕滑轮组时要损耗一部分能量，这部分损耗用滑轮组的效率表示，滑轮组的效率和轴承种类有关，和滑轮组的倍率有关，滑轮组的效率见表 2—26。效率通常用字母 $\eta$ 表示。

**表 2—26　　滑轮组的效率**

| 滑轮组轴承种类 | 滑轮组倍率 | | | | | | |
|---|---|---|---|---|---|---|---|
| | 2 | 3 | 4 | 5 | 6 | 8 | 10 |
| 滑动轴承 | 0.89 | 0.95 | 0.93 | 0.90 | 0.88 | 0.84 | 0.8 |
| 滚动轴承 | 0.99 | 0.985 | 0.98 | 0.97 | 0.96 | 0.95 | 0.92 |

## 三、卷筒

1. 卷筒的构造与尺寸

（1）卷筒的构造　卷筒可分为铸造卷筒和焊接卷筒。铸造卷筒应采用力学性能不低于 HT200 或 ZG270－500 的材料制造，并经过时效处理以消除内应力。焊接卷筒应采用力学性能不低于 Q235A 钢的材料制造，焊接后进行回火处理以消除内应力。焊接卷筒目前多用于单件生产。

卷筒组件由卷筒件、连接盘、轴以及轴承支架等构成。

卷筒有长轴卷筒和短轴卷筒。长轴卷筒以带齿轮连接盘结构形式应用较多，其示意图如图 2—15 所示。

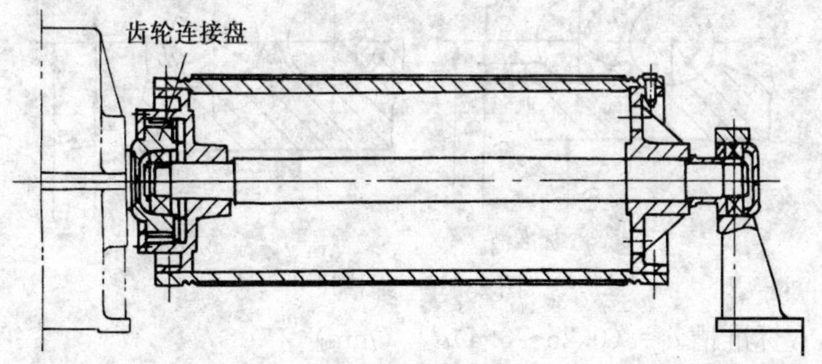


图 2—15　带齿轮连接盘的长轴卷筒示意图

短轴卷筒是一种新的结构形式，卷筒与减速器输出轴用法兰盘刚性连接。减速器底座通过钢球或圆柱销与小车架连接。这种卷筒结构简单，便于调整，安装方便。

此外，还有将行星减速器放在卷筒体内的结构形式。

(2) 卷筒的尺寸

1) 卷筒直径由钢丝绳直径和绕绳量来决定，卷筒的最小直径应满足下式：

$$D_{0\min} \geqslant h_1 d_{绳}$$

式中　$h_1$——系数，见表 2—24；

$d_{绳}$——钢丝绳直径。

然后再根据绕绳量尽可能不使卷筒直径与长度比（$D_0/L$）小于 1/3，也就是不要使卷筒变得细长。根据 JB/T 9006 卷筒尺寸已标准化，卷筒直径的标准值为：

$D$=100，125，160，200，250，280，315，355，400
450，500，560，630，710，800，900，1 000，1 120
1 250，1 320，1 400，1 500，1 600，1 700，1 800，1 900，
2 000 mm。

2）卷筒绳槽半径 $R=(0.54\sim0.6)\ d_{绳}$。

绳槽分为标准槽和深槽两种，其尺寸如图 2—16 所示。

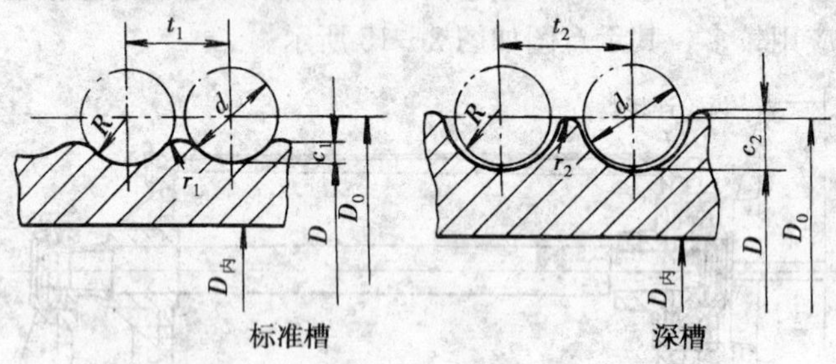

图 2—16 绳槽尺寸

标准槽 $c_1=(0.25\sim0.4)d_{绳}$ （mm）

深槽 $c_2=(0.6\sim0.9)d_{绳}$ （mm）

绳槽节距，标准槽节距 $t_1=d_{绳}+(2\sim4)$ mm，深槽节距 $t_2=d_{绳}+(8\sim9)$ mm。

3）卷筒长度

①单联卷筒尺寸如图 2—17 所示。卷筒长度的计算公式为：

$$L_{单}=L_0+L_1+2L_2$$

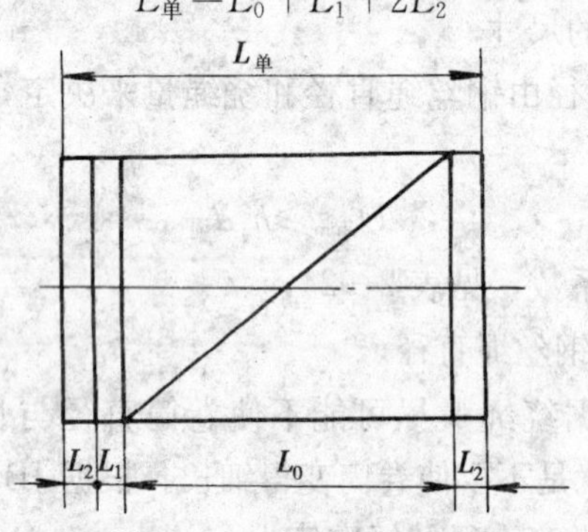

图 2—17 单联卷筒尺寸

式中　$L_0$——有绳槽部分的长度；

$L_1$——固定绳尾部所需要的长度，一般取 $L_1=(2\sim3)\ t$；

$L_2$——两端空余部分。

$$L_0=\ (mH/\pi D_0+n_{安})t$$

式中　$H$——起升高度；

$m$——滑轮组倍率；

$n_{安}$——安全圈，一般取 $n_{安}=2\sim3$；

$t$——绳槽节距。

②双联卷筒尺寸如图 2—18 所示。卷筒长度的计算公式为：

$$L_{双}=2(L_0+L_1+L_2)+L_3$$

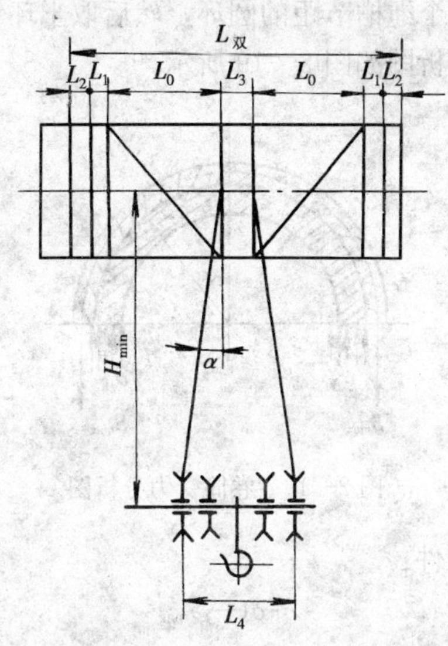


图 2—18　双联卷筒尺寸

式中　$L_3$——卷筒体中间无槽部分的长度。

$$L_3\geqslant B-2H_{min}\tan\alpha$$

式中　$B$——吊钩滑轮组外侧两个滑轮的间距；

$H_{min}$——卷筒轴线至吊钩滑轮组轴线最小允许距离；

$\alpha$——钢丝绳在卷筒上允许偏角，一般取 $\alpha \leqslant 6°$。

4）卷筒壁厚　卷筒壁厚可先按经验公式确定，然后进行验算。

对于铸铁卷筒壁厚 $\delta = 0.02D + (6 \sim 10)$ mm

对于铸钢卷筒壁厚壁厚 $\delta = d_{绳}$

由于铸造工艺的要求，铸铁卷筒壁厚不宜小于 12 mm，铸钢卷筒壁厚不宜小于 15 mm。

卷筒在钢丝绳的作用下承受压缩、弯曲和扭转力。当卷筒长度与直径比小于 3 时，即 $L \leqslant 3D_0$ 时，弯曲和扭转产生的合成应力不超过压应力的 10%～15%。所以这种情况只需验算压应力，从卷筒上截取一个绳槽节距的圆环，然后取半环为分离体进行分析，卷筒受力分析图如图 2—19 所示。

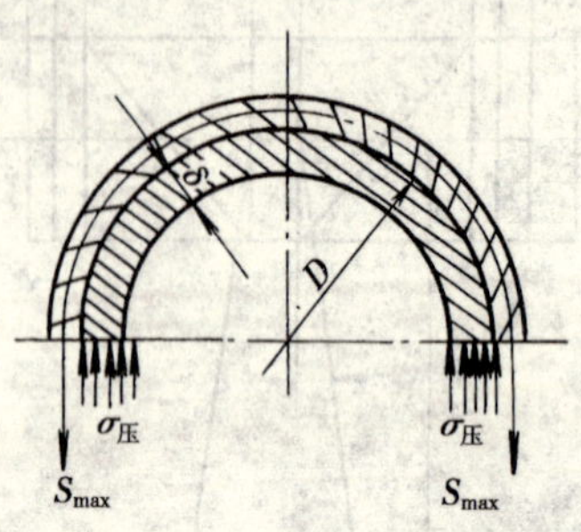


图 2—19　卷筒受力分析图

根据平衡条件：

$$\sigma_{压} \delta t = S_{max}$$

卷筒压应力为：

$$\sigma_{压} = A_1 A_2 \frac{S_{max}}{\delta t} \leqslant [\sigma_{压}]$$

式中　$S_{max}$——钢丝绳最大拉力；

$\delta$——卷筒壁厚；

$t$——绳槽节距；

$A_1$——应力减小系数，一般取 $A_1=0.75$；

$A_2$——绳层系数，对单层卷线 $A_2=1$；

$[\sigma_{压}]$ ——许用压应力，对钢 $[\sigma_{压}]=R_{eL}/1.5$；对铸铁 $[\sigma_{压}]=R_m/4.25$。

钢丝绳在卷筒上的固定方法有压板法、楔块法等。

通常采用压板法固定，应具有防松的性能，对固定情况的检查应每月一次，如图 2—20 所示为卷筒压板示意图。

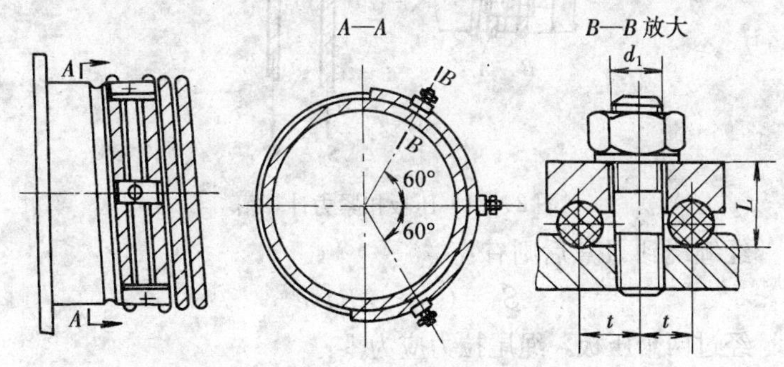


图 2—20　卷筒压板示意图

绳端在卷筒上的固定必须安全可靠。采用压板固定绳端时必须保证有足够的压紧力。钢丝绳经过安全圈后，固定端拉力明显减小。

$$S_{固}=S_{max}/e^{\mu\alpha}$$

式中　$S_{max}$——钢丝绳的拉力；

$\alpha$——安全圈钢丝绳与卷筒的包角，$\alpha=4\pi$；

$\mu$——钢丝绳与卷筒之间的摩擦系数，$\mu=0.16$；

$e$——自然对数的底数，$e=2.718$。

经过计算，$S_{固}=0.134S_{max}$

为把钢丝绳牢固地压在卷筒上，压板螺栓必须有足够的扣紧力：

设螺栓的扣紧力为 $P$，$S_{固}$（$A$ 点）经过压板后，绳子的拉力为（$S_{固}-\mu P$），如图 2—21 所示为压板扣紧力计算图。

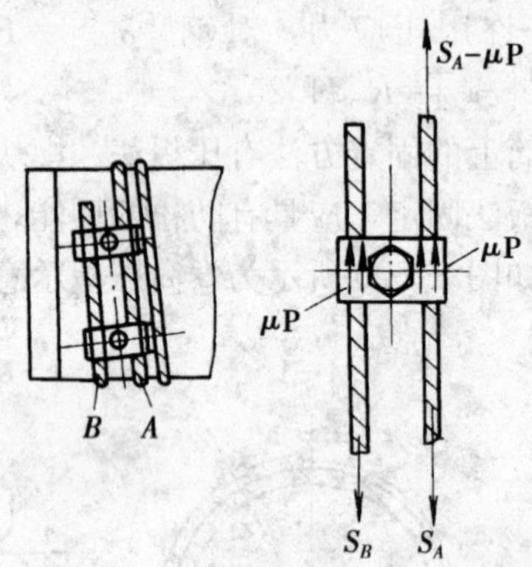


图 2—21　压板扣紧力计算图

经缠绕到 $B$ 点后则有：

$$S_B=(S_{固}-\mu P)/e^{\mu\alpha}$$

经过两个压板，绳尾拉力应为零：

$$S_B-\mu P=0$$

$$(S_{固}-\mu P)/e^{\mu\alpha}-\mu P=0$$

$$S_{固}/e^{\mu\alpha}-P\ (\mu/e^{\mu\alpha}+\mu)=0$$

则 $P=S_{固}/\mu\ (e^{\mu\alpha}+1)$

若 $\mu=0.16$，$\alpha=2\pi$，则得：

$$P=1.675S_{固}$$

上式说明采用两个压板时，为保证绳端不松脱，螺栓压力 $P=1.675S_{固}=1.675\times0.134S_{max}\approx0.224S_{max}$。

另外还需进行螺栓强度的验算。

螺栓除受拉力外，还受由于上方摩擦力所产生的弯矩的作用，其值为 $\mu Pl$。

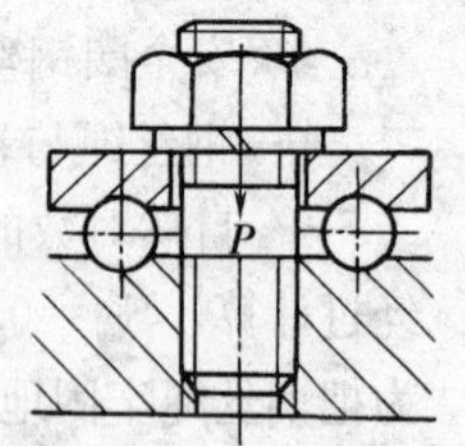


图 2—22　压板夹持力示意图

如图 2—22 所示为压板夹持力示

意图。

螺栓中的最大应力 $\sigma$ 为：

$$\sigma=\frac{P}{\frac{\pi}{4}d_1^2}+\frac{\mu Pl}{\frac{\pi}{32}d_1^3}\leqslant[\sigma]$$

式中 $d_1$——螺栓内径；

$[\sigma]$——许用应力，$[\sigma]=\frac{R_{eL}}{n}$，安全系数 $n=1.2\sim2.5$；

$l$——力臂，在此式中 $l=d_{绳}$。

2. 卷筒的检查

（1）卷筒受钢丝绳绳圈的挤压作用，还受钢丝绳引起的弯矩和扭矩作用，而挤压起主要作用。

曾发生过由于卷筒产生裂纹，钢丝绳把卷筒压塌陷的事故，所以应检查卷筒是否有裂纹，如有裂纹则应报废。

（2）卷筒轴受弯曲和剪切应力的作用，如产生裂纹要及时报废，否则就有可能发生断轴事故。

（3）卷筒绳槽磨损深度不应超过 2 mm，当超过 2 mm 时，可重新车槽进行修复，但卷筒壁厚不应小于原厚度的 80%。

（4）检查轮毂以及其上安装的连接螺钉，轮毂上不得有裂纹，螺钉要紧固。

（5）钢丝绳在卷筒上不应脱槽跑偏，当钢丝绳相对绳槽偏角过大时，钢丝绳就会与槽边产生摩擦，甚至跳槽，钢丝绳被切断。对于有槽卷筒，钢丝绳相对绳槽的允许偏角为 $\alpha\leqslant5°$，当 $\alpha>6°$ 时，钢丝绳就可能跳槽，一般常见的原因是吊钩滑轮组离卷筒的距离过小，这时可做适当的调整。也可能是由于吊钩滑轮组与卷筒安装位置偏斜，或者是由于斜吊货物造成偏斜而使钢丝绳跳槽。

## 第六节　减速器安全技术

起重机用减速装置有开式齿轮传动装置和减速器。开式齿轮传动减速装置大多在低速传动系统中采用，或在减速器之后加一级开式齿轮传动的方式。大多数起重机采用减速器作为减速装置。

减速器按传动类型可分为齿轮减速器、蜗杆减速器和行星减速器（摆线针轮减速器）。

### 一、斜齿圆柱齿轮减速器

1. 起重机用三支点减速器

三支点减速器就是有 3 个支点 $X$，$Y$，$Z$，其支撑形式示意图如图 2—23 所示。这种减速器的优点是可以在一定的偏转角范围内调整、安装。安装形式有卧式（W）和立式（L）。减速器型号为 QJR，QJS 和 QJRS，其中 R 型为二级齿轮传动；S 型为三级齿轮传动；RS 型为二、三级结合型齿轮传动。轴端有 3 种形式，P 型为圆柱形轴端，平键连接；H 型为圆柱形轴端，渐开线花键连接；C 型为齿轮轴端。

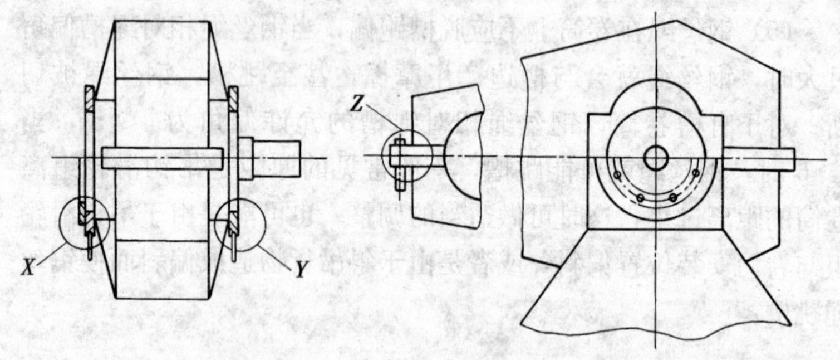


图 2—23　三支点减速器支撑形式示意图

起重机用三支点减速器有 9 种装配形式，用罗马字母Ⅰ～Ⅸ表示。

型号标记方法：

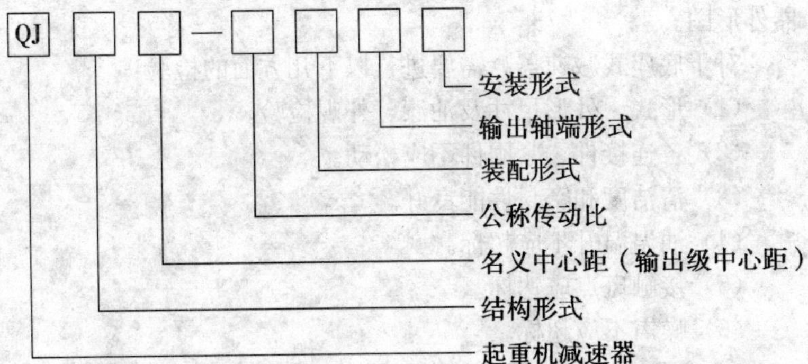


标记示例：

减速器 QJS 560—50ⅢCWJB/T 8905.1

减速器三级传动，名义中心距 $a_1$ =560 mm，公称传动比为 50，装配形式为第Ⅲ种，输出轴端为齿轮轴端，卧式安装。

如图 2—24 所示为三支点减速器结构形式图。从左至右为二级传动；三级传动和二—三级结合传动方式。QJR 型减速器的公称传动比为 10～31.5；QJS，QJRS 型减速器的公称传动比为 40～200。

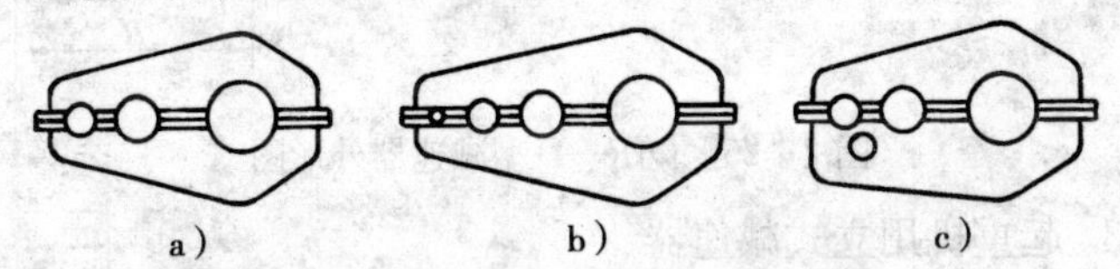


图 2—24　三支点减速器结构形式图

a）R 型　b）S 型　c）RS 型

2. 起重机用底座式减速器

起重机用底座式减速器的型号为 QJR—D，QJS—D 和 QJRS—D；共有 9 种装配形式和 3 种轴端形式。QJR—D 型减速器的公称传动比为10～31.5；QJS—D，QJRS—D 型减速器的公称传动比为40～200。减速器的齿轮为斜齿圆柱齿轮。减速器的箱体底座用于固定减速器，具有刚度高的优点，适用于原来使用ZQ 型减速器的起重机机构。如图 2—25 所示为 QSR—D 型减速器外形图。

对于底座式减速器，需要进行以下几方面的检验：

（1）形式、外形尺寸及油漆、外观检验。

（2）各连接件、紧固件不应松动。

（3）清洁度和密封性能良好。

（4）油温温升不应超标。

（5）接触斑点应达标。

（6）噪声不应超标。

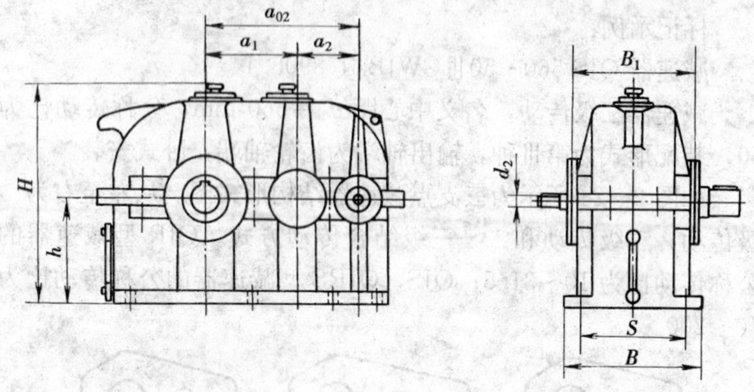


图 2—25　QJR—D 型减速器外形图

3. 起重机用立式减速器

立式减速器的型号为 QJ—L，QJ—L 型立式减速器为三级传动，有 6 种装配形式，公称传动比为 16～100。

轴端形式：高速轴和低速轴均采用圆柱形轴端，平键连接。

4. 起重机用套装式减速器

套装式减速器的型号为 QJ—T，QJ—T 型套装式减速器为斜齿圆柱齿轮三级传动，这种减速器主要适用于运行机构，有 4

种装配形式（均为立式减速器），公称传动比为 16～100。

（1）型号表示方法

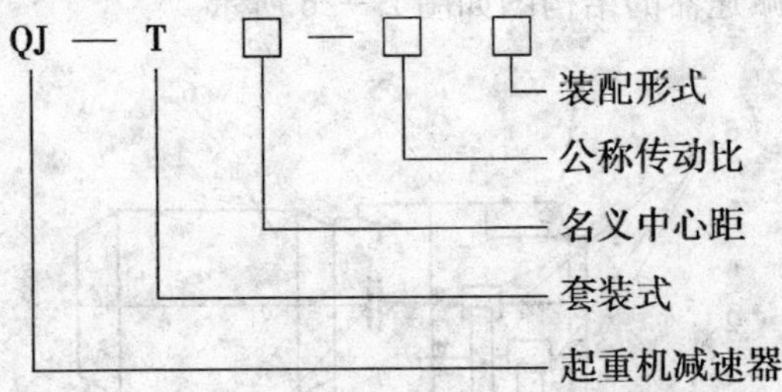


（2）标记示例　名义中心距 $a_1$＝200 mm，公称传动比 $i$＝400，装配形式为第Ⅲ种的起重机套装式减速器标记为：

减速器 QJ—T 200—40 Ⅲ　JB/T 8905.4

5. 起重机用三合一减速器

三合一减速器采用三级渐开线圆柱齿轮传动，轴线成折线布置，配用带制动器的绕线式电动机或带制动器的变极笼型电动机驱动。减速器与运行车轮采用插装方式，减速器的平衡可通过力矩支撑架来保持。

这种用于运行机构驱动装置中。有 5 种中心距及其对应的 5 种机座代号。有 18 种传动比，传动比为 14，16，18，20，22.4，25，28，31.5，35.5，40，45，50，56，63，71，80，90，100。

（1）型号表示方法

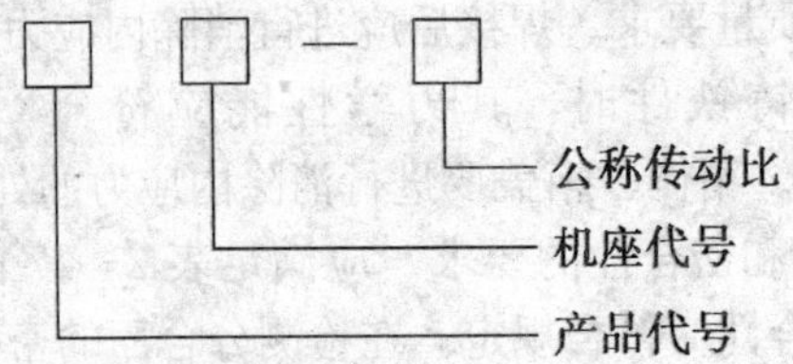


（2）标记示例　减速器的机座代号为 10（中心距为 200 mm），

传动比为 25，其标记为：

减速器 QS 10—25　JB/T 9003

QS 型减速器的结构图如图 2—26 所示。

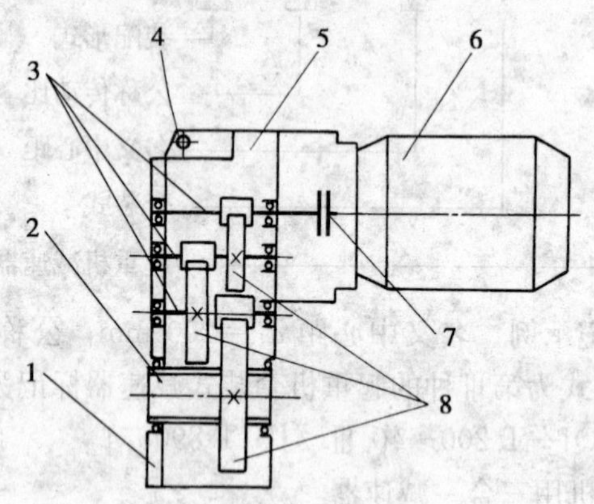


图 2—26　QS 型减速器的结构图

1—箱盖　2—内花键轴　3—齿轮轴　4—力矩支撑孔　5—箱体　6—电动机　7—联轴器　8—齿轮

6. 齿轮减速器安全技术要求

(1) 箱体

1) 材料　三支点减速器优先采用焊接箱体，宜采用 Q235B 钢板焊接，焊接箱体要对焊缝进行检查，主要焊缝应符合 GB/T 3323中规定的焊缝射线探伤的Ⅱ级要求（焊缝内应无裂纹、未熔合和未焊透缺陷）或 GB/T 11345 中超声波探伤的 B 级检验中Ⅰ级的质量要求。焊接后应进行消除内应力的处理。

箱体采用铸铁件时，其力学性能应符合 GB/T 9439 中 HT200 的规定。箱体、箱盖要进行消除内应力的处理。

2) 错位量和密合性的要求　应满足表 2—27 的规定。分合面处的接触密合性应符合规定。在检测分合面的密合性时，塞尺的塞入深度不得大于分合面的 1/3，要求箱体不准漏油。

表 2—27　　错位量和密合性的要求　　mm

| 箱体总长度 | ≤600 | ≥600～1 200 | >1 200 |
| --- | --- | --- | --- |
| 上箱体与下箱体允许每边错位量 | ≤3 | ≤4 | ≤5 |
| 上箱体与下箱体自由结合后的密合性 | ≤0.05 | ≤0.1 | ≤0.15 |

（2）齿轮、齿轮轴和轴　齿轮的齿圈应采用力学性能不低于35CrMo钢的材料，调质硬度范围为255～291HB。轮齿部分要进行探伤，不允许有白点、裂纹、夹渣等缺陷。齿轮轴的材料为42CrMo钢，调质硬度范围为291～323HB。轴的材料为45钢，(对于QJ—L和QJ—T型减速器采用40Cr钢，调质硬度为241～286HB)。花键轴和齿轮轴端的材料为40Cr钢，调质硬度为241～269HB。尺寸公差带、位置公差及表面粗糙度应符合JB/T 8905.1的要求。不准用铸造齿轮。

（3）装配要求　所有的静结合面均应涂密封胶，装配好的减速器不应渗油。用于减速器分合面的螺栓应不低于8.8级，拧紧力矩应符合表2—28的规定。齿轮副的接触斑点要求：沿齿高方向不得小于40%，沿齿长方向不得小于80%。

表 2—28　　拧紧力矩

| 螺栓代号 | M10 | M12 | M16 | M20 | M24 | M30 | M36 |
| --- | --- | --- | --- | --- | --- | --- | --- |
| 拧紧力矩（N·m） | 43.1 | 74 | 181 | 352 | 618 | 1 200 | 2 050 |

（4）减速器的润滑　卧式减速器采用油池飞溅润滑，立式减速器采用循环喷油润滑。减速器在空载试验时油温温升不得超过25℃。负载时减速器油温温升不得超过60℃，油池最高油温不得超过80℃。

（5）减速器噪声　减速器噪声标准见表2—29。三合一减速器（QS型）的噪声标准见表2—30。减速器噪声应符合表中规定。

表 2—29　　减速器噪声标准

| 名义中心距（mm） | ⩽280 | >280～500 | >500 |
|---|---|---|---|
| 噪声 dB（A） | 80 | 85 | 根据传递动率查图的曲线 |

表 2—30　　三合一减速器（QS 型）的噪声标准

| 中心距（mm） | 125 | 160 | 200 | 250 | 315 |
|---|---|---|---|---|---|
| 机座代号 | 06 | 08 | 10 | 12 | 16 |
| 噪声 dB（A） | ⩽74 | ⩽74 | ⩽75 | ⩽78 | ⩽80 |

7. 齿轮减速器的安全检验

（1）出厂检验

1）检验其形式、外形尺寸、油漆及外观质量。

2）空载试验　在额定转速下，正反方向各运转不少于 1 h。

①检查连接件、紧固件不得松动。

②减速器的清洁度和密封性能应符合标准要求。

③油温温升不得超标。

④接触斑点符合标准要求。

⑤噪声符合标准要求。

（2）形式试验

1）负载性能试验。

2）超载试验。

3）疲劳寿命试验。

减速器应在醒目的位置固定产品标牌，标牌内容包括：产品名称和型号、额定输出转矩、产品质量、制造厂名称、制造日期、出厂编号。

齿轮装置的形式检验和出厂检验项目见表 2—31。

**表 2—31　　齿轮装置的形式检验和出厂检验项目**

| 序号 | 检验项目 | | 车辆齿轮传动箱 | | 工业通用齿轮减速器 | | 工业专用齿轮减速器 | | 高速齿轮装置 | |
|---|---|---|---|---|---|---|---|---|---|---|
| | | | 形式检验 | 出厂检验 | 形式检验 | 出厂检验 | 形式检验 | 出厂检验 | 形式检验 | 出厂检验 |
| 1 | 设计文件，图样 | | ○ | — | ○ | — | ○ | ○ | ○ | ○ |
| 2 | 关键件材料热处理几何精度表面质量 | 齿轮 | ○ | — | ○ | — | ○ | ○ | ○ | ○ |
| 3 | | 箱体 | ○ | — | ○ | — | ○ | ○ | ○ | ○ |
| 4 | | 轴 | ○ | — | ○ | — | ○ | ○ | ○ | ○ |
| 5 | 装配质量 | 轴伸 | ○ | — | ○ | — | ○ | ○ | ○ | ○ |
| 6 | | 中心高 | ○ | — | ○ | — | ○ | ○ | ○ | ○ |
| 7 | | 侧隙（或蜗杆轴向间隙） | ○ | ○ | ○ | ○ | ○ | ○ | ○ | ○ |
| 8 | | 接触斑点（或接触齿数） | ○ | ○ | ○ | ○ | ○ | ○ | ○ | ○ |
| 9 | | 清洁度 | ○ | ○ | ○ | ○ | ○ | ○ | ○ | ○ |
| 10 | | 外观 | ○ | ○ | ○ | ○ | ○ | ○ | ○ | ○ |
| 11 | 综合性能 | 空载运转 | ○ | ○ | ○ | ○ | ○ | ○ | ○ | ○ |
| 12 | | 承载能力 | ○ | + | ○ | + | + | + | + | + |
| 13 | | 寿命 | ○ | — | ○ | — | + | — | + | — |
| 14 | | 噪声 | ○ | ○ | ○ | ○ | ○ | ○ | ○ | ○ |
| 15 | | 振动 | ○ | ○ | ○ | ○ | ○ | ○ | ○ | ○ |
| 16 | | 效率 | ○ | + | ○ | + | + | + | + | + |
| 17 | | 温升 | ○ | ○ | ○ | ○ | ○ | ○ | ○ | ○ |
| 18 | | 密封 | ○ | ○ | ○ | ○ | ○ | ○ | ○ | ○ |

注：1. “○”—必须检验项目。

2. “+”—设计文件或订货合同规定的检验项目。

3. “—”—不必检验的项目。

## 二、蜗杆减速器

1. 蜗杆减速器的分类

蜗杆减速器的特点是单级传动可以获得比较大的传动比；传动平稳，噪声小；结构紧凑，传动可以自锁。蜗杆传动效率比较低。

（1）圆柱蜗杆传动

1）普通圆柱蜗杆传动

①渐开线圆柱蜗杆传动（ZI 型）。

②法向直廓圆柱蜗杆传动（延伸渐开线蜗杆）（ZN 型）。

③锥面包络圆柱蜗杆传动（ZK 型）。

④阿基米得圆柱蜗杆传动（ZA 型）。

2）圆弧圆柱蜗杆传动（ZC 型）。

（2）环面蜗杆传动

1）直线型环面蜗杆传动（TSL 型）。

2）平面包络环面蜗杆传动

①平面一次包络环面蜗杆传动。

②平面二次包络环面蜗杆传动（TOP 型）。

2. 圆弧圆柱蜗杆减速器

（1）圆弧圆柱蜗杆减速器的型号和标记

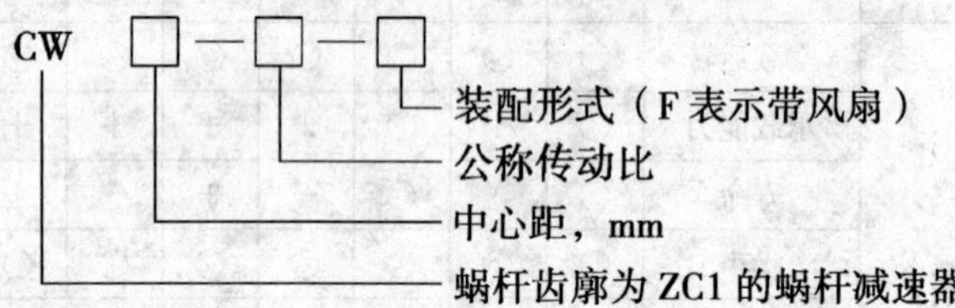


标记示例：CW 200—25—IF　JB/T 7935

说明：蜗杆齿廓为 ZC1 的蜗杆减速器，中心距 $a=200$ mm，公称传动比 $i=25$，第一种装配形式，带风扇（F）的圆弧圆柱蜗杆减速器。

圆弧圆柱蜗杆减速器有 10 种装配形式和 12 种传动比，即：5，6.3，8，10，12.5，16，20，25，31.5，40，50，63。

(2) 安全技术要求

1) 机体和端盖　机体采用铸铁件，材料一般采用HT200，并应进行时效（或退火）处理。轴承孔的圆柱度、同轴度及轴承孔端面与轴线的垂直度应符合技术条件的要求。机体不得渗漏油液。

2) 蜗杆、蜗轮和蜗轮轴　蜗杆采用16MnCr钢锻件，蜗轮轮缘材料采用铸造锡青铜ZCuSn12Zn2，蜗轮轴采用45钢。

3) 装配要求　空载试验后检验蜗轮齿的接触斑点，要求沿齿长应不小于50%，沿齿高应不小于55%。机体等处涂漆完好，减速器腔内的清洁度应符合要求。减速器不应渗漏，减速器的噪声应控制在70～75 dB（A）范围内。

4) 润滑蜗杆蜗轮啮合副应采用专用润滑油，轴承采用飞溅润滑。减速器油池温升不应超过80℃，油池温度不得超过100℃。

## 三、行星减速器

1. 行星齿轮减速器的分类

行星齿轮传动可根据基本构件分类，也可按齿轮啮合方式分类。行星齿轮传动的基本构件有中心轮（太阳轮），用K表示；行星轮，用C表示；转臂，用H表示；输出轴，用V表示。行星齿轮传动装置有2K—H机构；3K机构；K－H－V机构等。按齿轮啮合方式分类，有内啮合，用N表示；外啮合，用W表示，G表示公用行星轮。如图2—27所示为常用行星齿轮传动的类型图。

行星齿轮传动装置2K－H机构在起重机上应用比较多，有行星齿轮传动卷扬机，传动装置安装在卷筒内部；也可在冶金起重机的起升机构作为减速装置；采用行星减速器的双电机抓斗起升机构。

在塔式起重机中的回转机构和起升机构都有采用行星齿轮减速器的实例。

行星齿轮传动具有体积小、质量轻、效率高、传动比范围比

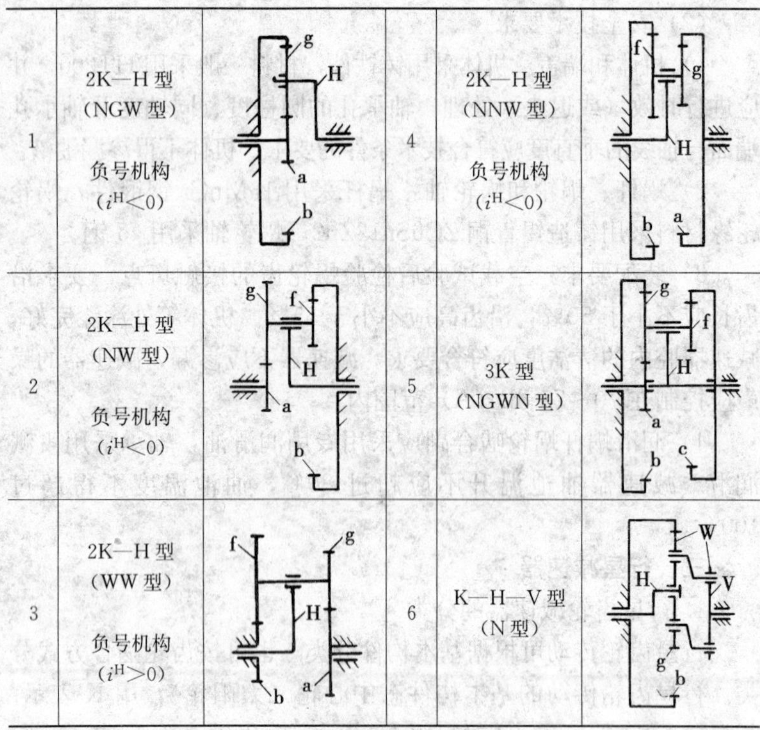

| | | | | | |
|---|---|---|---|---|---|
| 1 | 2K—H 型（NGW 型）负号机构（$i^H<0$） | | 4 | 2K—H 型（NNW 型）负号机构（$i^H<0$） | |
| 2 | 2K—H 型（NW 型）负号机构（$i^H<0$） | | 5 | 3K 型（NGWN 型） | |
| 3 | 2K—H 型（WW 型）负号机构（$i^H>0$） | | 6 | K—H—V 型（N 型） | |

图 2—27　常用行星齿轮传动的类型图

较大、传动平稳等优点。某些机型制造和安装均较复杂。

2. NGW 型行星齿轮减速器（JB/T 6502）

（1）NGW 型行星齿轮减速器规格参数　NGW 型行星齿轮减速器包括 NAD，NAZD，NBD，NBZD，NCD，NCZD，NAF，NBF，NCF，NAZF，NBZF，NCZF 系列。其中标记符号为：

N——NGW 型；

A——一级行星齿轮减速器；

B——二级行星齿轮减速器；

C——三级行星齿轮减速器；

D——底座连接；

F——法兰连接；

Z——定轴圆柱齿轮。

(2) NGW 型减速器的标记方法

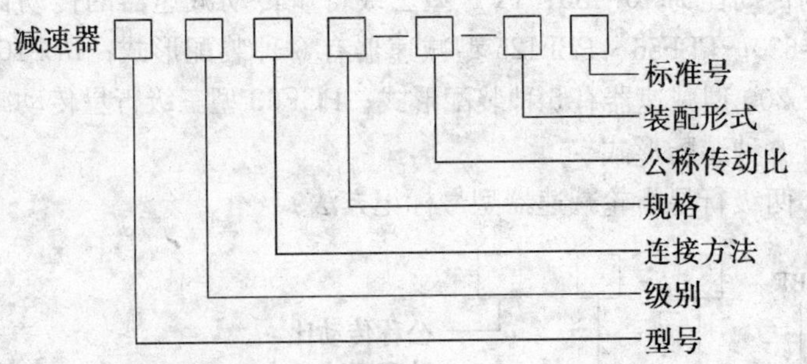


标记示例：

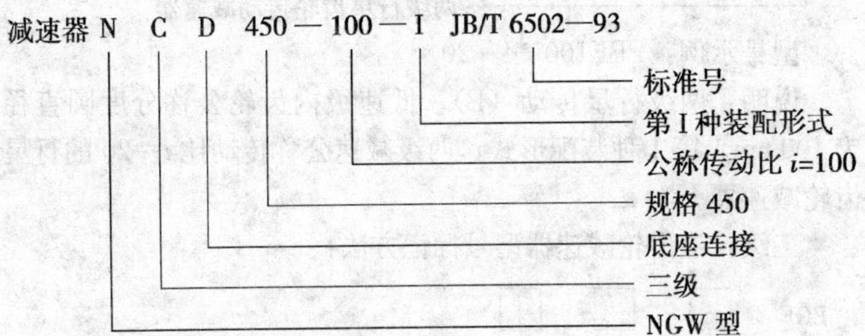


说明：N 表示 NGW 行星齿轮减速器，C 表示三级，D 表示底座连接；规格为 450 mm（减速器的内齿圈分度圆公称直径，公称传动比一定的情况下，规格高，公称输入功率就大）；公称传动比 $i=100$；第一种装配形式；后面是标准号（JB/T）。

NGW 行星齿轮减速器的规格有 21 个规格，即：200，224，250，280，315，355，400，450，500，560，630，710，800，900，1 000，1 120，1 250，1 400，1 600，1 800，2 000 mm。

NGW 行星齿轮减速器的传动比范围为 4～1 250，有 51 个传动比。

3. PF 型行星齿轮减速器

（1）PF 型行星齿轮减速器的分类　PF 型行星齿轮减速器包括 PBF 型和 PCF 型行星齿轮减速器。PBF 型两级行星传动减速器的传动比为 10～80；PCF 型三级行星传动减速器的传动比为 90～630。PBF56～PBF125 型减速器有 6 种装配形式；PBF160～PBF 200 型减速器有 5 种装配形式；PCF63 型三级行星传动减速器有 6 种装配形式。

两级行星齿轮减速器型号标记方法：

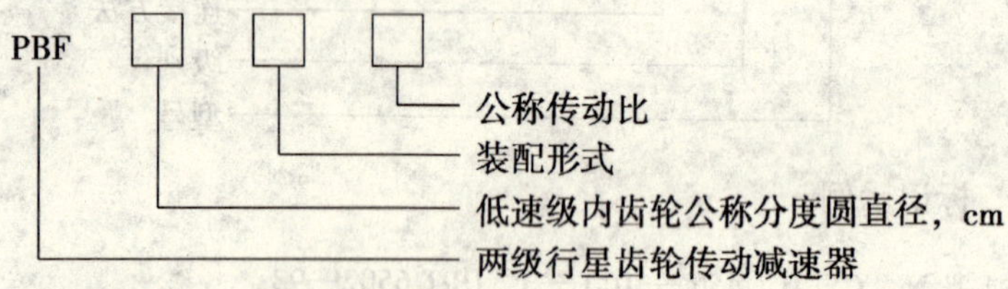


型号示例：PBF100—I—20

说明：两级行星传动（B），低速级内齿轮公称分度圆直径为 100 cm，第 I 种装配形式，两级减速公称传动比 $i=20$ 的行星齿轮减速器。

三级行星齿轮减速器型号标记方法：

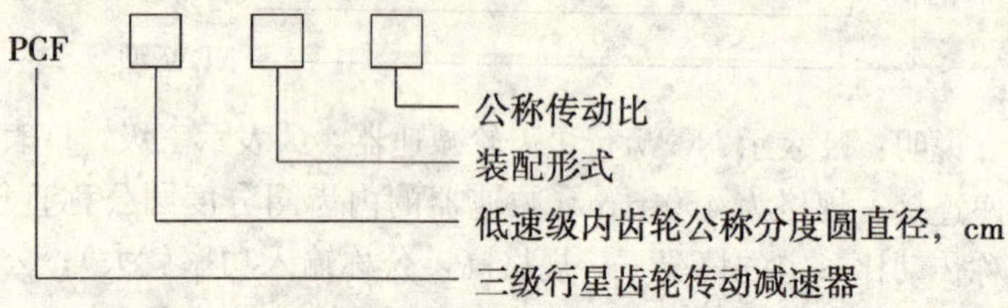


型号示例：PCF63—Ⅲ—630

说明：C 表示三级行星传动，低速级内齿轮公称分度圆直径为 63 cm，第Ⅲ种装配形式，公称传动比 $i=630$ 的行星齿轮减速器。

（2）安全技术要求

1）材料　要求太阳轮、行星轮、齿轮及齿轮轴采用 S17Cr2Ni2Mo，20CrNi2MoA 钢锻件，齿轮经渗碳、淬火、回火处理，齿面硬度为57～61HRC，心部硬度为35～40HRC，齿面精加工后不得有裂纹。内齿轮采用30Cr2Ni2Mo钢。行星架采用铸造碳钢ZG35Cr1Mo或ZG40Cr1。机体、机壳、机座采用HT300，机盖采用HT250。

2）检验机体、机盖各孔的同轴度和圆跳动度。检验太阳轮、行星轮、内齿轮及其他齿轮的加工精度应符合JB/T 6120的要求。

3）减速器箱体内润滑油温升不得高于35℃，轴承温升不得高于40℃。减速器停机超过4 h，必须进行空负荷运转，确认正常后才能加负荷。

4）噪声应不大于85 dB（A），单向振幅不大于0.02 mm。

（3）形式检验　形式检验是在额定转速和额定负荷下进行试验，要求高速轴小齿轮啮合次数达到$5\times10^7$次。检验要求：减速器不得漏油；齿轮齿面接触斑点、侧隙符合要求；油温温升不超过35℃；减速器的噪声应不超过85 dB（A），单向振幅不大于0.02 mm；清洁度达到标准要求。

## 四、行星摆线针轮减速器

### 1. 摆线针轮减速器的特点

摆线针轮减速器具有传动比大，一级传动比可达6～87，二级传动比可达99～5 133，三级传动比更大；传动效率高，平均效率可达90%以上；体积小，质量轻；运转平稳，噪声低等优点。如图2—28所示为行星摆线针轮减速器拆装图。

摆线针轮减速器形式代号见表2—32。

**表2—32　　摆线针轮减速器形式代号**

| 安装形式 | 传动级数 | | |
|---|---|---|---|
| | 一级 | 二级 | 三级 |
| 双轴型卧式 | W | WE | WS |
| 直联型卧式 | WD | WED | WSD |
| 双轴型立式 | L | LE | LS |
| 直联型立式 | LD | LED | LSD |

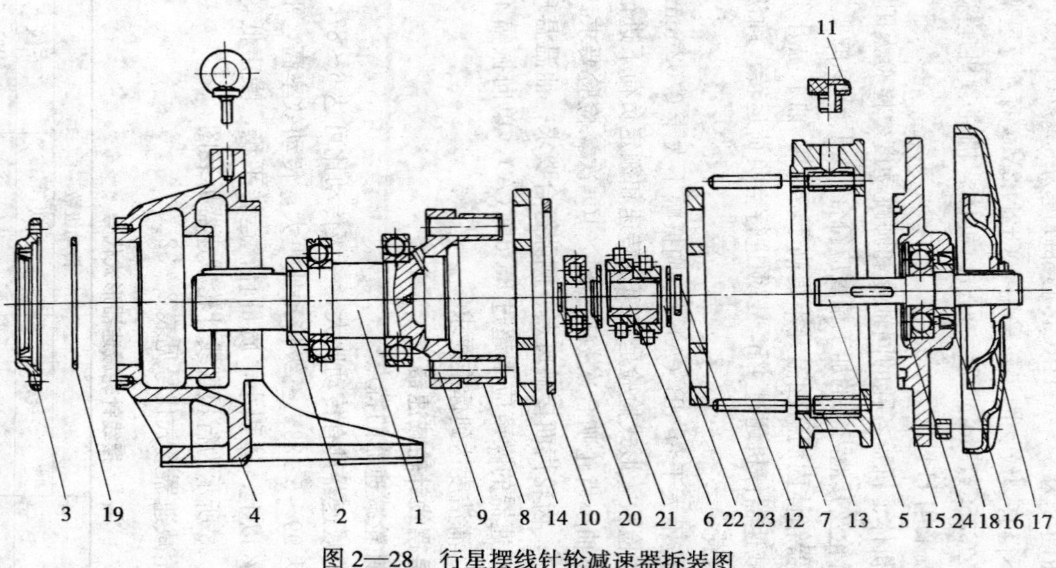


图 2—28 行星摆线针轮减速器拆装图

1—输出轴 2，16—紧固环 3—压盖 4—机座 5—输入轴 6—偏心套 7—针齿壳 8—销套 9—销轴 10—间隔环 11—通气帽 12—针齿销 13—针齿套 14—摆线轮 15—法兰盘 17—风扇叶 18—风扇罩 19—止动环 20—轴用挡圈 21，22，23—挡圈 24—孔用挡圈型号标记方法：

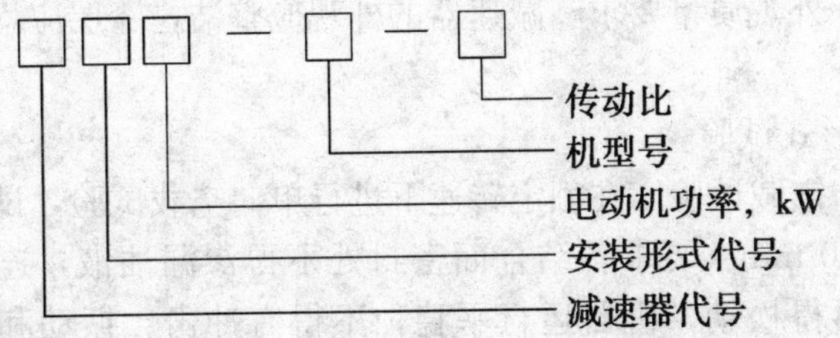


标记示例：

(1) 一级 ZWD7.5—5A—29

直联型卧式安装一级减速器（ZWD），输入功率为 7.5 kW，5 号 A 型，传动比为 29。

(2) 二级 ZLED1.1—63B—289

直联型立式安装二级减速器（ZLED），输入功率为 1.1 kW，63 号 B 型（低速级为 6 号 B 型，高速级为 3 号 B 型），传动比为 289。

(3) 三级 ZWS0.37—953A—9251

双轴型卧式安装三级减速器（ZWS），输入功率为 0.37 kW，953 号 A 型（低速级为 9 号 A 型，中速级为 5 号 A 型，高速级为 3 号 A 型），传动比为 9 251。

2. 安全技术要求

(1) 性能要求

1) 减速器传动效率的要求 一级减速器的传动效率在 70%～88%之间。

2) 噪声的要求 对于双轴型一级减速机的噪声应控制在 66～83 dB (A) 之间。

3) 温升的要求 要求不超过 60℃。

4) 减速器内腔清洁度的要求 对于双轴型一级减速器的清洁度，杂质质量控制在 270～2 040 范围内。

(2) 装配要求 各结合面密封处不得渗漏油液；连接件和紧固件不得松动；机器运行平稳，不得有冲击、振动和异常声响，油泵工作正常。

（3）外观质量要求　减速器的外观应整洁，漆层应均匀、有光泽。

3. 形式试验

（1）空载试验　在额定转速下进行单向空载试验，试验时间不少于 20 min。要求各结合面密封处不得渗漏油液，连接件和紧固件不得松动，机器运行平稳，不得有冲击、振动和异常声响，油泵工作正常，油路畅通。

（2）负载试验　空载试验合格后进行负载试验，测定承载能力及传动效率，应达到 JB/T 5288.3 的要求。

（3）过载试验　负载试验合格后进行过载试验，应达到 JB/T 5288.3 的规定。

（4）清洁度的测定　应达到 JB/T 5288.2 的规定。

（5）噪声测定　减速器应在空载和转速不低于 1 000 r/min 下测定。

测量点为 4 个：距针齿壳外圆表面上方 1 m 处；距针齿壳外圆表面两侧及机座小端面各 1 m 处；高度为 0.5 m 处。噪声值为 4 个测量点数值的平均值。

（6）温升测定　应符合 JB/T 5288.1 的规定。

**五、行星减速器和摆线针轮减速器传动比分析**

1. 行星减速器的传动比

为求出 2K—H 型行星轮系的传动比，首先给整个传动机构（见图 2—29）一个（$-n_H$）转速，这时转臂 H 不动，行星轮系成为一个定轴轮系。该定轴轮系称为“转化机构”，算出转化机构的传动比，再去掉（$-n_H$）的影响，则可求出行星轮系的传动比。

根据传动比的定义：

$$i_{ab}^{H}=\frac{n_a^H}{n_b^H}=\frac{n_a-n_H}{n_b-n_H}$$

根据定轴轮系传动比公式　$i_{ab}^{H}=-\frac{z_b}{z_a}$

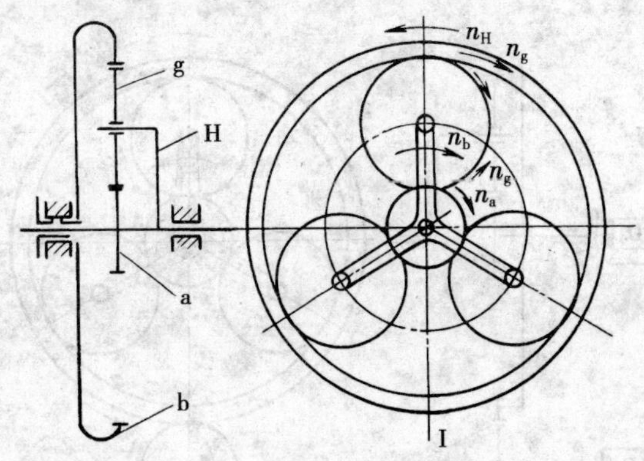


图 2—29　2K—H 型行星轮系传动机构示意图

而　$$i_{ba}^{H}=\frac{1}{i_{ab}^{H}}=-\frac{z_a}{z_b}$$

又因为　$$i_{ab}^{H}+i_{aH}^{b}=1$$

则得　$$i_{aH}^{b}=1+\frac{z_b}{z_a}$$

由于　$$i_{aH}^{b}=\frac{1}{i_{Ha}^{b}}$$

所以　$$i_{Ha}^{b}=\frac{1}{i_{aH}^{b}}=\frac{1}{1-i_{ab}^{H}}$$

根据传动比定义：　$$i_{Ha}^{b}=\frac{n_H-n_b}{n_a-n_b}$$

经整理得：　$$n_H=n_a i_{Ha}^{b}+n_b i_{Hb}^{a}$$

如图 2—30 所示是由两台电动机驱动的带行星轮系的起升机构示意图，其减速装置为行星轮系，转臂 H 接卷筒。

根据 $n_H=n_a i_{Ha}^{b}+n_b i_{Hb}^{a}$ 可知，两台电动机同时同向转和同时反向转可得到不同的速度。

当电动机 $D_1$ 不转时，$n_a=0$，则 $n_H^a=n_b i_{Hb}^{a}$；当电动机 $D_2$ 不动时，$n_b=0$，则 $n_H^b=n_a i_{Ha}^{b}$。由此可见，行星减速器本身可以获得 4 种速度。

2. 摆线针轮减速器的传动比

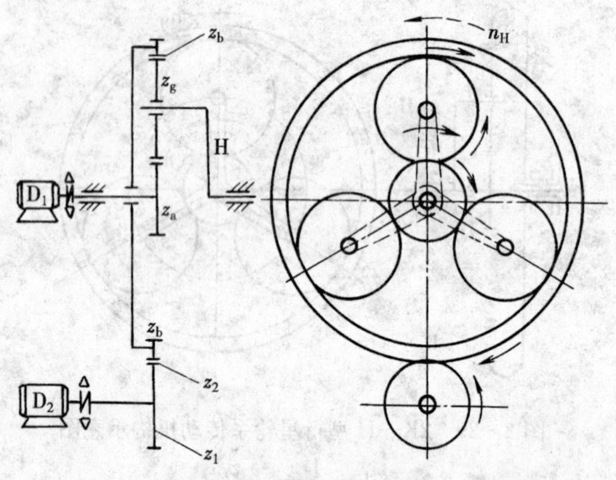


图 2—30　带行星轮系的起升机构示意图

摆线针轮减速器的齿形是一种变态外摆线等距曲线。这种减速器的特点是传动比大。单级传动比 $i=11\sim87$；二级减速时，$i=121\sim5\ 133$；三级减速时，$i=2\ 057\sim446\ 571$。减速器啮合部分采用滚动啮合，故效率可达 90%以上。这种减速器体积小，寿命长，承载能力大，运动平稳。如图 2—31 所示为摆线针轮减速器原理图。

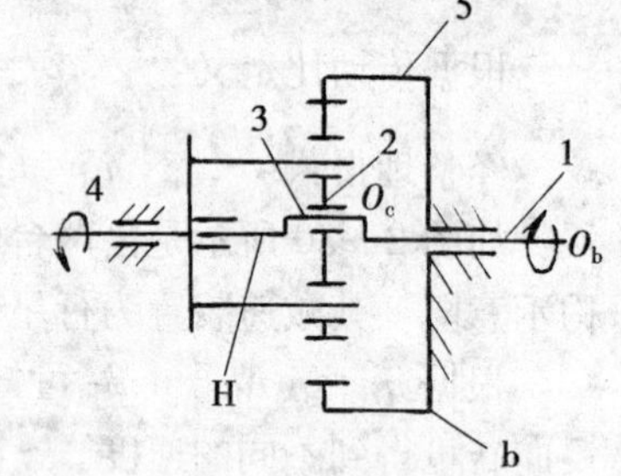


图 2—31　摆线针轮减速器原理图

输入轴 1 和转臂 3 一起绕中心线 $O_b$ 顺时针方向转动时，摆线轮 2 即随转臂一道绕中心线 $O_b$ 公转，由于固定于针齿壳 5 上的针齿的反作用使摆线轮 2 绕其本身中心线 $O_c$ 逆时针方向自转，并通过销轴将其自转等速传递给输出轴 4，于是输出轴就得到了与输入轴转向相反的运动。

假设图 2—31 中的转臂 H（轴 3）不动，则成为一个定轴轮系，根据传动比的定义有：$i_{ab}^{H}=\frac{n_a-n_H}{n_b-n_H}=\frac{z_b}{z_a}$

当b轮（轮5）固定时，即 $n_b=0$，可以导出：

$$i_{Ha}^{b}=-\frac{z_a}{z_b-z_a}$$

因这种机构 $z_b-z_a=1$

所以 $i_{Ha}^{b}=-z_a$

因此，摆线针轮减速器的传动比等于行星轮的齿数，而输出轴与输入轴转向相反。

如图2—32所示为摆线针轮机构示意图，其中的摆线针轮可以制成渐开线齿形，成为渐开线少齿差传动系统，一般 $z_b-z_a=1\sim4$，可以获得不同的传动比。

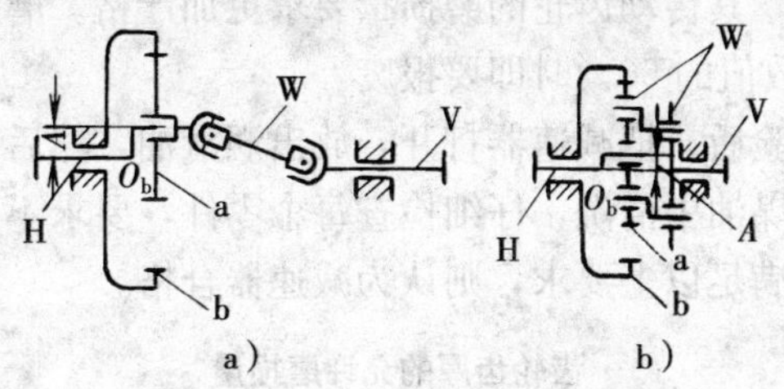

图2—32　摆线针轮机构示意图

## 六、减速器的安全技术

1. 减速器验收试验

空载时以1 000 r/min的转速拖动减速器运转，正反转转动时间各不得少于10 min。要求运转正常、平稳，无异常声响。负荷试验后检查齿轮接触面积，沿齿高不少于40%，沿齿长不少于75%，同时要求满足下列要求：

（1）开动电动机时，减速器运转平稳，不应有跳动、撞击和剧烈摩擦声，噪声不应超过85 dB（A）。

（2）观察减速器壳体接合面密封处、轴承盖、观察孔的平盖等处，不得漏油。

（3）紧固处和连接处不得松动。

（4）减速器内润滑油温度高出环境温度的值应小于 70℃，并且绝对值不应大于 80℃。

2. 齿轮的检查

齿轮出现下列情况之一时应报废：

（1）裂纹。

（2）断齿。

（3）齿面点蚀达到啮合面的 30%，并且深度达到齿厚的 10%。

（4）齿轮齿厚的允许磨损量见表 2—32，若齿厚的磨损量达到表中规定的数值时，则应报废。

（5）对于吊运炽热金属和易燃、易爆等危险物品的起升机构和变幅机构，其传动齿轮的磨损量要求更加严格。磨损量达到表 2—33 规定数值的 50%时即要报废。

跑合试验后，把减速器打开，放出润滑油，然后要求把每个零件都放进煤油中清洗，仔细检查每个零件，要求不得有超过标准的缺陷。满足以上要求，则认为减速器合格。

**表 2—33　　齿轮齿厚的允许磨损量**

| 用途 / 磨损量 / 传动级 / 比较基准 | | 齿轮磨损达到原齿厚的百分数（%） | |
|---|---|---|---|
| | | 第一级啮合 | 其他级啮合 |
| 闭式 | 起升机械和非平衡变幅机构 | 10 | 20 |
| | 其他机构 | 15 | 25 |
| 开式齿轮传动 | | 30 | |

3. 齿轮失效形式分析

（1）疲劳点蚀　在减速器齿轮传动中，齿轮最常见的失效形式是疲劳点蚀。所谓点蚀就是靠近节圆（偏下）的齿面出现“麻坑”。如图 2—33 所示为齿轮的点蚀示意图，点蚀是由于轮齿面的接触应力达到一定极限，表面就会产生一些疲劳裂纹，裂纹扩展就会使小块金属剥落，形成小“麻坑”。

如果齿面硬度不适或接触应力过大，“麻坑”继续扩展就会造成齿面凸凹不平。从而会引起振动和噪声，点蚀也因之加剧，最后使齿轮丧失传动能力。点蚀损坏达啮合面的30％或深度达原齿厚的10％时应报废。

图2—33　齿轮的点蚀示意图

（2）磨损　起重机上传动齿轮的另一种失效形式是磨损，磨损后轮齿变薄。如果因润滑油内有杂质而形成的磨损一般称为研磨性磨损。这种磨损常常在齿顶和齿根出现很深的刮道，刮道垂直于节线并且互相平行。刮道出现以后，减速器内油温上升，齿轮传动产生尖细的噪声，这时必须更换润滑油。

由于齿形偏差及安装中心距偏差过大，都可能造成齿轮副齿顶边缘和齿根过渡曲线部分过度挤压，使齿根圆角部分产生剧烈的磨损。由于过载，往往使主动轮的齿根或被动轮的齿顶（有时也可能沿整个齿面）被磨掉很薄的一层。

对于起升机械减速器齿轮的磨损，第一级啮合齿轮磨损达原齿厚的10％，其他啮合级达原齿厚的20％应报废；其他机构第一级啮合齿轮原齿厚磨损达15％，其他啮合级齿厚磨损达原齿厚的25％应报废。开式齿轮传动齿厚磨损达原齿厚的30％应报废。

（3）胶合　胶合就是在齿面沿滑动方向形成伤痕。这是由于重载高速、润滑不当或散热不良造成的。这时齿轮啮合面间的油膜被破坏，温度升高，由于相啮合的齿面金属直接接触，一个齿面的金属焊接在另一个齿面上，又由于齿面间做相对滑动，结果就在齿面上形成一些垂直于节圆的划痕，这就是胶合（见图2—34）。齿面胶合严重会使齿轮丧失传动能力，为防止胶合，在低速重载的齿轮传动中，应用高黏度润滑油，或适当提高齿面的硬度并降低表面粗糙度。

（4）塑性变形　对于较软的齿面，由于过载或摩擦系数过大，可使齿面产生塑性变形。齿轮的塑性变形使主动齿轮在节线附近产生凹沟，被动齿轮在节线附近产生凸台，其示意图如图2—35所示。渗碳钢齿轮由于摩擦较大，也会使啮合轮齿产生塑性变形，这种变形呈皱纹状，也称为塑皱。

（5）折断齿　当齿轮工作时，由于危险断面应力超过极限应力，轮齿就可能部分或整齿折断。冲击载荷也可能引起断齿。断齿齿轮不能继续使用。

图2—34　齿轮的胶合示意图

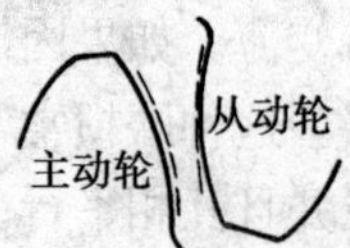


图2—35　齿轮的塑性变形示意图

当齿轮的齿面出现缺陷后，在运转中就会出现各种噪声，齿面接触状况与噪声特征见表2—34。

**表2—34　齿面接触状况与噪声特征**

| 序号 | 齿面接触状况 | 噪声特征 |
| --- | --- | --- |
| 1 | 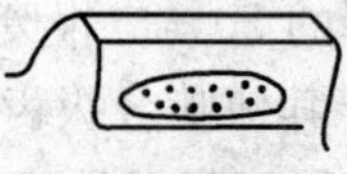  | 沙沙声或轻微的声响 |
| 2 |   | 空载时有沙沙声，负载时有喔喔声响 |
| 3 |   | 空载时有沙沙声，加载时，喔喔声加清脆的混合声响 |
| 4 | 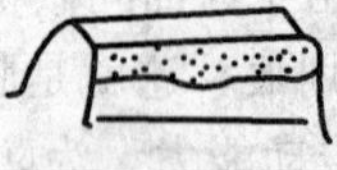  | 空载时有清脆的混杂声响，负载时有喔喔声响 |
| 5 | 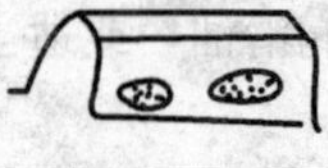  | 空载时有频繁的混杂声响，负载时有喔喔声响 |

续表

| 序号 | 齿面接触状况 | 噪声特征 |
| --- | --- | --- |
| 6 | 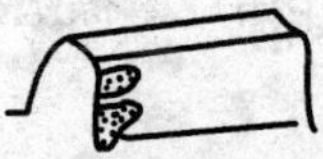 | 轻微混杂声响 |
| 7 |  | 音调均匀的轻响声和较小的混杂声响 |
| 8 |  | 频繁的混合声响 |

# 第七节　制动器安全技术

起重机械安全规程中规定：动力驱动的起重机，其起升、变幅、运行、旋转机构都必须装设制动器。人力驱动的起重机，其起升机构和变幅机构必须装设制动器或停止器。

起升机构和变幅机构的制动器必须是常闭式的。

## 一、带式制动器

带式制动器（见图 2—36）的钢质制动带 2 紧包在制动轮 1 的表面上，带式制动器上闸是依靠坠重 3、松闸是依靠电磁铁 4 来实现的。

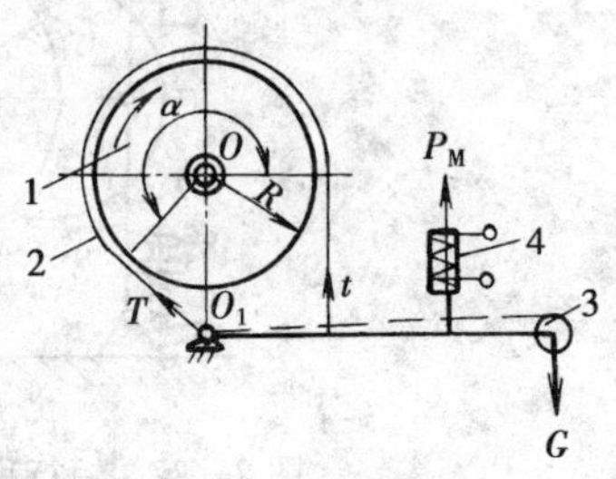


图 2—36　带式制动器示意图

1—制动轮　2—制动带

3—坠重　4—电磁铁

制动轮直径 $D$=200～760 mm，对于 $D$≤300 mm 的制动轮，采用 45 钢制造，对于 $D$＞300 mm 时，采用铸造碳钢 ZG310－570 制造。制动带采用 45 钢制造。

带式制动器由于结构简单、紧凑，并能随包角的增大而产生较大的制动力矩，在制动过程中冲击小。

其缺点是：制动轴受弯曲力的作用；摩擦垫片磨损不均匀；某些带式制动器不适用于逆转机构。

## 二、块式制动器

块式制动器结构简单，工作可靠。有两个对称的瓦块，制动轴不受弯曲，摩擦衬垫磨损均匀，但尺寸比较大。

制动器分短行程块式制动器和长行程块式制动器。

1. 短行程块式制动器

（1）工作原理　如图 2—37 所示为短行程电磁瓦块式制动器示意图，制动器上闸是靠主弹簧 2，框形拉杆 1 使左制动臂 7 和右制动臂 11 上的瓦块 9 和 10 压向制动轮。副弹簧 13 的作用是使右制动臂 11 向外推，以便于松闸，螺母 12 的作用是调节衔铁冲程，锁紧螺母 4 的作用是锁紧主弹簧或调整制动力矩。调节螺钉 8 可以使两块闸瓦退距相等。

当接通电流时，电磁铁的衔铁 6 吸向铁心 5，压住推杆 3，

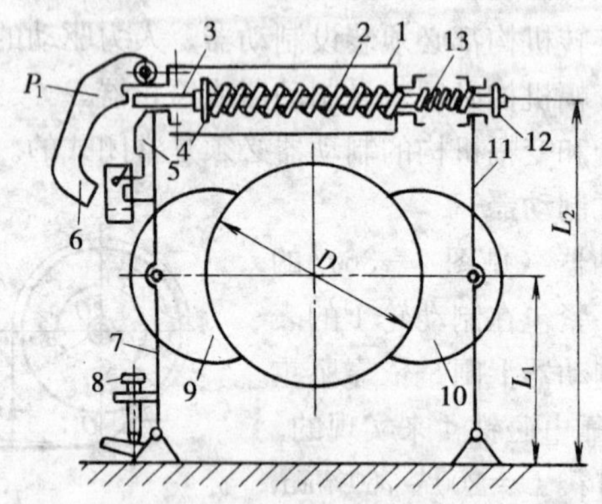


图 2—37　短行程电磁瓦块式制动器示意图

1—框形拉杆　2—主弹簧　3—推杆　4—锁紧螺母　5—电磁铁铁心　6—衔铁　7—左制动臂　8—调节螺钉　9—左制动瓦块　10—右制动瓦块　11—右制动臂　12—螺母　13—副弹簧

进一步压缩主弹簧 2，左制动臂 7 在电磁铁质量产生偏心压力作用下向外摆动，使左制动瓦块 9 离开制动轮，一直到调整螺母 8 阻挡为止，同时副弹簧 13 使右制动臂 11 及其上的瓦块 10 离开制动轮，以实现松闸。

短行程电磁瓦块式制动器的特点：

1）松闸、上闸动作迅速。

2）制动器的质量轻，外形尺寸小。

3）由于铰链少（较长行程），所以松闸器的死行程小。

4）由于制动瓦块与制动臂之间采用铰链连接，所以瓦块与制动轮的接触均匀，磨损均匀，也便于调整。但由于电磁铁吸力的限制，短行程电磁制动器的制动力矩有限（≤5 000 N·m）。

（2）短行程制动器的计算

短行程制动器计算图如图 2—38 所示。

1）制动覆面比压的验算

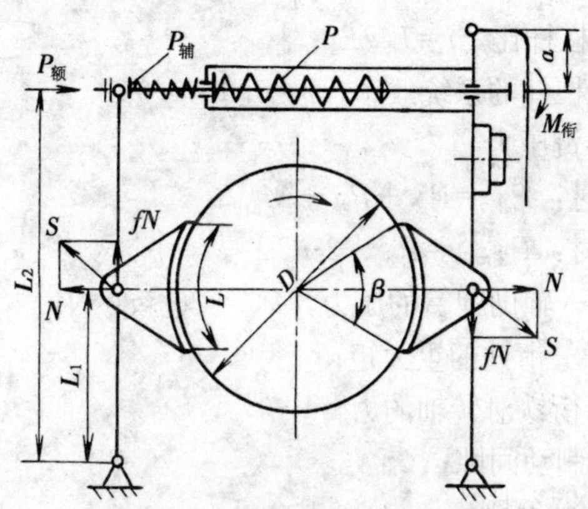


图 2—38　短行程制动器计算图

作用在覆面（衬垫）上的正压力为：

$$N=\frac{M_{制}}{\mu D}$$

制动覆面的比压为：

$$q=\frac{M_{制}}{\mu BLD}\leqslant(q)$$

式中　$M_{制}$——制动力矩；

$D$——制动轮直径；

$\mu$——摩擦系数，$\mu=0.35\sim0.53$；

$B$——瓦块宽度，$B=(0.4\sim0.6)D$；

$L$——瓦块弧长，$L=\frac{\beta}{360}\pi D$；

$(q)$——允许比压，石棉制动带对钢$(q)=30\sim60\ \mathrm{N/cm^2}$。

2）上闸力 $P$　为使制动器产生一定的制动力矩，必须有足够的上闸力 $P_{额}$。

$$P_{额}=\frac{M_{制}L_1}{\mu DL_2\eta}$$

$$P_{额}=\frac{M_{制}}{\mu Di\eta}$$

式中　$i$——杠杆比，$i=L_2/L_1$；

$\eta$——杠杆的系统效率，$\eta=0.9\sim0.95$。

3）主弹簧压力

①上闸时：$P_{主}=P_{额}+P_{辅}+M_{衔}/a$

②松闸时：$P_{主\max}=P_{主}+2\varepsilon iC$

式中　$P_{辅}$——辅助弹簧的压力，$P_{辅}=20\sim80\ \mathrm{N}$；

$M_{衔}$——衔铁的重力矩；

$a$——衔铁对转轴的力臂；

$\varepsilon$——制动间隙；

$C$——弹簧刚度。

4）打开制动器所需电磁铁转矩

$$M_{铁}=\frac{a}{\eta}(P_{额}+2\varepsilon iC)$$

电磁铁可安装在制动臂的上部，也可安装在制动臂的中部。制动器的工作原理是上闸依靠主弹簧，松闸依靠电磁铁。制动器力矩的大小通过调节弹簧的压缩量来实现。

(3) 短行程块式制动器安全技术要求

1) 材料要求　制动弹簧：圆柱螺旋弹簧应采用力学性能不低于 60Si2Mn 钢的材料制造；制动器各铰轴应采用力学性能不低于 45 钢的材料制造。制动器各结构件应采用力学性能不低于 Q235B钢的材料制造。制动块应采用力学性能不低于 HT200 的材料制造。

2) 装配要求　制动衬垫的固定方式：制动衬垫与制动瓦块的连接有粘接式（E1)、铆接式（E2）和组装式（E3)。当采用铆接式（E2）和组装式（E3）时，必须保证制动衬垫的有效磨损厚度不小于原始厚度的 50%。

制动器在额定弹簧工作力作用下闭合时，对于硬质和半硬质制动衬垫应不小于设计面积的 50%；对于软质制动衬垫应不小于设计面积的 70%；制动衬垫的外弧面与制动瓦面之间的间隙，在任何位置均不应大于 0.5 mm。要求制动器装设瓦块退距和制动力矩调整装置，并应有可靠的防松措施。当弹簧工作力大于 300 N 时，制动弹簧应设有维修定位装置；制动器还应设有瓦块退距均等装置，以保证两个制动衬垫均匀地、完全脱离制动轮，使制动器正常松闸。

电磁铁应装设衔铁行程指示装置。制动器还应有手动释放功能。制动器的电器部分（电磁铁和接线盒）应做成防护式，其外壳防护等级对于普通型不低于 IP33 级；对于冶金型不低于 IP43 级。

制动器的制动拉杆、弹簧拉杆、制动弹簧、补偿装置的零件及全部紧固件的表面应做防锈处理；检验制动器各构件的涂装质量。

3) 性能要求

①制动器的动作性能应达到的要求

a. 将制动器调整在规定的瓦块退距内和额定弹簧工作力状态，首先在额定电压下按额定操作频率断续操作，直到使电磁铁达到热稳定状态，再将电压降至额定值的 85%，再断续操作 10 次以上，制动器应能灵活地释放。

b. 制动器在 50%额定弹簧工作力和额定电压下，电磁铁按频率为 1 200 次/h 进行操作，操作制动器 20 次以上，应能灵活闭合。

②制动器的制动力矩性能应能满足的要求

a. 在额定弹簧工作力状态下，制动器力矩不得小于所提供额定制动力矩值。

b. 制动器应允许在（0.5～1）倍额定值范围内调整作用。

③摩擦性能制动衬垫的摩擦系数 $\mu$：相对于铸铁、铸钢材料的制动轮摩擦系数应不小于 0.35；制动衬垫的磨损率 $a$：在制动器惯性试验台上连续制动 2 000 次，其磨损质量与磨损前质量之比不大于 2%；制动衬垫的最高热平衡温度不高于 250℃。

2. 长行程块式制动器

要求制动力矩大的机构多采用长行程电磁块式制动器或电力液压块式制动器。

（1）长行程电磁块式制动器　长行程电磁块式制动器也是依靠主弹簧上闸，电磁铁松闸，其工作原理图如图 2—39 所示。

常用的长行程电磁块式制动器为 JCZ 型 600～200 制动器，多用于 20～30 t 以上的桥式起重机上。

电磁块式制动器的优点是结构简单，能与电动机实现电路联锁，所以当电动机工作停止或事故断电时，电磁铁能自动断电，制动器上闸，以保证安全。这种制动器的缺点是电磁铁冲击大，引起传动机构的振动。

长行程制动器的制动力矩由两部分产生，一部分由杠杆及衔铁重力产生；另一部分由弹簧产生。

$$M_{制}=M_{重}+M_{簧}$$

$$M_{重}=(G_{衔}\ c+G_{杆}\ b)\frac{1}{a}\times\frac{e}{d}\times\frac{L}{L_1}\times\mu D\eta$$

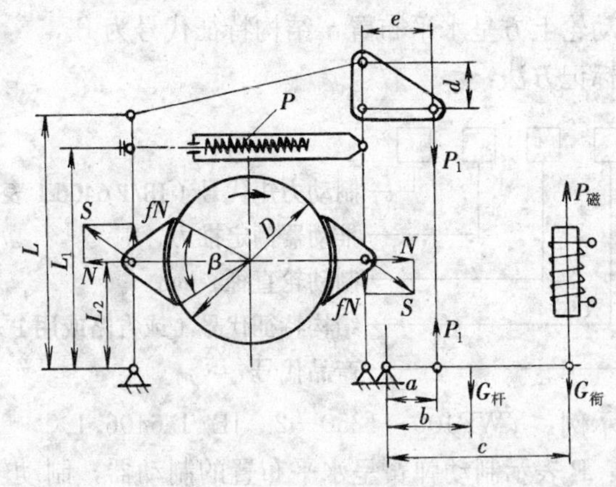


图 2—39　长行程电磁块式制动器工作原理图

式中　$G_衔$——衔铁重力；

$G_杆$——杠杆重力。

其他尺寸如图 2—39 所示。

$$弹簧压力\ P_簧=(M_制-M_重)/D\mu i\eta'$$

式中　$i$——杠杆比，$i=(L_1+L_2)/L_1$；

$\eta'$——弹簧至制动轮效率，$\eta'=0.9\sim0.95$。

松闸时，弹簧所受最大工作压力为：

$$P_{簧max}=P_簧+2\varepsilon CL_1+L_2/L_1$$

（2）电力液压块式制动器

1）工作特点与型号标记　液压块式制动器就是块式制动器的松闸动作采用液压松闸器。其优点是：制动器起动、制动平衡，没有声响，每小时操作次数可达 720 次。

目前使用较多的是液压电磁推杆瓦块式制动器。

电力液压块式制动器的松闸器是电力液压推动器，在弹簧的作用下，制动器处于常闭状态。制动器的结构形式可根据制动弹簧的布置特征分为 A，B 两型。A 型电力液压块式制动器的制动弹簧在制动臂侧面垂直布置，特征代号省略。B 型制动器的制动弹簧在制动轮上方呈水平布置，结构特征代号为P。

型号标记方法：

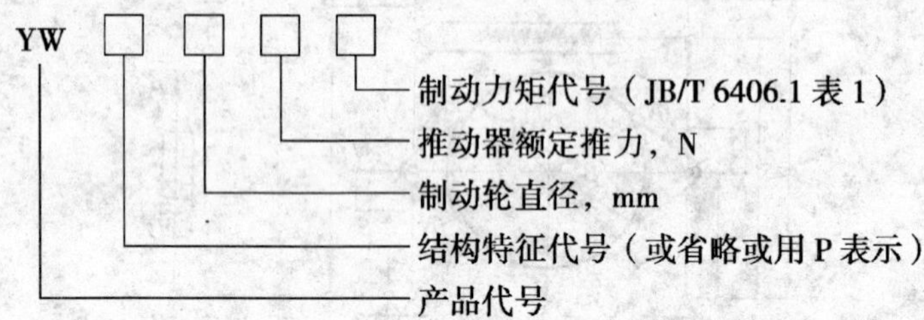


标记示例：YWP400—1250—2 JB/T 6406.1

说明：P表示制动弹簧呈水平布置的制动器，制动轮直径为400 mm，推动器额定推力为1 250 N，制动力矩代号为2。

2）电力液压块式制动器安全技术要求与短行程制动器相同。

3）工作环境要求

①电源要求　三相交流电，额定电压为380 V，频率为50 Hz，允许电压波动值：上限不超过额定电压的10％，下限不超过额定电压的15％。

②制动器的推动器工作制度可分为连续工作制和断续周期制，断续周期工作制的负载持续率分别为40％和60％。

③制动器使用地点的海拔高度不超过2 000 m。

④制动器正常工作的环境温度为－25～40℃，24 h的平均温度不超过＋30℃。

⑤制动器的使用环境在最潮湿月份中，月平均最高相对湿度不超过90％。

⑥制动器工作环境中不得有易燃、易爆和腐蚀性气体。

3. 块式制动器的安全技术检验

制动器要经常检查（每班一次），关键是看全部构件运转是否正常，有无卡塞现象，闸块是否贴在制动轮上，制动轮表面是否良好，调整螺母是否紧固。

每次起吊时要先将重物吊起离地面150～200 mm，检验制动器是否可靠，确认制动器工作可靠后方可起吊。

安全检查要求：

(1) 闸瓦摩擦衬垫厚度磨损达原厚度的50%时应报废。

(2) 制动轮表面硬度 400～450HB，淬火层深度达 2 mm。规范规定制动轮表面磨损量达 1.5 mm 时必须重新车制并进行表面淬火。制动轮经多次车制后对于起升机构制动器壁厚磨损量不应超过 40%，其他机构不应超过 50%，超过规定值应报废。制动衬垫与制动轮的实际接触面积不应小于理论面积的 70%。

(3) 通过电磁铁的杠杆系统的“空行程”不应超过电磁铁冲程的 10%。

(4) 小轴及心轴要表面淬水。磨损量超过原直径的 5%和圆度误差超过 0.5 mm 应更新；杠杆发现裂纹则要更换；弹簧发现裂纹、塑性变形要及时更换。

(5) 制动轮与摩擦衬垫的间隙要均匀一致。闸瓦开度不应超过 1 mm，闸带开度不超过 1.5 mm。

(6) 电磁铁铁心的起始行程不应超过额定行程的一半，以备磨损后调整之用。制动器必须每班严格检验，确保起重机安全运行。由于制动器发生的事故较多，主要原因是检验不够，在起吊过程中偶然发现制动器失灵，切不可惊慌。在条件允许的情况下，可利用“起一点钩”“落一点钩”的方法，慢慢地把吊物转移到安全的地方，然后进行检修。

制动器的安全系数见表 2—35。

**表 2—35　　制动器的安全系数**

| 机构 | 使用情况 | 安全系数 |
|---|---|---|
| 起升机构 | 一般的 | 1.5 |
| | 重要的 | 1.75 |
| | 具有液压制动作用的液压传动 | 1.25 |

续表

| 机构 | 使用情况 | 安全系数 |
| --- | --- | --- |
| 吊运炽热金属或危险品的起升机构 | 装有两套支持制动器时，对每一套制动器 | 1.25 |
| | 对于两套彼此有刚性连接的驱动装置，每套装置有两套支持制动器时，对每一套制动器 | 1.1 |
| 非平衡变幅机构 | | 1.75 |
| 平衡变幅机构 | 在工作状态时 | 1.25 |
| | 在非工作状态时 | 1.15 |
| | | |

驱动制动器时人的控制力与行程见表 2—36。

**表 2—36　　驱动制动器时人的控制力与行程**

| 操作方法 | 施加的力（N） | 行程（cm） |
| --- | --- | --- |
| 手控 | 100～200 | 40～60 |
| 脚踏 | | |

4. 制动器的调整

(1) 短行程制动器的调整

1）主弹簧工作长度的调整　为使制动器产生相应的制动力矩，需调整主弹簧，调整方法是用一扳手把住螺杆方头，用另一扳手转动主弹簧调节锁紧螺母，以调节主弹簧长度，然后把另两个螺母拧紧（背紧），以防止主弹簧锁紧螺母松动。

2）调整电磁铁冲程　方法是用一扳手把住调节螺母，用另一扳手转动制动器弹簧螺杆方头以调整电磁铁冲程。电磁铁允许冲程见表 2—37。

3）调整制动瓦块与制动轮的间隙　短行程制动器制动瓦块与制动轮间允许间隙见表 2—38，把衔铁推在铁心上，制动瓦块即松开，然后通过调整螺栓来调整制动瓦块与制动轮的间隙，使两侧间隙均等。

表 2—37　电磁铁允许冲程

| 电磁铁型号 | $MZD_1$—100 | $MZD_1$—200 | $MZD_1$—300 |
| --- | --- | --- | --- |
| 冲程（mm） | 3 | 3.8 | 4.4 |

表 2—38　短行程制动器制动瓦块与制动轮间允许间隙（单侧）

mm

| 制动轮直径 | 100 | >100～200 | 200 | >200～300 | >300 |
| --- | --- | --- | --- | --- | --- |
| 允许间隙 | 0.6 | 0.6 | 0.8 | 1 | 1 |

（2）长行程制动器的调整

1）调整主弹簧长度　用调整锁紧螺母的方法来调整主弹簧长度，然后用两个螺母锁紧。

2）调整电磁铁冲程　调整方法是拧开螺母并转动螺杆。制动瓦块在磨损前，衔铁应有 25～30 mm 的冲程。

3）调整制动瓦块与制动轮的间隙　抬起螺杆，制动瓦块自动松开，调整螺杆和螺栓，使制动瓦块与制动轮之间的间隙在制动器的基本参数和尺寸表中规定的数值内，且两侧间隙应均匀。

## 三、盘式制动器

### 1. 多盘式制动器

盘式制动器由固定盘、转动盘、弹簧及电磁铁组成。上闸时，由弹簧力的作用，使固定盘和转动盘压紧而产生制动力矩。松闸时，电磁吸力克服弹簧压力而使固定盘与转动盘分开，制动轮转动。如图 2—40 所示为多盘式制动器示意图。

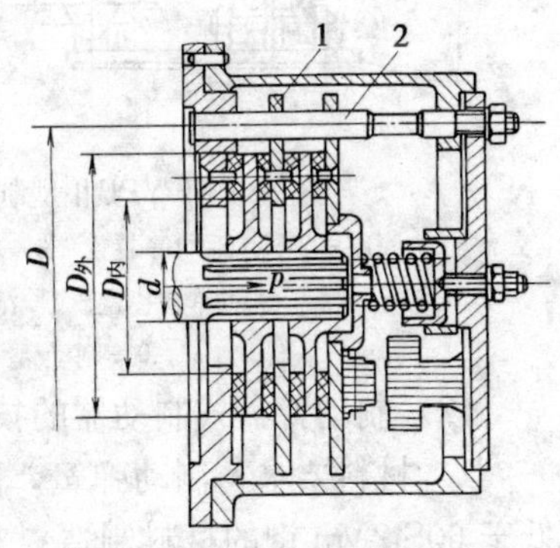

图 2—40　多盘式制动器示意图

1—圆盘　2—导杆

多盘式制动器的制动力矩为：

$$M_{制} = Zp\mu R_0$$

式中　$Z$——摩擦面对数；

$\mu$——摩擦系数；

$P$——轴向上闸力；

$R_0$——等效摩擦半径。

2. 制动臂盘式制动器

（1）制动臂盘式制动器的结构和工作原理　如图 2—41 所示为 YPBⅡ型制动臂盘式制动器示意图，它也是依靠制动弹簧装置 5 把制动块总成 4 紧压在制动盘 10 上实现上闸的；松闸时，推动器 7 通过楔块 8、制动臂 9 使制动块总成 4 脱离制动盘 10，实现松闸。

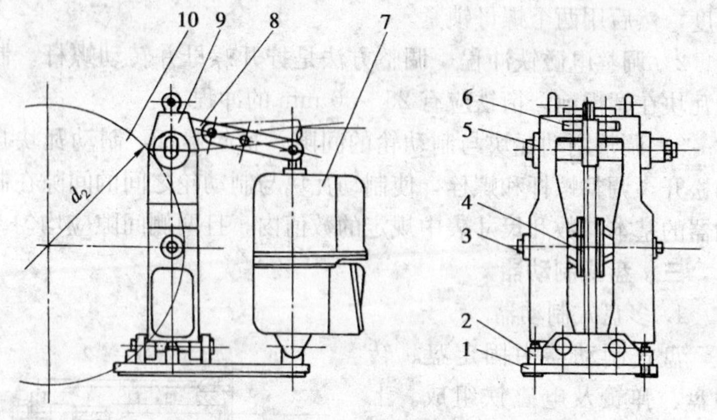


图 2—41　YPBⅡ型制动臂盘式制动器示意图

1—底座　2—退距均等装置　3—磨损自动补偿装置　4—制动块总成
5—制动弹簧装置　6—滚轮　7—推动器　8—楔块
9—制动臂　10—制动盘

（2）制动臂盘式制动器的技术要求

1）材料要求　制动弹簧，圆柱螺旋弹簧应采用力学性能不低于 60Si2Mn 钢的材料制造；对于碟形弹簧应采用力学性能不低于 50CrVA 钢（或 60Si2MnA 钢）的材料制造。

2）装配要求　制动器在闭合时，每个制动衬垫与制动盘工作面的贴合面积不应小于有效摩擦面积的60%。制动块制动衬垫的装配应牢固、可靠，任何情况下不得松动，制动衬垫与制动瓦的间隙在任何位置均不应大于0.15 mm。

3）性能要求　将制动器调至最大退距，在额定制动力矩和85%的额定电压状况下操作，制动器应能灵活释放；将制动器调至最大退距，在50%弹簧工作力和额定电压状况下，按推动器额定操作频率操作时，制动器应能灵活闭合。

4）制动器应设有以下装置　退距和力矩调整装置；制动衬垫磨损自动补偿装置；退距均等装置。

5）制动器电器部分的（电动机和接线盒）外壳防护等级应符合GB 4942的要求。

(3) 制动臂盘式制动器的出厂检验和形式检验

1）出厂检验

①检验重要连接尺寸。

②表面防锈检验。

③涂装后的表面质量。

④检验制动块与制动衬垫的间隙。

⑤检验制动器的润滑。

⑥制动器动作性能的检验。检验项目必须全部合格方可出厂。

2）形式检验

①检验制动器的基本参数和尺寸；核查制动器各零件和结构件采用的材料及热处理情况。

②检验工作环境，要求环境温度为−25～40℃；要求环境年最湿月份，月平均最高相对湿度不超过90%；使用地点的海拔高度不超过2 000 m；制动器使用环境周围不得有易燃、易爆及腐蚀性气体。检验制动器的电源参数，电压的允许波动范围为10%～15%。

③检验制动器的性能。

④检验装配及精度要求。

⑤检验表面质量要求，检验制动器拉杆、弹簧拉杆、制动弹簧、楔块、滚轮、补偿装置的零件及全部紧固件的表面防锈处理；检验制动器各构件的涂装情况。

⑥检验制动弹簧、制动块、制动衬垫、制动盘、推动器的情况。

## 四、锥式制动器

锥式制动器就是用锥形盘代替圆盘的一种制动器。在电动葫芦中就采用锥式制动器。

电动葫芦采用锥形转子电动机，当电动机通电时，由于转子产生一个电磁力并且使其在轴向产生移动（向转子小头移动），从而使与电动机转子同轴的风扇制转轮和后端盖脱开，制动器松闸。当断电时，电磁力消失，在弹簧力的作用下，使制动轮与后端盖靠紧上闸。

## 五、载重自制式制动器

载重自制式制动器在手拉葫芦中和一些其他手动起重机械中广为应用，如图 2—42 所示为螺旋载重自制式制动器示意图。其特点是在载重力矩的作用下使起升机构上闸。载重力矩（制动力矩）随载荷的增加而增大。

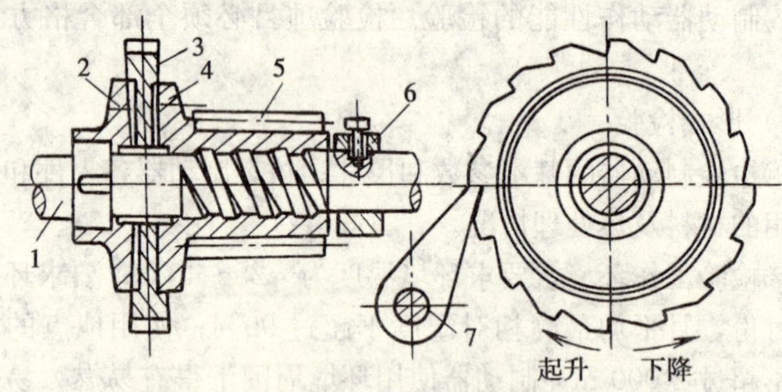


图 2—42　螺旋载重自制式制动器示意图

1—传动轴　2—左摩擦盘　3—棘轮　4—右摩擦盘

5—螺母　6—挡块　7—棘爪

螺旋载重自制式制动器是由棘轮、棘爪、左右摩擦盘、螺杆螺母等构成的。

左摩擦盘 2 通过键固定在轴上，由于载重的作用使螺母 5 和右摩擦盘 4 向左移动。左右摩擦盘通过摩擦片压在棘轮 3 上，产生制动力矩（摩擦力矩），使其构成一体，在棘爪 7 的支持下，使吊物保持悬空，起制动作用。

当起升时，施加的外力矩使传动轴 1 和棘轮 3 一起转动。棘爪 7 在棘轮 3 上滑过。制动力矩为：

$$M_{制}=\mu p\ (R_1+R_2)$$

式中 $\mu$——摩擦盘与棘轮间的摩擦系数；

$p$——摩擦盘的轴向压力；

$R_1$，$R_2$——左右摩擦盘的有效摩擦半径。

摩擦盘的轴向压力为：

$$p=M_{静}/r_0\tan(\alpha+\rho)+\mu R_2$$

式中 $M_{静}$——换算到传动轴 1 上的静力矩；

$r_0$——螺杆的平均半径；

$\alpha$——螺纹升角；

$\rho$——螺纹摩擦角。

为了可靠地支持住吊重，必须满足：

$$M_{制}>M_{静}$$

$$\mu p(R_1+R_2)>p[r_0\tan(\alpha+\rho)+\mu R_2]$$

$$\mu R_1>r_0\tan(\alpha+\rho)$$

由此可见，制动器工作的可靠性与 $\mu$，$r_0$，$\alpha$，$\rho$ 和左摩擦盘有效半径 $R_1$ 有关。螺纹升角一般取 $\alpha=20°$，不小于 15°。螺纹线数取 2～4。

手拉葫芦中的载重制动器的结构也属于这种结构。

拉动手链条，手链轮转动，将摩擦片、棘轮、制动器座压成一体，共同旋转，通过传动齿轮、链轮使重物起升。棘爪在棘轮上滑过。当起升终止时，在重物的作用下，棘轮有反转的趋势，棘爪顶住棘轮，起制动作用。

当需下降时，手链轮反转，退出制动器座，同时放松棘轮，棘爪不起作用，重物即可缓缓下降。

## 六、工程机械的蹄式制动器

1. 蹄式制动器的分类

蹄式制动器可分为简单非平衡式蹄式制动器和自动增力式蹄式制动器，如图 2—43 所示为简单非平衡式蹄式制动器原理图。

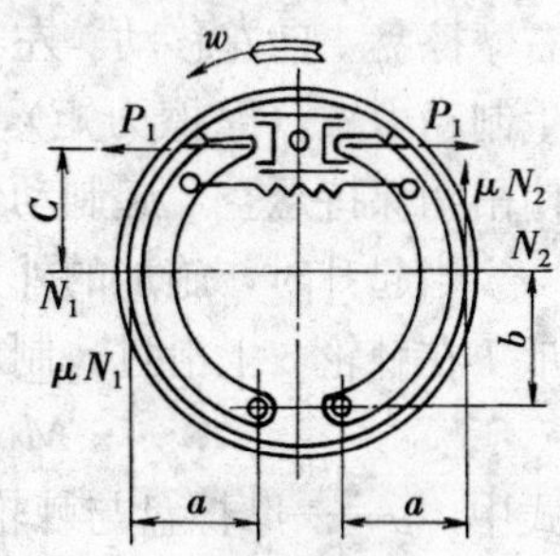

图 2—43　简单非平衡式蹄式制动器原理图

自动增力式蹄式制动器左右蹄均为紧蹄，制动力矩大，用于流动式起重机。

2. 蹄式制动器安全技术要求

（1）材料要求　制造制动器所用的材料及配套件均应具有合格证明，并且应抽样检查，确认合格后方可使用。铸件、锻件、机械加工件、热处理件、焊件以及装配等均应符合相应的工程机械标准。

（2）主要零件的主要部位的技术要求见表 2—39。

（3）性能要求

1）制动器第一、二、三次效能试验的制动初速度为 20 km/h，制动管路压力为制造出厂规定的最大值时，制动器输出的制动力矩应不小于额定值。

2）制动器在上述效能试验时，制动初速度为 40 km/h，制动器输出的制动力矩与制动初速度为 20 km/h 时制动器输出的制动力矩的差值以百分比计数，应不大于 10%。

3）密封性要求　油压为制动器总成在主机上用的油压（制动器用于不同主机时，按最大使用油压计）的 1.3 倍，静压试验时间 3 min 时各部位不得有渗漏，压力降不超过 0.3 MPa。制动器随主机集中试验 1 000 h 无渗漏。

4）可靠性要求　平均无故障工作时间（MTBF）=400 h。

5）外观要求　铸、锻件非加工表面应光洁、无飞刺；焊接件焊缝应平整，无焊渣等缺陷；冲压件表面应光洁，无飞边毛刺；涂漆表面漆面应均匀，不得有流挂和皱皮、漏涂等缺陷。

**表 2—39　　主要零件的主要部位的技术要求**

| 零件名称 | 项目 | 要求 |
|---|---|---|
| 制动支架 | 1. 安装螺孔对支架内圆止口中心位置度 | 符合图样 |
| | 2. 销轴孔轴线对支架定位端面的垂直度 | 不大于 0.05 mm |
| | 3. 凸轮轴孔轴线对支架定位端面的垂直度 | 100 mm 内不大于 0.03 mm |
| | 4. 蹄片销轴孔的尺寸精度 | IT7 |
| 凸轮轴 | 1. 凸轮轴渐开线的对称度 | 不低于 0.4 mm |
| | 2. 凸轮轴颈同轴度 | 不低于 $\phi$ 0.025 mm |
| 制动鼓 | 1. 定位直径的尺寸精度 | IT9 |
| | 2. 定位直径的表面粗糙度 $R_a$ 值 | 3.2 $\mu$m |
| | 3. 制动摩擦面的尺寸精度 | 符合图样 |
| | 4. 制动摩擦面的表面粗糙度 $R_a$ 值 | 3.2 $\mu$m |
| | 5. 制动摩擦面与定位直径的同轴度 | 不大于 $\phi$ 0.1 mm |

## 七、涡流制动器

1. 涡流制动器的工作原理和类型

涡流制动器由电枢和感应器构成，电枢随电动机同轴转动；感应器与电动机外壳或底座安装在一起。感应器由磁极和线圈构成。感应器磁极的结构形式有感应式、鸟啄式和凸极式 3 种。

需要制动时，首先给涡流制动器通激磁电流，磁极便会产生磁通，这时如果电动机带动电枢旋转，则在电枢的表面会产生涡流，涡流与磁极的磁通相作用产生转矩，转矩的方向始终与电动机的旋转方向相反，从而起到制动作用。

WZ 系列起重及冶金用涡流制动器外壳防护等级为 IP23，接线盒为 IP44；涡流制动器基准工作制为 S3(GB 997)，基准负载持续率为 15%，每一工作周期为 10 min。涡流制动器在额定转速 100 r/min 时的额定制动力矩按下列数值制造：64，118，170，245，390，620，980，1 180，1 700，1 860，2 250，单位为N·m。

2. 涡流制动器安全技术要求

(1) 一般要求工作地的海拔不超过 1 000 m，如果需超过 1 000 m 使用时，环境温度一般不超过 40℃。

(2) 绝缘等级　涡流制动器的绝缘等级分为 F 级和 H 级两种，F 级绝缘等级适用于环境温度不超 40℃的场所，H 级绝缘等级适用于环境温度不超过 60℃的场所。当环境温度和海拔符合上述规定时，涡流制动器各发热部位的温升限值和允许温度见表 2—40，实际使用时温升值应不超过表中的规定值。

**表 2—40　　涡流制动器各发热部位的温升限值和允许温度**

| 涡流制动器发热部位 | F 级绝缘（环境空气温度 40℃） | H 级绝缘（环境空气温度 60℃） |
|---|---|---|
| 励磁绕组温升（电阻法） | 100K | 100K |
| 轴承允许温度（温度计法） | 95℃ | 115℃ |
| 电枢表面温度（点温计法） | 150℃ | 150℃ |

注：轴承允许温度指在一般不超过 40℃的环境空气温度下的数值，当在低于规定的环境空气温度下测量时，轴承温度应为实测温度和规定的环境空气温度与实际环境温度之差。

(3) 涡流制动器在无励磁电流的情况下应能承受 JB 756 规定的允许最大转速（1 800~3 000 r/min），历时 2 min 的超速试验，要求电枢不发生任何有害变形。

(4) 涡流制动器励磁绕组的绝缘电阻在热态或温升试验后不应低于 1 MΩ。

(5) 涡流制动器励磁绕组应能承受为时 1 min 的绝缘耐电压试验而不发生击穿。电压频率为 50 Hz，并且尽可能为正弦波形，试验电压的有效值为 1 500 V 加上 2 倍的额定励磁电压。

# 第三章　安全装置

## 第一节　限　位　器

### 一、上升极限位置限制器和下降极限位置限制器

上升极限位置限制器也称过卷扬限制器。结构形式有重锤式、螺杠式和凸轮式。

1. 垂锤式上升极限位置限制器

上升极限位置限制器的功能是防止吊钩上升时超过极限位置，造成过卷扬事故，拉断钢丝绳，使吊重坠落。

如图 3—1 所示为重锤式上升极限位置限制器示意图。

起升时，吊钩滑轮组上升到极限位置托起重锤，使限位器杠杆重锤动作，限位开关切断电源，起保护作用。

2. 螺杆式上升极限位置限制器

组装时，限制器与起重小车卷筒底座通盖相连，卷筒轴带动螺杆，这时移动螺母则沿螺杆移动，当移动到极限位置时，则撞开限位开关，以限制起重机过卷扬。如需要调整起升限位时，可打开有机玻璃的弧形盖，按下列方式进行调整：

（1）拧开螺塞，抽出固定导杆，转动移动螺母，使其移动到所需要的位置，这是精调。

（2）松开撞头螺母，旋转螺栓改变螺栓头的轴向位置，即为细调。调整完毕将有机玻璃盖安好。

在检修时，要注意各螺栓、螺母不得有松动，限位开关的触头要完好。各活动部位要经常润滑，防止磨损。

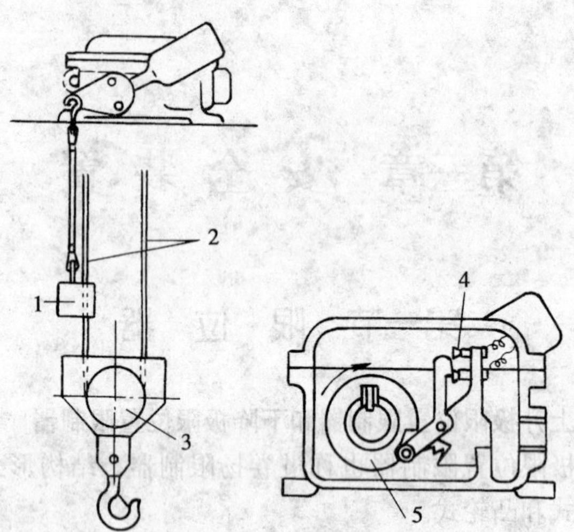


图 3—1 重锤式上升极限位置限制器示意图

1—重锤 2—起升绳 3—滑轮 4—接点 5—凸轮

螺杆式限制器可以单向限位，也可以双向限位。这样不仅可以限制过卷扬，还可以限制吊钩落地后再继续放钢丝绳，防止钢丝绳绞在一起。

3. 凸轮式上升极限位置限制器

凸轮式上升极限位置限制器的原理是通过一套齿轮传动机构把卷筒的转动变成凸轮盘的转动。在与凸轮盘相对应的位置上安装限位开关。

齿轮传动机构是一个减速装置，在整个起升高度内，凸轮只转 270°，而误差在±5°的范围内。其精度一般比螺杆式限位器高。在限位器内装有数个限位开关，每个开关元件都对应安装有凸轮盘，凸轮盘可以沿轴向移动。这种限位器不仅可以起终端限位保护作用，也可以起到卷扬过程中的高度显示功能。

## 二、运行极限位置限制器

运行极限位置限制器的功能是限制大、小车的移动范围，也可以限制臂式起重机的变幅机构和回转机构的运动范围。它由撞杆和开关箱构成。当起重机或小车运动到极限位置时，起重机上的撞杆（安全尺）撞开限制器内的触头，切断控制电路，防止起重机（或小车）越位，起限位保护作用。

如图 3—2 所示为直杆式限位开关示意图。

LX10 系列行程开关技术参数见表 3—1。

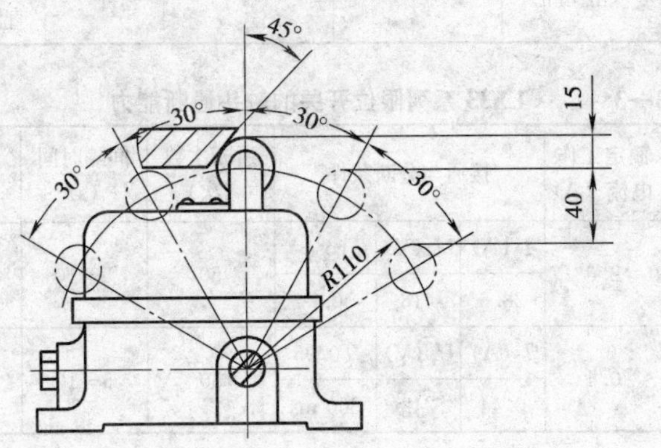


图 3—2　直杆式限位开关示意图

**表 3—1　　LX10 系列行程开关技术参数**

| 外壳形式 | 保护式 | | 防溅式 | | 防水式 | | 额定电流（380 V 时） | 备注 |
|---|---|---|---|---|---|---|---|---|
| 控制回路数 | 单 | 双 | 单 | 双 | 单 | 双 | | |
| 型号 | LX10—11 | LX10—12 | LX10—11J | LX10—12J | LX10—11S | LX10—12S | 10A | 自复位，用于平移机构 |
| | LX10—21 | LX10—22 | LX10—21J | LX10—22J | LX10—21S | LX10—22S | 10A | 非自复位，用于平移机构 |
| | LX10—31 | LX10—32 | LX10—31J | LX10—32J | LX10—31S | LX10—32S | 10A | 垂锤式，用于起升机构 |

行程开关极限速度见表 3—2。

LX33 系列限位开关的触头通断能力见表 3—3。

**表 3—2　　　　行程开关极限速度**

| 极限速度 \ 行程开关形式 | 杆形操动臂<br>自动复位式 | 叉形操动臂<br>非自动复位式 | 垂锤式 | 旋转式 |
|---|---|---|---|---|
| 最高速度（m/min） | 200 | 100 | 80 | 不限 |
| 最低速度（m/min） | 5 | 3 | 1 | 交流 4 r/min<br>直流 8 r/min |

**表 3—3　　　　LX33 系列限位开关的触头通断能力**

| 使用类别 | 额定工作电流（A） | 接通与分断条件 | | | 通断次数（次） | 间隔时间（s） | 通断时间（s） |
|---|---|---|---|---|---|---|---|
| AC—11 | 2.6 | *I*（A） | *U*（V） | cos*φ* | 50 | 5～10 | ≥0.5 |
| | | 28.6 | 418 | 0.7 | | | |
| DC—11 | 0.4 | *I*（A） | *U*（V） | *T*0.95 | 50 | 5～10 | ≥0.5 |
| | | 0.44 | 242 | 300 ms | | | |

LX10 系列行程开关的额定电压为 380 V，额定电流为10 A，额定操作次数可达 300 次/h。

LX33 系列行程开关分为杆形操动臂自动复位式、叉形操动臂自动复位式、重锤式、旋转式等。如图 3—3 所示为 LX33 系列限位开关的外形尺寸图。LX33 系列限位开关的交流电压为 380 V，直流电压为 220 V，电流为 10 A，额定操作频率为 300 次/h。

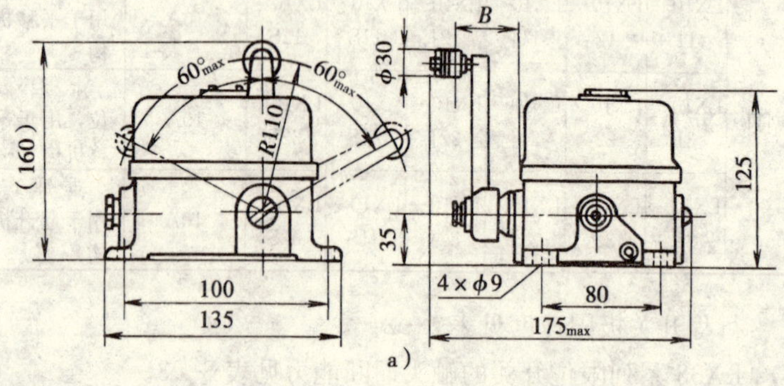

a）

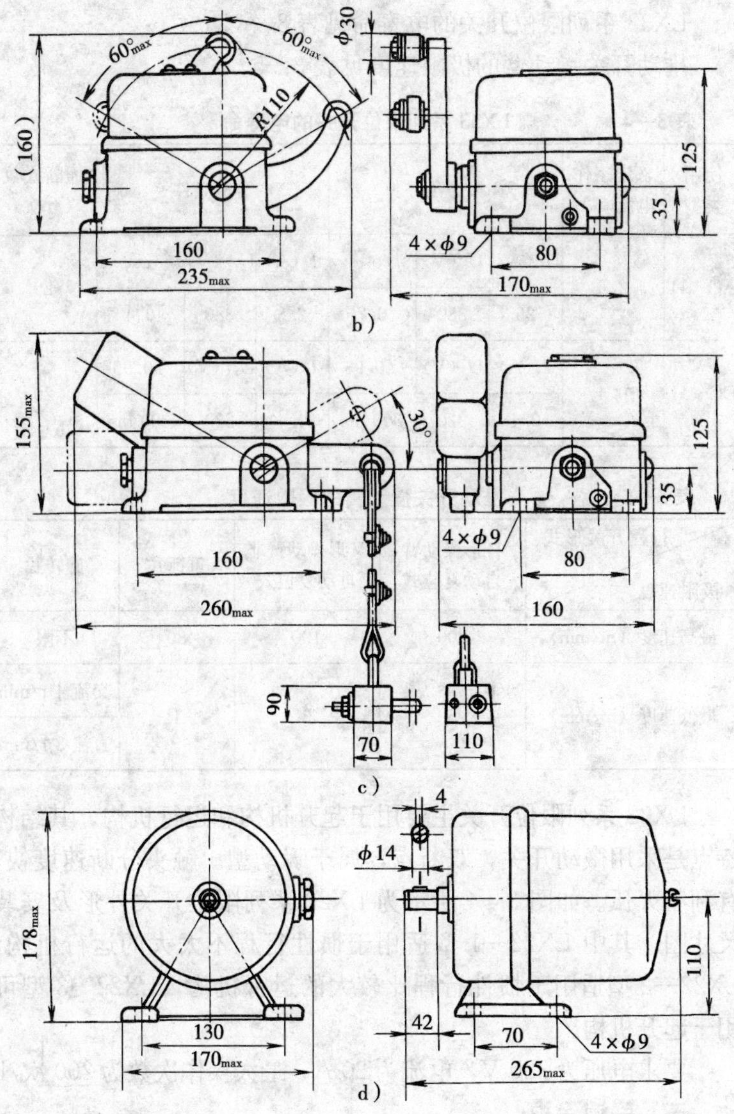


图 3—3　LX33 系列限位开关的外形尺寸图

a）杆形　b）叉形　c）重锤式　d）旋转式

LX33 系列限位开关的电寿命见表 3—4。

推动开关操动臂的极限速度见表 3—5。

**表 3—4　　LX33 系列限位开关的电寿命**

<table>
<tr><th rowspan="2">使用类型</th><th rowspan="2">额定工作电流（A）</th><th colspan="3">接通条件</th><th colspan="3">分断条件</th><th rowspan="2">通断次数（万次）</th></tr>
<tr></tr>
<tr><td rowspan="2">AC—11</td><td rowspan="2">2.6</td><td>$I$（A）</td><td>$U$（V）</td><td>$\cos\varphi$</td><td>$I$（A）</td><td>$U_r$（V）</td><td>$\cos\varphi$</td><td rowspan="2">20</td></tr>
<tr><td>26</td><td>380</td><td>0.7</td><td>2.6</td><td>380</td><td>0.4</td></tr>
<tr><td rowspan="2">DC—11</td><td rowspan="2">0.4</td><td>$I$（A）</td><td>$U$（V）</td><td>$T$0.95</td><td>$I$（A）</td><td>$U_r$（V）</td><td>T0.95</td><td rowspan="2">20</td></tr>
<tr><td>0.4</td><td>220</td><td>300 ms</td><td>0.4</td><td>220</td><td>300 ms</td></tr>
</table>

**表 3—5　　推动开关操动臂的极限速度**

<table>
<tr><th>行程开关形式<br>极限速度</th><th>杆形操动臂自动复位式</th><th>叉形操动臂非自动复位式</th><th>重锤式</th><th>旋转式</th></tr>
<tr><td>最高速度（m/min）</td><td>200</td><td>100</td><td>80</td><td>不限</td></tr>
<tr><td rowspan="2">最低速度（m/min）</td><td rowspan="2">5</td><td rowspan="2">3</td><td rowspan="2">1</td><td>交流 4 r/min</td></tr>
<tr><td>直流 8 r/min</td></tr>
</table>

LX22 系列限位开关主要用于起升机构和运行机构。其结构特点是采用微动开关，双断点，属于瞬动型。触头分断速度快，有利于灭弧。如图 3—4 所示为 LX22 系列限位开关外形及安装尺寸图，其中 LX22—1 型适用于惯性行程不太大的运行机构，LX22—2 型适用于惯性行程比较大的运行机构，LX22—3 型可用于起升机构。

要求电压为 380 V，电流为 20 A，最大操作次数为 200 次/h

**三、联锁保护**

联锁保护包括起重机的门开关、舱口门开关、栏杆开关等。其功能是防止起重机在运动过程中因人员出入而造成伤害。

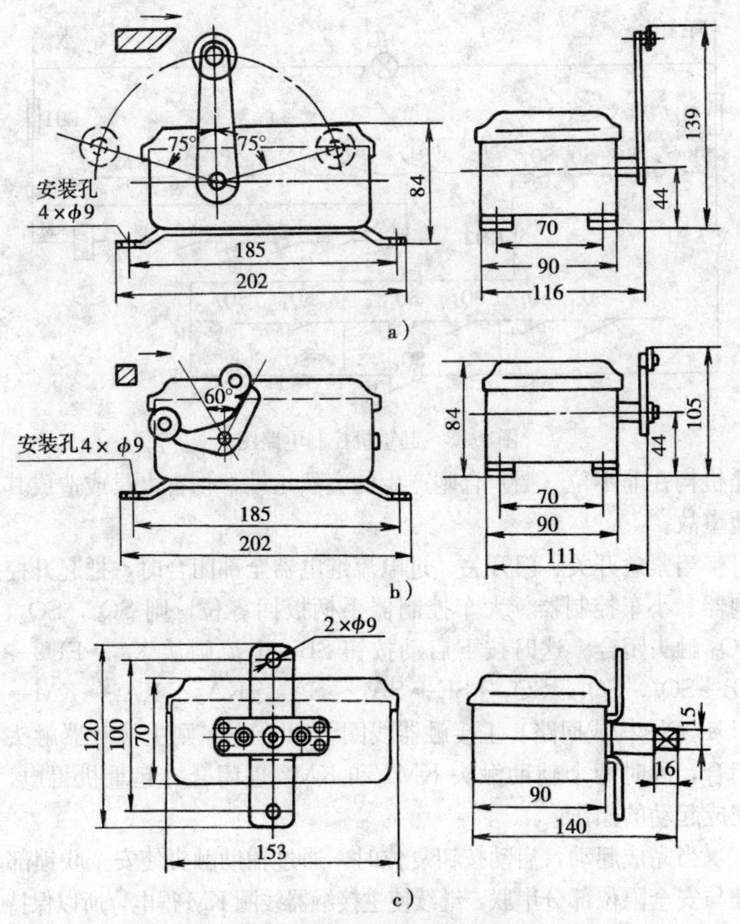


图 3—4　LX22 系列限位开关外形及安装尺寸图

a）LX22—1　b）LX22—2　c）LX22—3

如图 3—5 所示为起重机控制电路图。它由零位保护、安全联锁、安全限位等部分构成。

1. 零位保护部分

零位保护部分包括启动按钮和控制器的零位触头。

零位保护的功能是必须把各控制器扳回零挡，才能启动。防

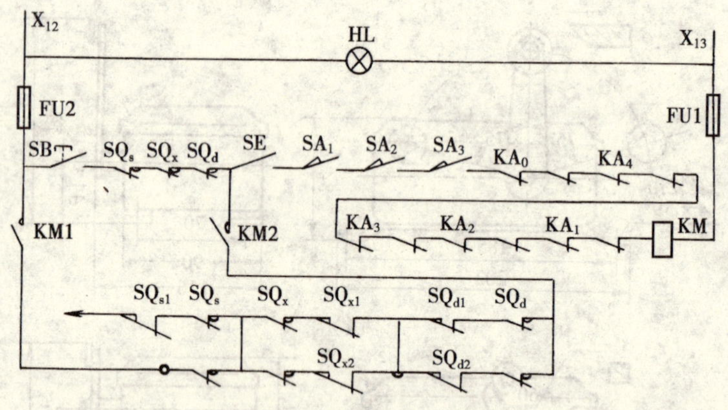


图 3—5　起重机控制电路图

止机构在非零位（挡）合闸产生的突然运动，伤害人员或造成其他事故。

当紧急开关、门开关、过电流继电器全部闭合时，把起升控制器、小车控制器、大车控制器手柄扳回零位，则 $SQ_s$，$SQ_x$，$SQ_d$ 触头闭合。这时按下启动按钮 SB，电流则从 $X_{12}$→FU2→SB→$SQ_s$，$SQ_x$，$SQ_d$→SE→$SA_1$～$SA_3$→$KA_0$～$KA_1$→KM→FU1→$X_{13}$ 构成回路。主接触器线圈 KM 有电，则主接触器触头闭合，同时两个辅助触头 KM1 和 KM2 也闭合，起重机得电，完成起动的操作。

当完成起动，启动按钮复位时，通过辅助触头使安全联锁部分与安全限位部分串联，继续使主接触器线圈 KM 得电，所以保持主接触器闭合，电动机得电。但控制器在零挡，所以还不能运转。

2. 安全联锁部分

安全联锁部分包括紧急开关、各门开关、过电流继电器。起动时与零位保护部分串联，在正常工作中与安全限位部分串联，所以安全联锁部分是公用线路。不管是起重机在起动过程中还是在正常运行过程中，安全联锁部分的触头 SE，$SA_1$～$SA_3$，$KA_0$～$KA_1$ 都必须闭合。只要有一个触头不闭合就不能合闸起动；在运行过程中其中任何一个触头打开都要停车，这样起到安全保护作用。

3. 安全限位部分

安全限位部分包括各机构的限位开关触头，用来限制机械越位，以免发生事故。例如，大车运行机构运行到端点或两车相近时，通过安全尺使大车极限位置限制器的开关断开，线路主接触器的线圈失电，从而主触头断开，大车运行电动机得不到供电而停止运转。同理能保护起升机构和小车运行机构。

安全限位部分主要包括：大车控制器的限位触头 $SQ_d$ 及相对应的限位开关，其中 $SQ_{d1}$ 为正向限位和 $SQ_{d2}$ 为反向限位；小车控制器的限位触头 $SQ_x$ 及相对应的限位开关 $SQ_{x1}$ 和 $SQ_{x2}$；起升控制器的限位触头 $SQ_s$ 及相对应的限位开关 $SQ_{s1}$。

当转动大车或小车控制器手柄时，电动机开始运转，同时，该控制器的限位触头向运转方向继续闭合；而相反方向的限位触头同时断开。

当电动机驱动机械运转到端点或该方向两车相靠近时，该方向的限位开关在安全尺的作用下断开。因相反方向的另一条支路在控制器内的限位触头处已成断路，所以，使两条并联的小回路全部成了断路，使整个安全限位线路断开。这时线路主接触器的线圈断电停止工作，相应电动机停止运转，起到保护作用。这时只有把手柄向反方向转动才能恢复工作。

当控制器手柄向起升方向转动时，控制下降方向的限位触头断开，控制起升方向的控制器限位触头闭合，使线路主接触器的线圈得电。即 $X_{13}$→FU1→KM→KA→SA→SE→KM2→$SQ_d$→$SQ_{d1}$（$SQ_{d2}$）→$SQ_{x1}$（$SQ_{x2}$）→$SQ_x$→$SQ_s$→$SQ_{s1}$→KM1→FU2→$X_{12}$。

当吊钩起升到极限位置时，通过机械动作使起升限位开关（又称过卷扬限制器）断开，使线路主接触器的线圈失电，从而起升电动机停止运转，吊钩停止运动。

不管是运行机构还是起升机构的限位开关动作，都可切断电源，停止相应电动机的运转。

需要重新送电时，必须将所有控制器手柄回到零位，零位触头闭合后才能起动送电。

在起重机的作业过程中，安全限位部分和安全联锁部分组成的一条闭合回路起联锁保护作用。

## 第二节 缓 冲 器

### 一、缓冲器的分类

1. 弹簧缓冲器结构简单，但有反弹力。目前，桥式起重机、门式起重机、塔式起重机多采用弹簧缓冲器。

2. 橡胶缓冲器结构简单，制造方便，吸收能量有限，要求环境温度在－30～55℃范围内使用。

3. 液压和气压缓冲器无反弹作用，在撞击过程中缓冲力为恒定，这样可以使起重机或小车实现匀减速运动。液压缓冲器具有吸收能量大、缓冲行程短、尺寸小等优点。但是制造复杂，维修也比较困难。

### 二、弹簧缓冲器的安全技术要求和检验

1. 安全技术要求

（1）材料要求

1）弹簧材料的力学性能应不低于 60Si2Mn 钢（GB/T 1222《弹簧钢》）。

2）壳体材料应优先采用热轧无缝钢管，也可以采用钢板卷制成形后焊接制造。

3）撞头和撞杆材料的力学性能不低于 45 钢（GB/T 699《优质碳素结构钢》）

（2）加工要求

1）弹簧和撞杆的加工应满足 JB/T 8110.1《起重机弹簧缓

冲器》的规定。

2）弹簧缓冲器涂底漆一层，面漆两层，每层漆膜厚度不低于 10～25 μm。面漆均匀，光泽协调一致。

3）装配完好的缓冲器的撞头的压缩和复位应灵活、平稳。

2. 检验

(1) 检查弹簧的外观，不应有裂纹和塑料变形，还要检查撞头与止挡板的工作情况。

(2) 检验缓冲器外观质量、外形尺寸、焊接质量、涂漆质量等。

(3) 检查缓冲器的产品合格证。

**三、橡胶缓冲器的安全技术要求**

1. 橡胶缓冲器橡胶弹性体所选用胶料的物理性能和力学性能见表 3—6；橡胶缓冲器型号和橡胶弹性体的形式及尺寸参数见表 3—7。如图 3—6 所示为橡胶弹性体的结构形式和尺寸图。

**表 3—6　　胶料的物理性能和力学性能**

| 序号 | 试验项目 | 指标 |
|---|---|---|
| 1 | 断裂强度 | ≥18 MPa |
| 2 | 扯断伸长率 | ≥450% |
| 3 | 邵尔 A 硬度 | 67 度±3 度 |
| 4 | 热空气老化系数（70℃×72 h） | ≥0.80 |
| 5 | 扯断永久变形 | ≤20% |

**表 3—7　　橡胶缓冲器型号和橡胶弹性体的形式及尺寸参数**

| 型号 | 尺寸（mm） | | | | | | | | 质量（kg） |
|---|---|---|---|---|---|---|---|---|---|
| | $D$ | $d_1$ | $d_2$ | $H$ | $h$ | $r$ | $r_1$ | $r_2$ | |
| HX—10 | 50 | 52 | 63 | 50 | 5 | 63 | 3 | 2 | ≈0.14 |
| HX—16 | 56 | 58 | 71 | 56 | 6 | 71 | 4 | 2 | ≈0.20 |
| HX—25 | 67 | 69 | 80 | 67 | 7 | 80 | 5 | 2 | ≈0.33 |

续表

| 型号 | 尺寸（mm） | | | | | | | | 质量（kg） |
|---|---|---|---|---|---|---|---|---|---|
| | $D$ | $d_1$ | $d_2$ | $H$ | $h$ | $r$ | $r_1$ | $r_2$ | |
| HX—40 | 80 | 83 | 100 | 80 | 8 | 100 | 6 | 2 | ≈0.56 |
| HX—63 | 90 | 93 | 112 | 90 | 10 | 112 | 7 | 3 | ≈0.80 |
| HX—80 | 100 | 103 | 125 | 100 | 12 | 125 | 8 | 3 | ≈1.12 |
| HX—100 | 112 | 116 | 140 | 112 | 14 | 140 | 9 | 3 | ≈1.59 |
| HX—160 | 125 | 130 | 160 | 125 | 16 | 160 | 10 | 3 | ≈2.23 |
| HX—250 | 140 | 145 | 180 | 140 | 18 | 180 | 12 | 4 | ≈3.20 |
| HX—315 | 160 | 166 | 200 | 160 | 20 | 200 | 14 | 4 | ≈4.60 |
| HX—400 | 180 | 186 | 224 | 180 | 22 | 224 | 16 | 4 | ≈6.56 |
| HX—630 | 200 | 207 | 250 | 200 | 25 | 250 | 18 | 4 | ≈7.74 |
| HX—1 000 | 224 | 232 | 280 | 224 | 28 | 280 | 20 | 5 | ≈12.19 |
| HX—1 600 | 250 | 259 | 315 | 250 | 32 | 315 | 22 | 5 | ≈17.72 |
| HX—2 000 | 280 | 290 | 355 | 280 | 36 | 355 | 25 | 5 | ≈24.70 |
| HX—2 500 | 315 | 325 | 400 | 315 | 40 | 400 | 28 | 5 | ≈34.96 |

2. 橡胶弹性体不得有离层、裂纹、海绵状、缺胶、欠硫等缺陷，其表面不应有气泡、明疤、凹痕等缺陷，还不能发生老化现象。

3. 橡胶缓冲器的使用环境温度应在−30～55℃范围内；并且不应与油、酸、碱及其他有害物质相接触。

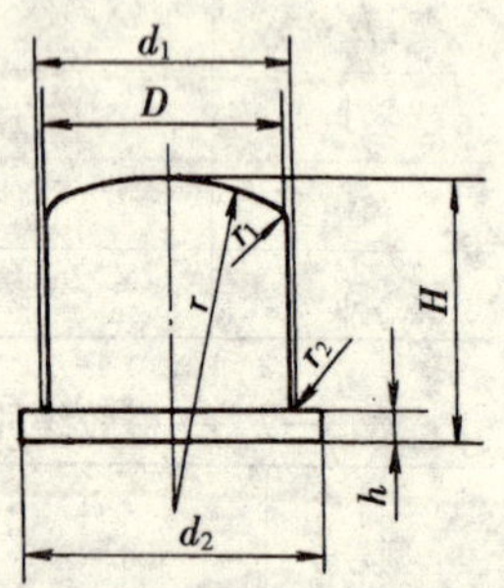


图 3—6　橡胶弹性体的结构形式和尺寸图

## 四、液压缓冲器

如图 3—7 所示为 HCQ 系列液压缓冲器的工作原理图，当端盖 1 与终端止挡相撞时，通过活塞杆 2 使活塞 5 向 A 室运动，A 室内的油液经过特殊排列的阻尼孔向 B 室流动，由于阻尼孔流量的限制，从而达到缓冲作用。当外力撤去后，在弹簧 3 的作用下，活塞恢复到原始位置。

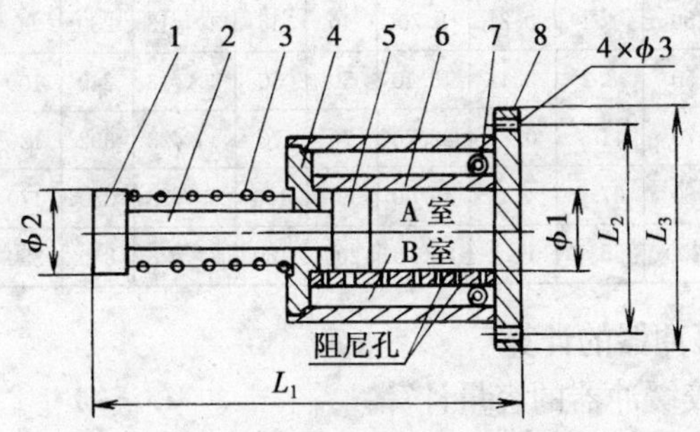


图 3—7 HCQ 系列液压缓冲器的工作原理图

1—端盖 2—活塞杆 3—弹簧 4—缸盖 5—活塞 6—缸套 7—回流管 8—缸体

KP 型液压缓冲器（见图 3—8）活塞杆的直径为 50～160 mm，缓冲行程为 50～1 600 mm。正常的工作温度范围为－30～80℃，活塞杆直径为 160 mm 的缓冲器的行程为 300～1 600 mm，缓冲力可高达 800 kN，缓冲偏角可以为 4°。

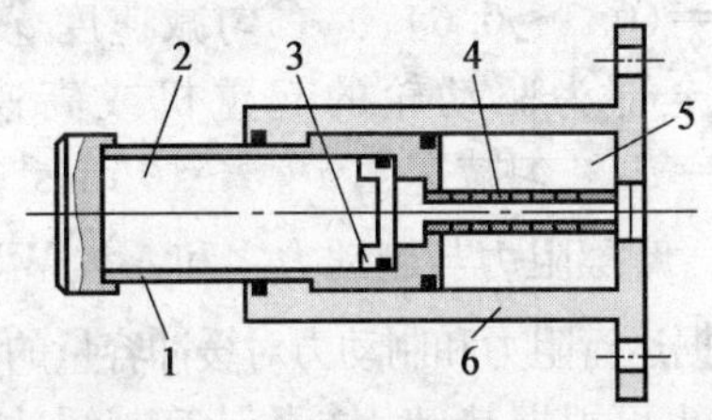


图 3—8 KP 型液压缓冲器示意图

1—活塞杆 2—活塞腔（气体） 3—浮动活塞封挡 4—阻尼孔 5—液压油 6—缸体

HCQ 系列液压缓冲器的技术参数见表 3—8。

表 3—8　　HCQ 系列液压缓冲器的技术参数

| 规格型号 | 最大工作行程（mm） | 缓冲抵抗力（t） | 吸收能量（t·m） | 允许冲击质量（t） | $\phi_1$（mm） | $\phi_2$（mm） | $\phi_3$（mm） | $L_1$（mm） | $L_2$（mm） | $L_3$（mm） | 适用行车吨位（t） |
|---|---|---|---|---|---|---|---|---|---|---|---|
| HCQ40/50 | 50 | 4.1 | 0.21 | 8.20 | 40 | 45 | 4×$\phi$13 | 230 | 90 | 120 | 3～10 |
| HCQ50/50 | 50 | 8.2 | 0.41 | 16.40 | 50 | 50 | 4×$\phi$13 | 240 | 100 | 130 | 8～20 |
| HCQ70/70 | 70 | 11.7 | 0.82 | 32.76 | 70 | 70 | 4×$\phi$23 | 302 | 130 | 170 | 20～35 |
| HCQ100/80 | 80 | 27.5 | 2.2 | 49.50 | 80 | 100 | 4×$\phi$28 | 380 | 170 | 220 | 25～45 |
| HCQ150/200 | 200 | 55.7 | 11.1 | 250.6 | 200 | 160 | 8×$\phi$28 | 810 | 350 | 410 | 40～60 |

## 五、缓冲器的计算

1. 橡胶缓冲器的容量计算

起重机的撞击动能除被运行阻力和制动力消耗外，其余应由缓冲器吸收。所以缓冲器的容量应满足下式：

$$A_{缓}=\frac{1}{2}PS\geqslant\frac{Gv_0^2}{2n}-\frac{\sum WS}{n}$$

式中　$P$——缓冲力；

$S$——缓冲行程；

$G$——撞击质量；

$v_0$——撞击瞬时速度，当驱动轮数为总轮数的 1/2 时，取 $v_0=(0.3\sim0.6)\ v_{额}$，匀减速度 $a<5.6\ \mathrm{m/s^2}$；对于全部为驱动轮的起重机或高速运行小车，取 $v_0=v_{额}$，匀减速度 $a=5\sim10\ \mathrm{m/s^2}$；

$\sum W$——摩擦阻力与制动力之和，$\sum W=W_{摩\min}+W_{制}$。

以上是根据运行阻力和制动力对缓冲容量的要求进行计算的。每个缓冲器也可根据其尺寸参数计算其缓冲容量。

$$A_{缓}=\frac{1}{2}PS$$

式中　$P$——缓冲力，$P=F\ [\sigma]$，橡胶缓冲器圆头面积 $F=\frac{\pi}{4}D^2$，许用应力 $[\sigma]=300\ \mathrm{N/cm^2}$；

$S$——缓冲距离，根据虎克定律，$S=\frac{[\sigma]}{E}L$，橡胶弹性模量 $E=500\ \text{N/cm}^2$，$L$ 为冲头长度。

将上述数据代入上式则得：

$$A_{缓}=70\ D^2L$$

2. 弹簧缓冲器的计算

弹簧缓冲的能量方程式为：

$$\frac{1}{2}P_{靠}\ S=\frac{Gv_0^2}{2n}-\frac{\sum WS}{n}$$

式中 $S$——最大缓冲距离，即弹簧最大压缩量，对大车缓冲器推荐 $S=0.09\sim0.15$ m，对小车缓冲器推荐 $S=0.08\sim0.1$ m；

$P_{靠}$——弹簧靠紧（压缩）时的最大作用力。

其他符号同前。

作用在圆柱形螺旋弹簧上的最大作用力为：

$$P_{最}=P_{预}+P_{靠}$$

式中 $P_{靠}$——弹簧预紧力，可取 $P_{预}=0.1P_{靠}$。

根据弹簧的计算公式：

$$P_{最}=\frac{\pi d^3[\tau]}{8DK}$$

式中 $d$——弹簧钢丝直径；

$D$——弹簧平均直径；

$K$——弹簧曲率影响系数，一般取 $K=1.4\sim1.7$；

$[\tau]$——许用扭应力。

弹簧钢丝直径为：

$$d=\sqrt[3]{\frac{8DKP_{最}}{n[\tau]}}$$

弹簧圈数为：

$$m=\frac{GSd^4}{8D^3P_{最}}$$

式中　$G$——弹簧材料切变模量。

其他符号同前。

3. 液压缓冲器的设计

（1）缓冲距离

$$S=\frac{v_0^2}{2\,[a]}$$

式中　$v_0$——碰撞瞬时的运行速度，m/s；

$[a]$——容许的缓冲减速度，$m/s^2$，一般取 $[a]=10\sim20\ m/s^2$。

（2）缓冲过程中的活塞速度

根据液压缓冲器速度曲线变化规律，在缓冲过程中任一瞬时，活塞的运动速度 $v(t)$ 为：

$$v(t)=v_0\left(\frac{t_0-t}{t_0}\right)$$

$$v(t)=\delta v_0$$

式中　$\delta=1-\frac{t}{t_0}$，当时间 $t$ 从 $0\to t_0$ 的过程中，$\delta$ 值在 $1\to0$ 的范围内变化，而活塞的速度在 $v_0\to0$ 范围内变化。

（3）缓冲时间 $t_0$ 和活塞运动距离的关系式

$$S=\int v(t)\mathrm{d}t=\int v_0\left(1-\frac{t}{t_0}\right)\mathrm{d}t$$

$$S=v_0t-\frac{1}{2}v_0\frac{t^2}{t_0}$$

将 $t=(1-\delta)t_0$ 关系式代入上式，经整理得；

$$S=\frac{1}{2}v_0t_0(1-\delta^2)$$

$$S=S_0(1-\delta^2)$$

（4）活塞的有效面积 $F_{活}$

根据力的平衡原理可得：

$$P_{max}F_{活}=G[a]-\sum W$$

$$F_{活} = G[a] - \sum W$$

式中　$P_{max}$——油液工作压力，一般取 $P_{max}=600\sim1\ 200\ N/cm^2$。

（5）小孔的断面积

按流体流经薄壁小孔的流量公式可得：

$$Q=f(t)\ C\sqrt{\frac{2\Delta P}{\rho}}$$

式中　$f(t)$——节流水孔的总面积；

$C$——流量系数，取 $C=0.6\sim0.73$；

$\Delta P$——小孔前后的压力差；

$\rho$——流体密度，对液压油 $\rho=900\ kg/m^3$。

## 第三节　防碰撞装置

由于轨道式起重机运行速度的提高，而且常常有几台起重机同时在同一轨道上运行。为了防止起重机之间相互碰撞，在起重机上安装防止碰撞装置是十分必要的。

防止碰撞装置包括根据超声波、电磁波以及激光等原理制成的多种防止碰撞装置。当起重机运行到危险距离内，防碰撞装置便发出警报并且切断电路，使起重机停止运行，避免发生相互冲撞的事故。

### 一、超声波式防碰撞装置

超声波式防碰撞装置是利用回波测距原理，测出起重机之间或起重机与墙壁（止挡装置）之间的距离，当起重机进入规定范围时，发出报警信号，继而切断起重机运行机构的电源，从而起到保护作用。

整套装置由防撞检测器、控制盒及反射板等构成。检测器一般安装在走台上，反射板安装在另一台起重机（或墙壁）的相对位置上，控制盒安装在司机室内。如图 3—9 所示为检测器和反射板的安装位置图。

起重机运行速度及检测距离的设定值见表 3—9。

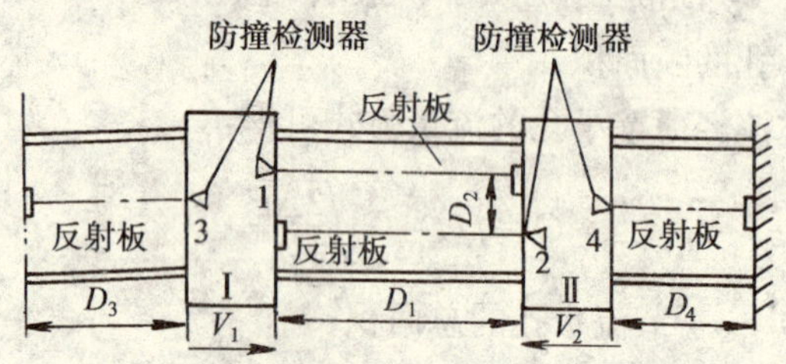


图 3—9　检测器和反射板的安装位置图

**表 3—9　　　　起重机运行速度及检测距离的设定值**

| 起重机运行速度（m/min） | 60～90 | 90～120 | >120 |
|---|---|---|---|
| 设定距离（m） | 4～7 | 8～12 | 10～30 |

检测器一方面发射超声波脉冲，同时还能接收反射回来的超声波脉冲。如图 3—10 所示为检测器原理框图。

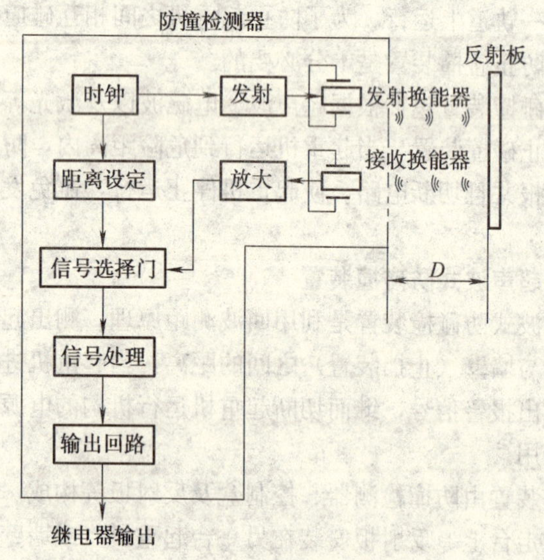


图 3—10　检测器原理框图

超声波脉冲在空气中的传播速度为 $v=340\ \mathrm{m/s}$，从发射到收回反射波时间为 $t$，两个超声波发射器的距离为 $L$，则 $L=\frac{vt}{2}$（m）或 $t=2L/v$（s）。当反射体进入 $L$ 距离以内时，就能检测出该物体。

这种装置同样可以用于防止不同高度层起重机间的相互干涉。每台起重机需备两套超声波发射器和反射器。为避免超声波发射器接收到自己发射信号的反射波，因此，发射和反射要用不同的频率。报警检测距离为 8～12 m，制动距离为 6～8 m。

**二、电磁波（微波）式防冲撞装置**

电磁波式防冲撞装置检出距离为 5～20 m，灵敏度较高，动作误差时间为 1 s。它不受太阳光、水银灯光、风声、金属敲击声的影响，可以工作在有尘、烟和蒸汽环境中。要求环境温度不超过－10～＋60℃的范围。使用电磁波的频率为10. 525 kMHz，发射角 $\theta=30°$，危险距离 $L_0=\sqrt{50^2-D^2}$，如图 3—11 所示为电磁波式防冲撞装置布置图。使用时可根据具体情况做适当调整。

此外，还有激光式防冲撞装置，检出距离一般为 2～50 m 左右。

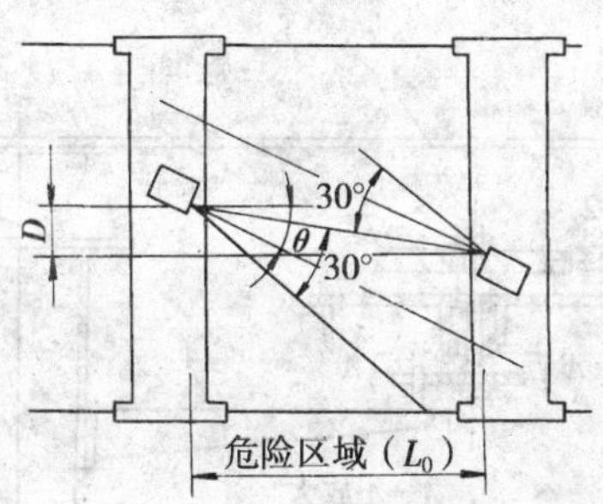


图 3—11　电磁波式防冲撞装置布置图

## 第四节　防偏斜装置和偏斜指示装置

对于大跨度的门式起重机和桥式起重机，由于车轮制造和安装的偏差、传动机构的偏差以及运行阻力的不同，常常使起重机偏斜运行，即门式起重机一个支腿超前，另一个支腿滞后。偏斜运行的门式起重机，其运行阻力常常是正常运行阻力的数倍。运行阻力的增加可使起重机运行时发生啃道现象。严重时，可能使起重机金属结构和运行机构受到损坏。

门式起重机运行的偏斜量一般控制在跨度的5‰以内。对于跨度 $L_k=40\sim70$ m 的门式起重机，其允许偏斜量 $\Delta=200\sim300$ mm；对于跨度 $L_k=100\sim120$ m 的门式起重机和装卸桥，其允许偏斜量 $\Delta=500\sim600$ mm。起重机运行偏斜量超过允许值时，则应由防偏斜装置进行调整。

## 一、凸轮式防偏斜装置

如图 3—12 所示为凸轮式防偏斜装置原理图。防偏斜装置安装在靠近门式起重机的柔性支腿处，在柔性腿上固定一个转动臂。当起重机运行偏斜时，柔性支腿与桥架发生相对转动，此时，固定在柔性支腿上的转动臂通过叉子带动凸轮转动。在凸轮的周围安置 4 个开关，K，$K_{顺}$，$K_{反}$，$K_{极}$，如图 3—13 所示为控制开关布置图。

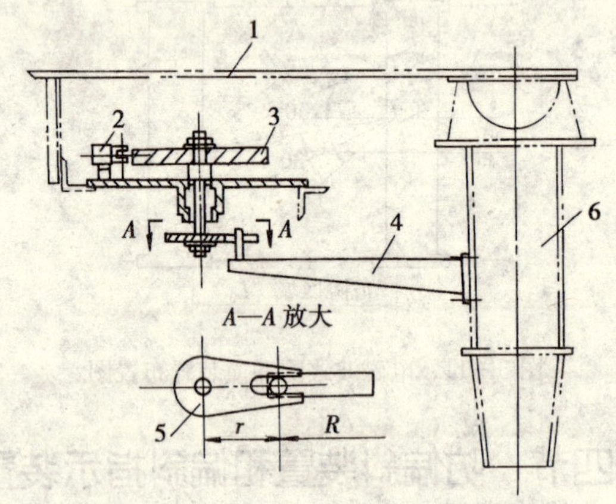


图 3—12　凸轮式防偏斜装置原理图

1—桥架　2—开关　3—凸轮　4—转动臂　5—叉子　6—柔性支撑腿

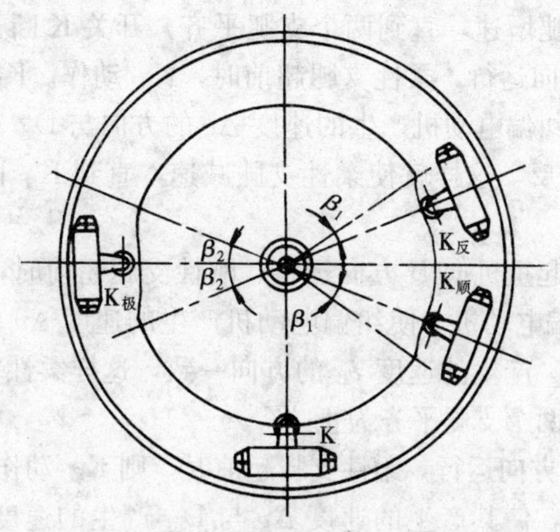

图 3—13　控制开关布置图

当起重机发生偏斜时，开关 K 便动作，发出信号，提醒司机注意，同时接通装在柔性支腿上的驱动装置中的纠偏电动机 $D_纠$ 的线路，为纠偏做准备。

控制开关系统图如图 3—14 所示，当起重机向 $A$ 方向运行，刚性支腿超前一定量时，开关 $K_顺$ 动作，接通并使纠偏电动机动作，通过运行机构中行星齿轮的差动运动，使纠偏电动机产生速度 $\Delta v$，其方向与运行电动机 $D_运$ 产生的速度 $v_A$ 方向一致，这样

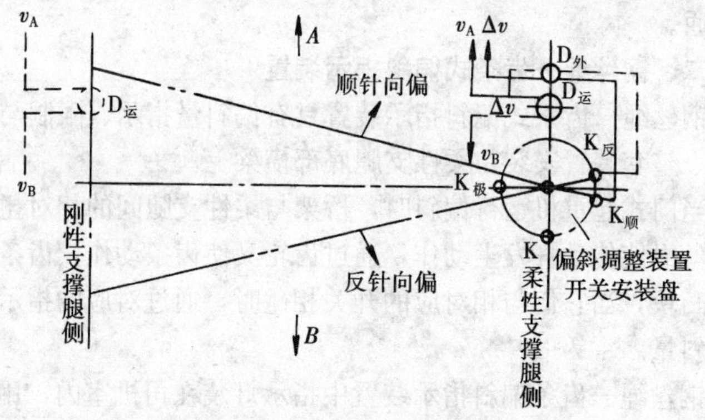

图 3—14　控制开关系统图

就使柔性支腿增速，直到两个支腿平齐，开关 K 断开；如果起重机向 $A$ 方向运行，柔性支腿超前时，$K_{反}$ 动作。$K_{反}$ 接通纠偏电动机，使纠偏电动机产生的速度 $\Delta v$ 的方向与 $D_{运}$ 产生的速度 $v_A$ 的方向相反，这样就使柔性支腿减速，直到 $K_{反}$ 两个支腿平齐为止。

当门式起重机向 $B$ 方向运行，刚性支腿超前时，$K_{反}$ 动作，$K_{反}$ 接通纠偏电动机，使纠偏电动机产生的速度 $\Delta v$ 的方向与运行电动机 $D_{运}$ 产生的速度 $v_B$ 的方向一致，这样柔性支腿便增速运动，直到两个支腿平齐为止。

当向 $B$ 方向运行，柔性支腿超前时，则 $K_{顺}$ 动作，$K_{顺}$ 接通纠偏电动机，使其产生的速度 $\Delta v$ 与 $D_{运}$ 产生的速度 $v_B$ 方向相反，使柔性支腿减速，直到两支腿平齐为止。

纠偏电动机通过运行机构行星传动能使柔性支腿的速度增加或减小 10%左右，调整速度的能力是有限的。当桥架与柔性支腿转角为 $\beta_1$ 时（见图 3—13），纠偏电动机是可以在运行中自动调整的，如果纠偏调整速度与偏斜发展速度不相适应，或控制纠偏电动机的开关失灵，使起重机运行的偏斜量越来越大，当偏斜量达到极限值（跨度的 7%）时，即转角达到 $\beta_2$ 时，极限开关 $K_{极}$ 动作，使超前支腿的运行机构断电，两个支腿对齐后才能重新接通。

**二、钢丝绳—齿条式偏斜指示装置**

钢丝绳—齿条式偏斜指示装置具有偏斜量指示、限制与保护作用。整套装置安装在柔性支腿底部横梁上。

当门式起重机运行偏斜时，桥架与柔性支腿间的相对扭转通过钢丝绳使传动杆发生动作，通过齿轮又使齿条动作，齿条上有数个凸块，当它们与相对应的开关相碰时，通过对应的指示灯指示偏斜量。

钢丝绳—齿条偏斜指示装置中指示灯装在司机室内，用不同颜色的灯光指示偏斜量的大小。

当偏斜量小于 300 mm 时，绿灯亮；偏斜量达 300～425 mm 时，黄灯亮；偏斜量达 425～600 mm 时，橙色灯亮；偏斜量超过 600 mm 时，红色灯亮。同时运行机构电动机断电。本装置适用于跨度为 120 m 的装卸桥。

**三、链轮式防偏斜装置**

如图 3—15 所示为链轮式防偏斜装置传动系统图。

当门式起重机运行发生偏斜时，转动臂发生转动，在转动臂上的偏斜杆或顺时针或反时针偏斜，偏斜杆端链轮 8 通过链条使驱动链轮 4 转动，再经变速器 6 放大，使旋转开关 7 动作。

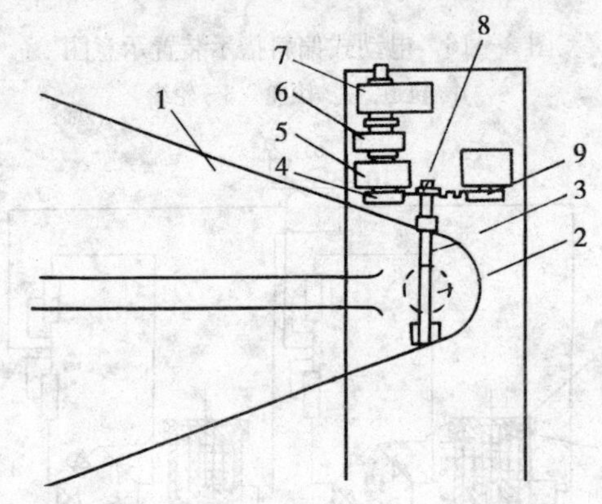


图 3—15　链轮式防偏斜装置传动系统图

1—转动臂　2—铰轴　3—偏斜杆　4—驱动链轮　5—轴承
6—变速器　7—旋转开关　8—偏斜杆端链轮　9—张紧链轮

根据偏斜量的不同，旋转开关发出不同的信号，以显示偏斜量，再通过机械系统纠偏以达到防偏的目的。

**四、电动式偏斜指示装置**

如图 3—16 所示为电动式偏斜指示装置示意图，偏斜指示器的滚轮直接顶在轨道侧面。正常运行的起重机车轮轮缘与轨道单侧间隙为 $\delta$，$\delta$=20～30 mm。

如图 3—17 所示为偏斜指示装置原理图。它主要由线圈 6、铁心 5、电桥 12 和变压器 10 等组成。

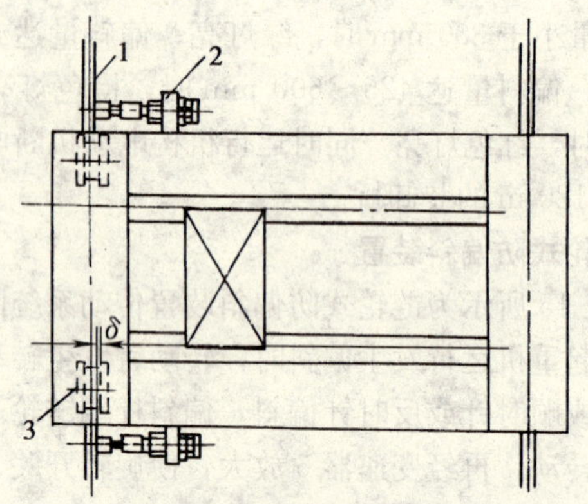


图 3—16　电动式偏斜指示装置示意图

1—轨道　2—滚轮　3—轮缘

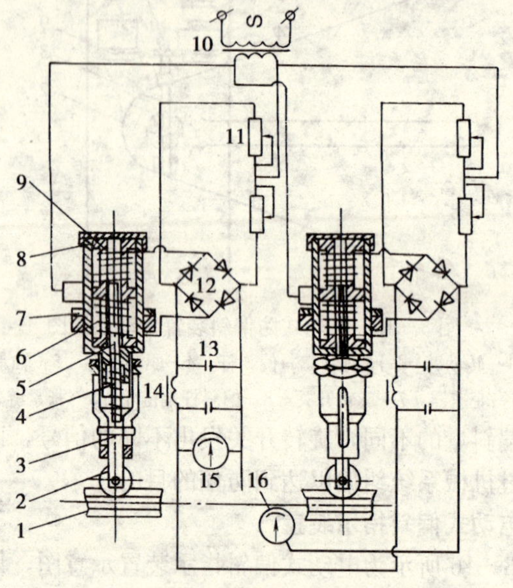


图 3—17　偏斜指示装置原理图

1—轨道　2—滚轮　3—顶杆　4—弹簧　5—铁心　6—线圈　7—固定螺母　8—线圈轴　9—外壳　10—变压器　11—电阻器　12—电桥　13—电容器　14—电抗器　15，16—毫安表当起重机正常运行时，两个装置的顶杆 3 和铁心 5 有相同的位移量，毫安表 16 指示在零位。当起重机运行偏斜时，两个装置铁心的位移量不同，从而破坏电桥的平衡，毫安表指针移动，有电的信号发出，并同纠偏机构联锁。

## 第五节　夹轨器和锚定装置

在室外工作的门式起重机、塔式起重机以及门座起重机必须安装可靠的防风夹轨器和锚定装置，以防起重机被大风吹走、吹倒，造成严重事故。在国内外，每年都有起重机被风吹倒的事故发生，这不仅造成较大的经济损失，而且造成重大的人身伤亡事故。

门式起重机风灾事故见表 3—10。

**表 3—10　　门式起重机风灾事故**

| 序号 | 地点 | 结构形式及规格 | 事故情况 |
|---|---|---|---|
| 1 | 天津某发电厂 | 5 t×40 m | 小车掉地 |
| 2 | 保定某热电厂 | 5 t×34 m 桁架式 | 倒塌 |
| 3 | 户县某热电厂 | 5 t×40 m<br>三角形主梁桁架式 | 倒塌 |
| 4 | 吴泾某热电厂 | 6 t×29.467 m 桁架式 | 翻入江中 |
| 5 | 白杨河某发电厂 | 5 t×30 m 单主梁 | 脱轨 |
| 6 | 包头某热电厂 | 5 t×40 m | 脱轨 |
| 7 | 天津某厂 | 5 t×35 m+2 t×7 m<br>电葫芦三角形主梁桁架式 | 倒塌 |
| 8 | 天津某厂 | 5 t×21 m+2 t×7 m<br>电葫芦三角形主梁桁架式 | 倒塌 |
| 9 | 天津某厂 | 5 t×35 m+2 t×7 m<br>电葫芦三角形主梁桁架式 | 倒塌 |
| 10 | 天津某厂 | 5 t×35 m+2 t×7 m<br>电葫芦三角形主梁桁架式 | 脱轨 |

续表

| 序号 | 地点 | 结构形式及规格 | 事故情况 |
| --- | --- | --- | --- |
| 11 | 大连某单位 | 15 t×90 m桁架式装卸桥 | 倒塌 |
| 12 | 石家庄某单位 | 108 m桁架式门式起重机 | 倒塌 |
| 13 | 某仓库 | 20/5 t门式起重机 | 倒塌 |
| 14 | 某仓库 | 5 t葫芦式门式起重机 | 倒塌 |

这些事故多数是由于无防风设施或防风夹轨器不良所致。

例如，陕西省户县某热电厂发生的门式起重机被风吹倒塌的事故，是由于风速大（17.1 m/s），夹轨器有缺陷而造成的。

河北省石家庄某仓库，由于一阵飓风把一台 108 m 和两台 88 m 的门式起重机吹倒，造成较大经济损失，其原因也是没有安全可靠的防风夹轨器。

因此，规定凡在室外工作的轨道式起重机都必须安装防风夹轨器。

**一、手动夹轨器的计算**

1. 夹轨器的计算原则

（1）夹轨器的防爬作用一般应由其本身构件（如重锤等）的重力、自锁条件或弹簧的作用来实现，而不应只靠驱动装置的作用。因为在电力供应中断时，驱动装置将无能为力。

（2）起重机运行机构制动器的作用应比夹轨器的动作时间略为提前，这样就能消除起重机可能产生的剧烈颤动。

（3）计算夹轨器时，应保证起重机在非工作状态风力作用下不被大风吹跑。在确定夹轨器的防滑力时，忽略制动器和车轮缘对钢轨侧面附加阻力的影响。

2. 夹轨器的计算

如图 3—18 所示为手动螺杆式夹轨器计算简图。

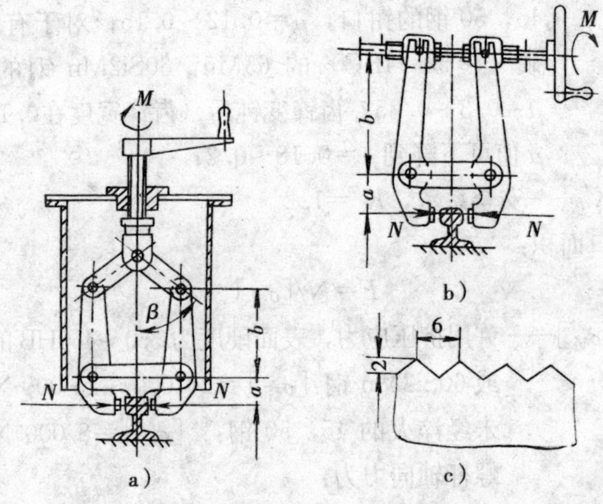


图 3—18　手动螺杆式夹轨器计算简图

夹轨器所产生的防滑力应大于起重机在非工作状态的最大滑行力，即：

$$P_{防} \geqslant P_{滑} = P_{风Ⅲ} + P_{坡} - P_{摩min}$$

式中　$P_{风Ⅲ}$——空载的起重机迎风面积上承受最大风压所产生的风载荷（内地 $q_{Ⅲ}=600\ N/m^2$，沿海 $q_{Ⅲ}=800\ N/m^2$）；

$P_{坡}$——空载起重机的在坡道上的下滑力，$P_{坡}=KG$，对于门式起重机 $K=0.003 \sim 0.002$；

$G$——起重机自重；

$P_{摩min}$——空载起重机的最小摩擦阻力，即：

$$P_{摩min} = (Q+G)\ \frac{2K+\mu d}{D_{轮}}$$

钳口的夹紧力为：

$$N = \frac{P_{滑}}{2n\mu}K'$$

式中　$n$——夹轨器数目；

$\mu$——钳口与钢轨的摩擦系数。对于无齿纹未经热处理的

45，50 钢的钳口，$\mu=0.12\sim0.15$；对于有齿纹淬硬（≥55 HRC）的 65Mn，60Si2Mn 钢的钳口，$\mu=0.3\sim0.35$；齿锋变钝后（齿锋宽度在0.15 mm）$\mu$ 值可下降到 $\mu=0.18\sim0.2$；

$K'$——安全系数，$K'=1.2$。

钳口面积：

$$F=N/[\sigma_{挤}]$$

式中 $[\sigma_{挤}]$——许用挤压应力，表面硬度为 350～450HB 的 65Mn 或 60Si2Mn 钢：$[\sigma_{挤}]=20\ 000\sim25\ 000\ \mathrm{N/cm^2}$；未经淬火的 45，50 钢：$[\sigma_{挤}]=8\ 000\ \mathrm{N/cm^2}$。

螺杆轴向力为：

$$S=\frac{2aN}{b\tan\beta}$$

手轮上所需要的力矩：

$$M=Sr_{平}\tan(\alpha+\rho)$$

$$M=\frac{2aN}{b\tan\beta}r_{平}\tan(\alpha+\rho)$$

$$M=\frac{aNd_{平}}{b\tan\beta}\tan(\alpha+\rho)$$

$$M=\frac{P_{滑}\ ad_{平}\ K'}{2nb\mu\tan\beta}\tan(\alpha+\rho)$$

式中 $r_{平}$，$d_{平}$——螺杆螺纹平均半径及直径，cm；

$\alpha$——螺纹升角，根据自锁条件 $\alpha=4°\sim5°$；

$\rho$——螺纹副摩擦角，对于钢制螺杆与青铜螺母 $\rho=4°\sim6°$；对于钢制螺母 $\rho=8°\sim9°$；

$a$，$b$——杠杆臂长度，cm；可取 $a/b=1/3\sim1/4$；

$\beta$——螺杆轴线与连杆轴线间夹角，夹紧后 $\beta=65°\sim75°$。

螺杆直径可按压缩和扭转的合成作用计算。

## 二、电动弹簧式夹轨器的计算

如图 3—19 所示为电动弹簧式夹轨器计算简图。

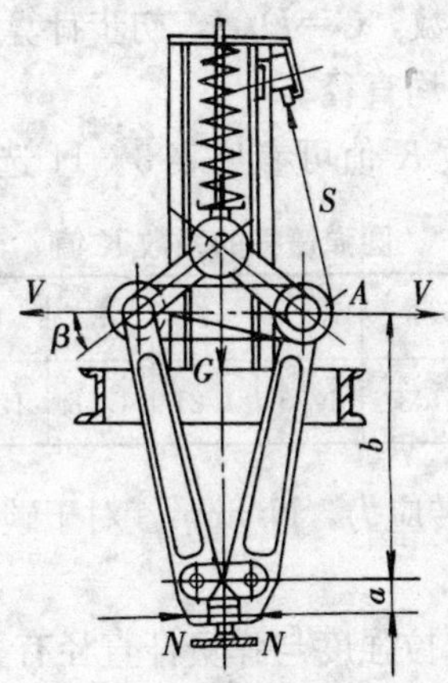


图 3—19 电动弹簧式夹轨器计算简图

夹轨器依靠压缩弹簧产生压紧力，当起重机开始运行时，开动电动卷扬装置，通过钢丝绳、滑轮组进一步压缩弹簧，使夹轨器与钢轨脱开。

根据杠杆比，可求出产生一定夹紧力所需要的弹簧力；

$$G=\frac{2aN\tan\beta}{b\eta}$$

式中 $\beta$——连杆与水平线的夹角，一般取 $\beta=10°\sim15°$；

$\eta$——铰链效率，$\eta=0.95\sim0.94$；

$a$，$b$——杠杆尺寸，$a/b=1/10$。

通过弹簧压力和钢丝绳滑轮组倍率等计算出钢丝绳拉力值。

弹簧式夹轨器弹簧杆直径可根据下式计算：

$$d=1.6\sqrt{\frac{P_2KC}{[\tau]}}$$

式中 $P_2$——弹簧的最大工作载荷，N；

$K$——曲度系数，用来考虑弹簧杆曲率对扭转应力 $\tau$ 的影响；

$$K=\frac{4C-1}{4C-4}+\frac{0.615}{C}$$

$C$——弹簧指数，$C=D/d$，初步计算时可取 $C=5\sim8$；

$D$——弹簧平均直径；

圆弹簧杆的系数 $K$ 值可参见表 3—11 选取；

**表 3—11　　　　圆弹簧杆的系数 $K$ 值**

| 弹簧指数 $C$ | 4 | 5 | 6 | 7 | 8 | 9 | 10 | 12 | 14 |
|---|---|---|---|---|---|---|---|---|---|
| 曲度系数 $K$ | 1.40 | 1.31 | 1.25 | 1.21 | 1.18 | 1.16 | 1.14 | 1.12 | 1.10 |

$[\tau]$——许用扭转应力，$N/mm^2$，对于碳素弹簧钢可取 $[\tau]=0.36R_m$。

碳素弹簧钢的抗拉强度与弹簧杆直径有关，在计算中可用试算法求得弹簧杆的直径。

碳素弹簧钢抗拉强度见表 3—12。

**表 3—12　　　　碳素弹簧钢抗拉强度**

| | 弹簧杆直径 $d$（mm） | | | | | | | | | | | | | | | | |
|---|---|---|---|---|---|---|---|---|---|---|---|---|---|---|---|---|---|
| | 1 | 1.2 | 1.4 | 1.6 | 1.8 | 2 | 2.5 | 3 | 3.6 | 4 | 4.5 | 5 | 5.6 | 6 | 6.3 | 7 | 8 |
| | 抗拉强度 $R_m$（$10^4$ Pa） | | | | | | | | | | | | | | | | |
| Ⅰ组 | 2 500 | 2 400 | 2 300 | 2 200 | 2 100 | 2 000 | 1 800 | 1 700 | 1 650 | 1 600 | 1 500 | 1 500 | 1 450 | 1 450 | | | |
| Ⅱ组 | 2 050 | 1 950 | 1 900 | 1 850 | 1 800 | 1 800 | 1 650 | 1 650 | 1 550 | 1 500 | 1 400 | 1 400 | 1 350 | 1 350 | 1 250 | 1 250 | 1250 |
| Ⅲ组 | 1 650 | 1 550 | 1 500 | 1 450 | 1 400 | 1 400 | 1 300 | 1 300 | 1 200 | 1 150 | 1 150 | 1 100 | 1 050 | 1 050 | 1 000 | 1 000 | 1 000 |

弹簧的工作圈数为：

$$n=\frac{G\lambda d^2}{8P_2D^3}=\frac{G\lambda d}{8P_2C^3}$$

式中　$G$——剪切弹性模量，$N/mm^2$，碳素弹簧钢 $G=80\ 000\ N/mm^2$；

$\lambda$——在最大工作载荷作用下弹簧的轴向变形量，可由结构决定。

## 三、楔形重锤式夹轨器的计算

楔形重锤式夹轨器的提升机构包括电动机、减速器、卷筒、常开式制动器、安全制动器以及滑轮、钢丝绳等。

如图 3—20 所示为楔形重锤式夹轨器计算简图。

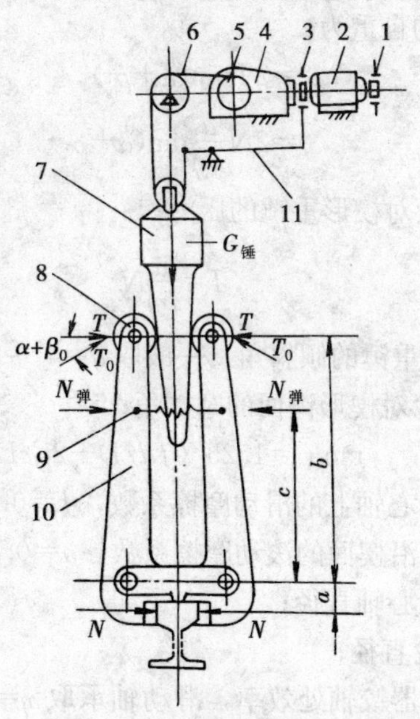


图 3—20　楔形重锤式夹轨器计算简图

1—常开式制动器　2—电动机　3—安全制动器　4—减速器　5—卷筒　6—钢丝绳　7—楔形重锤　8—滚轮　9—弹簧　10—钳臂　11—杠杆系统

当需要夹紧时，楔形重锤在无动力驱动下靠自重下降，而且带动电动机空转。当垂锤降至下面极限位置时，电动机在惯性的作用下仍然要转动，这样钢丝绳就会继续从卷筒上放出来。这种处于松弛状态的钢丝绳有时会绞在一起，在重新提升时就可能打不开夹轨器或者在提升过程中重锤再次突然降落，这种突然降落对机构产生冲击，甚至有可能崩断钢丝绳。为了避免这类故障的发生，在提升机构中安设一个安全制动器。

当钢丝绳一旦松弛时，在杠杆系统的自重作用下，制动器则上闸，卷筒停止放出钢丝绳；而当钢丝绳拉紧时，通过杠杆系统，制动器又松闸。

对于楔形重锤式夹轨器，当不考虑弹簧力时，产生压紧力 $N$，所需要重锤的自重为：

$$G_{锤1}=2T\tan(\alpha+\rho_0)$$
$$=2N\frac{a}{b\eta}\tan(\alpha+\rho_0)$$

式中 $T$——滚轮对楔形重锤的压力；

$$T=\frac{\alpha}{b\eta}N$$

$\alpha$——楔形重锤的倾斜角，一般取 $\alpha=4°\sim8°$；

$\rho_0$——滚轮对楔形锤面的摩擦角；

$$\tan\rho_0=1.25\ (fd/D+2\mu/D)$$

$f$——滚轮心轴上的滑动摩擦系数，$f=0.11\sim0.14$；

$\mu$——滚轮沿楔面的滚动摩擦系数，$\mu=0.06$；

$d$——滚轮心轴直径；

$D$——滚轮直径；

$\eta$——夹轨器铰轴处效率，滑动轴承取 $\eta=0.9$，滚动轴承取 $\eta=0.96$。

当重锤上升时，钳臂在弹簧力的作用下使夹轨器钳口离开钢轨，此时所需要的弹簧力可用下式求得，弹簧受力简图如图 3—21 所示；

$$P_{弹}=G_{钳}\frac{e}{c}K\ (\mathrm{N})$$

式中 $G_{钳}$——一根钳臂的重力，N；

$e$——重锤在最低位置时，钳臂重心到铰轴中心的水平距离，cm；

$c$——弹簧到铰轴中心的距离，cm；

$K$——安全系数，一般取 K=1.5～2。

在选择弹簧刚度时，应使两个滚轮紧贴在重锤的楔形表面上。克服弹簧力 $P_{弹}$ 所需要增加重锤的附加质量为：

$$G_{锤2}=2P_{弹}\frac{c}{b}\tan(\alpha+\rho_0)\ (\mathrm{N})$$

重锤的总质量为：

$$G_{锤}=G_{锤1}+G_{锤2}$$

$$G_{锤1}=2N\frac{a}{b\eta}\tan(\alpha+\rho_0)+2P_{弹}\frac{c}{b}\tan(\alpha+\rho_0)$$

$$G_{锤2}=\frac{2}{b}(aN/\eta+cP_{弹})\tan(\alpha+\rho_0)$$

钳口退距（单侧）一般 $\delta$=8～10 mm，根据钳口退距和夹钳臂上端的弹性变形，就可以确定重锤的行程，如图 3—22 所示为重锤行程简图。

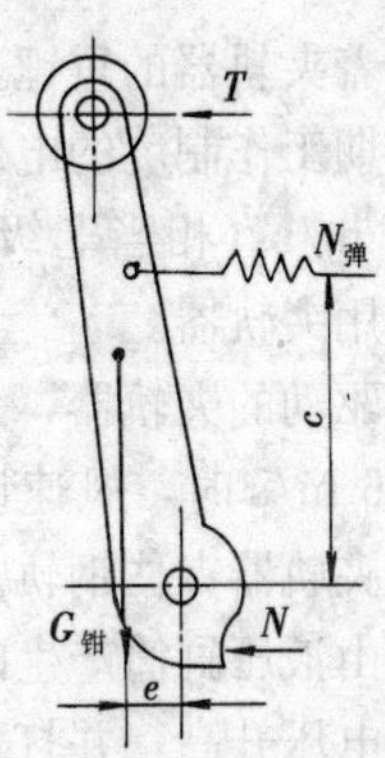


图 3—21　弹簧受力简图

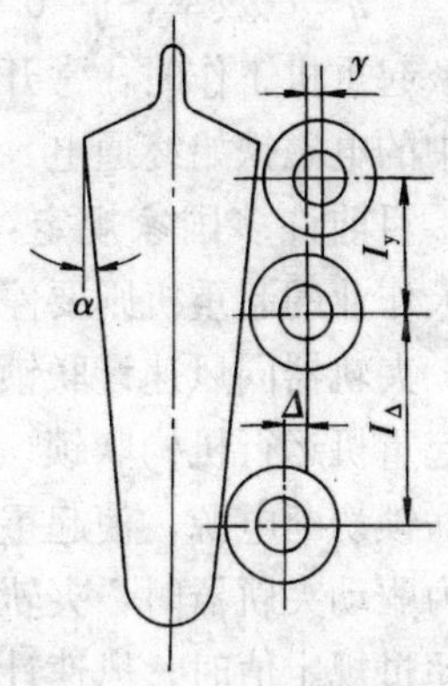


图 3—22　重锤行程简图

$$L_0=l_{\Delta}+l_{y}$$

式中　$l_{\Delta}=\Delta/\tan\alpha$

$$\Delta=\frac{b}{a}\delta=i\delta$$

$l_y = y/\tan\alpha$

$y = \dfrac{Tb^3}{3EJ}$

$EJ$——钳臂在铰轴处的抗弯刚度。

经整理可得：

$$L_0 = \frac{1}{\tan\alpha}(i\delta + y)$$

考虑到钳口的磨损及制造安装等误差而加大重锤的行程，使总行程为 $L=1.5L_0$。

重锤提升机构的功率为：

$$N = \frac{Gv}{60\times 1\,000\eta}\ (\text{kW})$$

式中 $G$——重锤自重，N；

$v$——提升速度，m/min；

$\eta$——效率，$\eta=0.85$。

起重机工作时，常开式制动器支持着夹轨器的重锤，由于工作中的电磁铁始终通电，所以应选择长期工作制度的电磁铁。

目前许多国家规定：风速超过 16 m/s（相当七级风）时，露天作业的起重机则要停止工作，并使用夹轨器。

夹轨器同风速计联锁。对于非动力驱动的夹轨器，是风速计与起重机运行机构联锁。当风速达到 16 m/s 时，风速计通过电气联锁切断电源，使起重机停止运行，夹轨器夹住钢轨。当采用动力驱动夹轨器时，夹轨器的夹紧力是由液压缸筒产生的，当风速超过规定值时，风速计带动的发电机电压升高，并打开控制油缸的开关，油缸开始工作，夹轨器把钢轨夹住。

**四、自动卡板式夹轨器**

如图 3—23 所示为依靠两块卡板自锁来实现防风夹轨作用的自动卡板式夹轨器示意图。

起重机在运行时，液压缸把卡板提起。当风速超过规定值

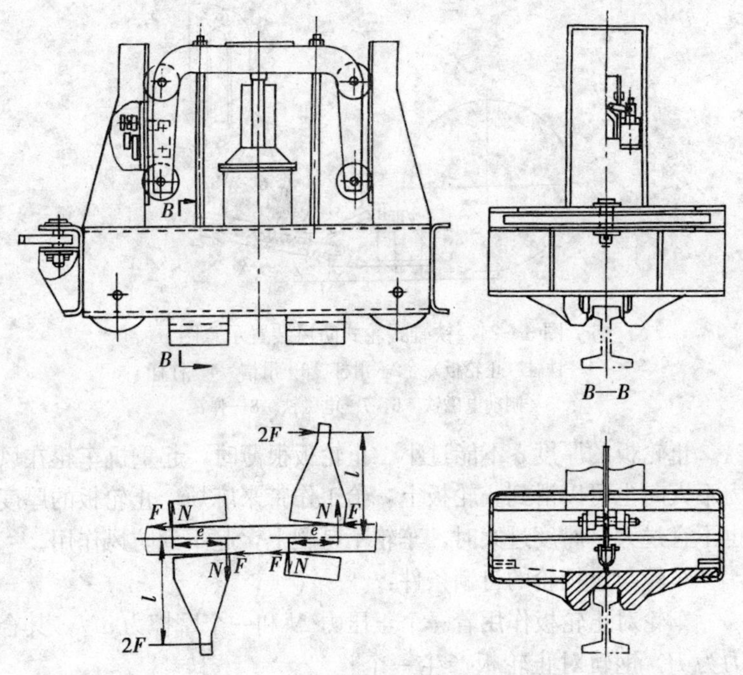


图 3—23　自动卡板式夹轨器示意图

时，液压缸把卡板放下，由于车体运动牵拉卡板使其偏斜并紧卡在轨道上。其受力分析如图 3—23 所示。这种夹轨器不需要外力，依靠自锁就能防止起重机被风吹跑。

**五、铁鞋式轮式防风装置**

铁鞋式轮式防风装置由铁鞋（止轮板）、滑杆、弹簧、电磁铁及制动电磁铁等构成，其示意图如图 3—24 所示。

铁鞋式轮式防风装置的工作原理：当大风吹来时，止轮板 1 伸向车轮与钢轨之间，依靠车轮止轮板与钢轨之间的摩擦起防风作用。如图 3—24 所示的过程Ⅰ，Ⅱ，Ⅲ。

当起重机运行时，制动电磁铁 5 吸合，止轮板收回，起重机正常运行。

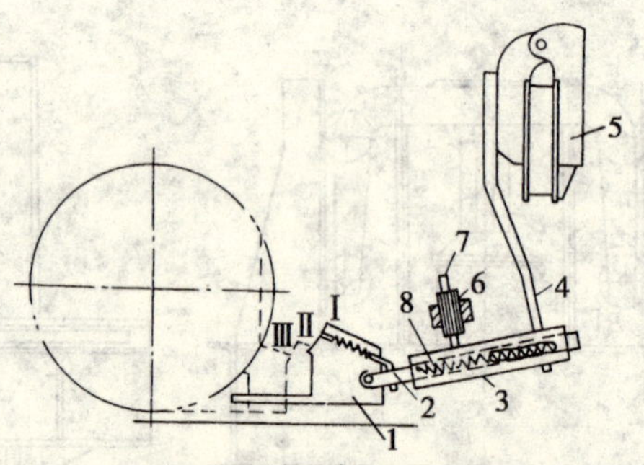

图 3—24　铁鞋式轮式防风装置示意图

1—铁鞋（止轮板）　2—滑杆　3—滑槽　4—杠杆

5—制动电磁铁　6，7—电磁铁　8—弹簧

止轮板的厚度 $\delta$ 不能过小。止轮板很薄时，起重机车轮在风力不大时也可以滑到止轮板上，给工作带来麻烦。止轮板的厚度也不宜过大，厚度过大时，车轮不易爬上，起不到防风作用。

车轮与止板轮的自锁条件：

车轮对止轮板作用着一个正压力 $N$ 和一个摩擦力 $\mu N$，其合力为 $P$，钢轨对止轮板产生一个反作用力 $P'$。止轮板上作用着两个力，要使止轮板平衡，这两个力必须大小相等、方向相反且作用在一条直线上。只要满足下列条件就能自锁，如图 3—25 所示为止轮板自锁分析图。

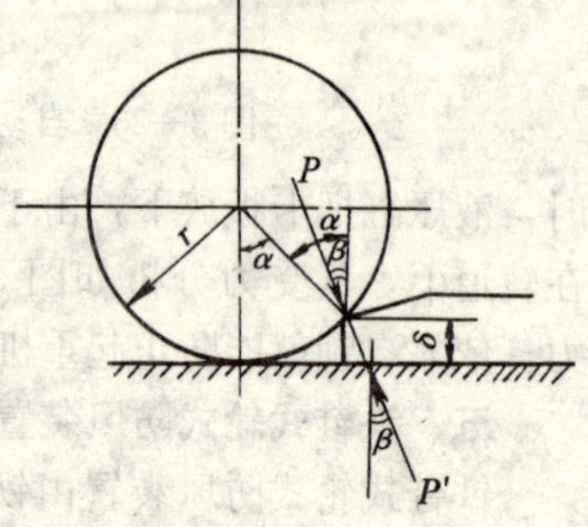

图 3—25　止轮板自锁分析图

$$\beta<\rho$$

$$\alpha-\beta<\rho$$

则：

$$\alpha<2\rho$$

所以：

$$\cos\alpha>\cos2\rho$$

$$\frac{r-\delta}{r}>\frac{1-\tan^2\beta}{1+\tan^2\rho}$$

那么 $$\delta<\frac{2\mu^2 r}{1+\mu^2}$$

式中 $\rho$——钢对钢的摩擦角；

$\beta$——合力 $P$ 与法线的夹角；

$\mu$——摩擦系数；

$\delta$——止轮板厚度。

当以 $\mu=0.12$ 代入，可得 $\delta\leqslant 0.02839r$。

止轮板厚度见表 3—13。

**表 3—13　　止轮板厚度**

| 车轮半径 $r$（mm） | 止轮板厚度 $\delta$（mm） |
|---|---|
| 300 | 8.517 |
| 350 | 9.936 |
| 400 | 11.356 |

在露天工作的起重机，当风速超过 60 m/s（相当 10 级）时必须采用锚固装置。

## 第六节　超载限制器

GB 6067《起重机械安全规程》规定：额定起重量大于 20 t 的桥式起重机和额定起重量大于 10 t 的门式起重机应安装超载限制器，门座起重机也应安装超载限制器。超载限制器的系统综合精度：对于额定起重量小于或等于 50 t 的起重机，要求超载限制器的系统综合精度不大于 5%；对于额定起重量大于 50 t 的起重机，要求超载限制器的系统综合精度不大于 8%。超载限制器有机械式、电子式和液压式等。

### 一、机械式超载限制器

机械式超载限制器就是利用杠杆、弹簧、凸轮等机构实现对超载的限制。

1. 杠杆式超载限制器

杠杆式超载限制器是利用杠杆平衡原理，实现对超载的限制。当超载时，杠杆失去平衡，撞开开关切断动力源，起重机的起升机构停止起升作业。如图 3—26 所示为杠杆式超载限制器的原理图。在正常起重作业时，钢丝绳的合力对转轴 $O$ 的力矩为 $M_1=Ra$，与弹簧力 $N$ 对转轴 $O$ 的力矩 $M_2=Nb$ 相平衡。当超载时，$M_1$ 大于 $M_2$，使杠杆顺时针转动，撞杆撞开限位开关，切断起升机构的电源，从而起到超载保护作用。

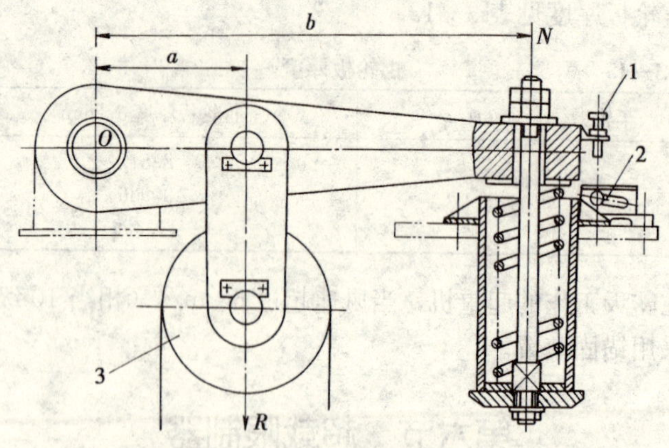


图 3—26 杠杆式超载限制器的原理图

1—撞杆 2—开关 3—起升滑轮

2. 弹簧式超载限制器

如图 3—27 所示为一种弹簧式超载限制器的示意图，超载限制器有 3 个滑轮，其中两个为导向滑轮，一个为悬浮安装的滑轮。起升钢丝绳穿过 3 个滑轮，当正常作业时，悬浮滑轮在弹簧的作用下固定不动。当超载作业时，钢丝绳的张力增加，在钢丝绳合力的作用下，使悬浮滑轮克服弹簧力而上浮，与悬浮滑轮相连接的撞杆 1 撞开限位开关 2。两个限位开关可以限制两个额定起重量，例如不同的幅度有不同的额定起重量等。

如图 3—28 所示为弹簧式超载和起升高度限制器示意图。当超载时，钢丝绳 1 拉力增加，压缩弹簧 2，从而带动限位开关撞

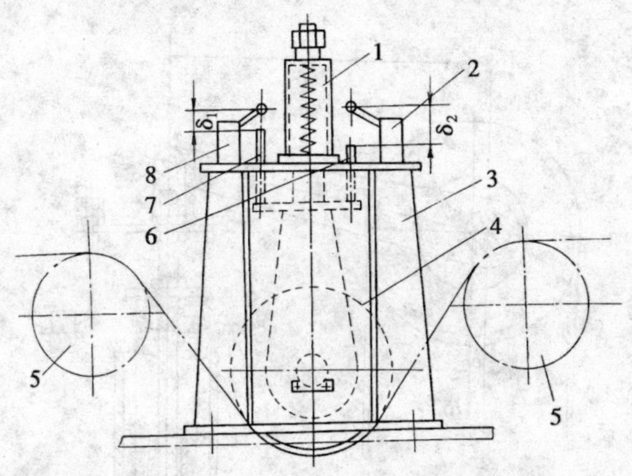


图 3—27　弹簧式超载限制器示意图

1—弹簧罩　2，8—开关　3—支架　4—悬浮滑轮

5—导向滑轮　6，7—撞杆

杆 3，撞开限位开关 4，起到超载保护作用。当过卷扬时，吊钩抬起重锤，由于压缩弹簧伸张撞开限位开关 4，起升作业停止，起到防止过卷扬的保护作用。

3. 偏心滑轮（凸轮）式超载限制器

如图 3—29 所示为偏心滑轮式超载限制器示意图，把平衡轮安装在偏心轴上，正常作业时，偏心滑轮（平衡轮）产生的力矩为 $M_1=Re$，与弹簧对滑轮轴的力矩 $M_2=Nb$ 相平衡。当超载时，偏心滑轮产生的力矩为 $M_1=Re$，大于弹簧对滑轮轴的力矩 $M_2=Nb$，连杆带动限位开关撞杆，撞开限位开关，起到超载保护作用。

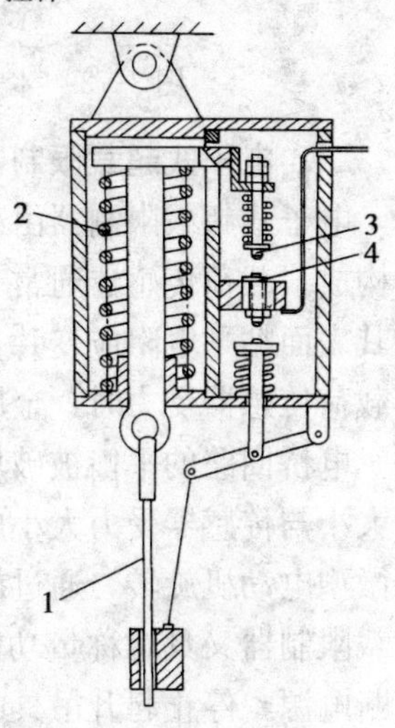


图 3—28　弹簧式超载和起升高度限制器示意图

1—钢丝绳　2—弹簧

3—撞杆　4—限位开关

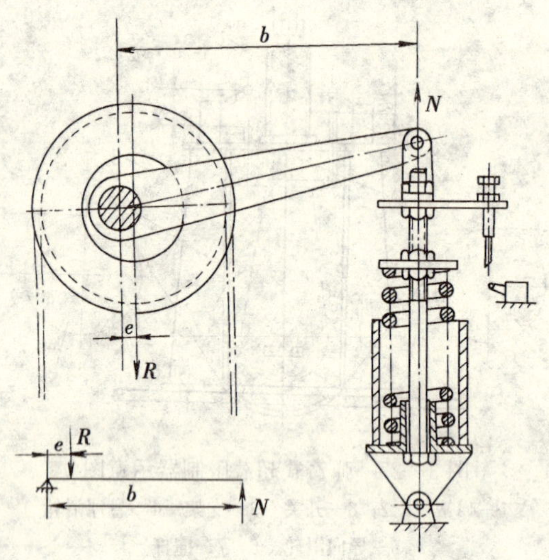


图 3—29 偏心滑轮式超载限制器示意图

## 二、电子式超载限制器

电子式超载限制器由载荷传感器、测量放大器、显示器等部分构成。载荷传感器通常是一个弹性很好的金属筒或金属柱体，在其表面粘贴电阻应变片，电阻应变片构成一个平衡电桥回路。当载荷传感器受力时，金属筒被拉长变形，电阻应变片也随之变形，电桥回路的平衡被破坏，从而产生信号，电桥回路输出的信号大小与传感器受力大小成比例。电桥输出的信号经过放大后驱动微型电动机旋转，通过旋转角度反映出载荷的大小，所以这类超载限制器又具有称量功能（电子秤）。当超载时，可通过电路切断电源，停止起升吊具的上升运动。

如图 3—30 所示为 QHK—1 型电子秤工作原理框图。这种电子秤就是采用应变电桥作为传感器，当负载时，在电桥回路产生一个电压信号，经过测量放大，A/D（模/数）转换后，在电子显示器（LED）上显示出载荷的数量。超载控制和报警功能是通过载荷测量放大器输出不同电压信号来实现的，与设定电压相比较，当载荷达到额定载荷（设定载荷）的 90%时，比较器通过控制继电器发出预警信号。当载荷超过额定载荷时，比较器控制继电器发出报警信号并且切断上升方向的电路，起超载保护作用。

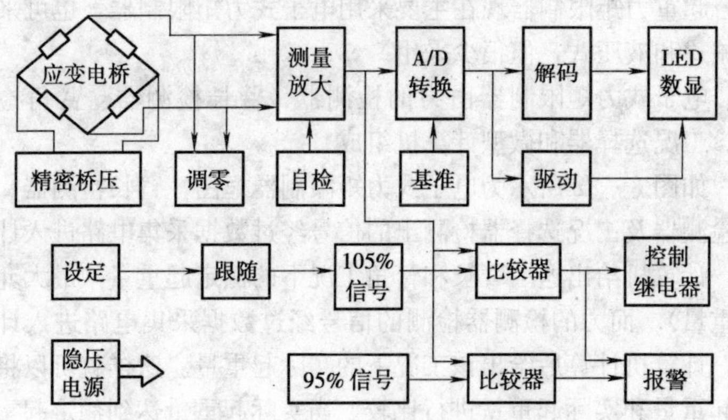


图 3—30　QHK—1 型电子秤工作原理框图

传感器可以安装在平衡轮上，也可以安装在钢丝绳上。如图 3—31 所示为传感器两种安装示意图。

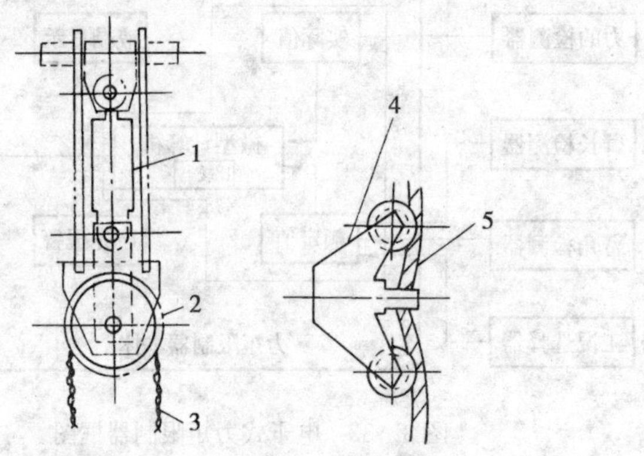


图 3—31　传感器两种安装示意图

1，4—过荷重计　2—滑轮　3，5—钢丝绳

# 第七节　起重力矩限制器

## 一、起重力矩限制器的工作原理

起重力矩限制器现在主要采用电子式力矩限制器，也可采用机械式和液压式，但很少采用。

电子式力矩限制器由力的检测器、臂长检测器、臂角检测器、工况选择器和微型计算机组成。

如图 3—32 所示为电子式力矩限制器框图，臂长检测器、臂角检测器及工况选择器检测出的信号经过数据采集电路进入计算机，计算机给出这一臂长和臂角工况下的额定起重量（最大允许起重量）。而力的检测器检测的信号经过数据采集电路进入计算机，计算机计算后给出该工况下的实际起重量。这样就可以将额定起重量和实际起重量进行比较。当实际起重量达到额定起重量的 90%时，发出预警信号，黄色信号灯闪亮，蜂鸣器响；当起重量达到额定起重量的 100%～110%之间时，发出预警报信号，红色信号灯闪亮，蜂鸣器响，并且切断起升方向的动力。

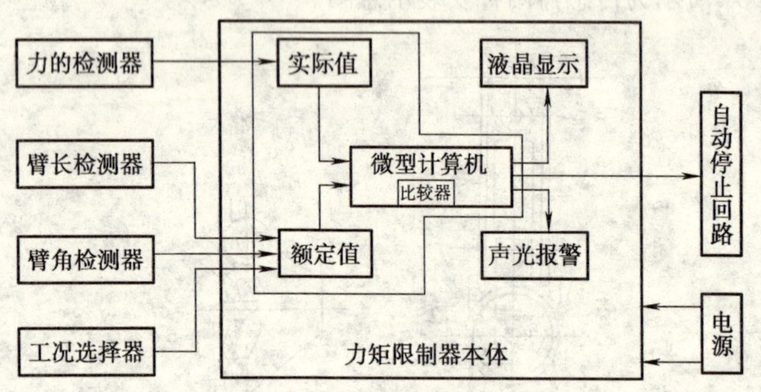


图 3—32　电子式力矩限制器框图

1. 力的检测器

力的检测器（见图 3—33）的传感器可安装在变幅油缸端

部，也可安装在起重臂钢丝绳经过的位置。安装在变幅油缸活塞杆端部，起重机起吊的载荷以及起重臂自重经过力的检测器的应变片变形而反映出一个电信号，并送入计算机。这种安装方式的力的检测器的优点是精度高、寿命长、稳定性好等。另外一种是安装在起重臂上钢丝绳通过的位置，它是通过钢丝绳张力来检测起重量的。

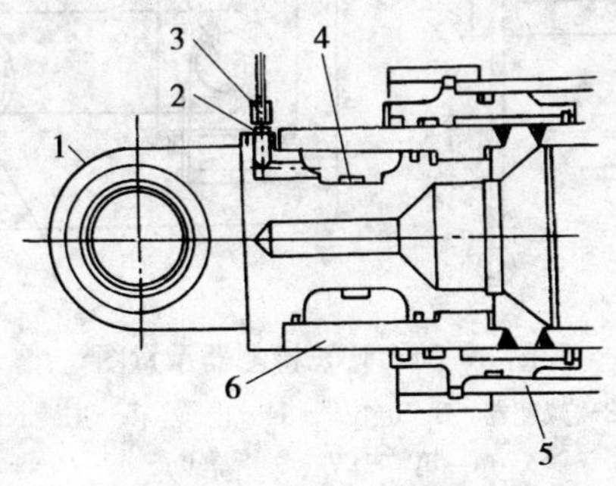


图 3—33　力的检测器示意图

1—力的检测器　2—防水插座　3—防水插销

4—应变仪（片）　5—油缸　6—活塞杆

2. 臂长检测器

臂长检测器（见图 3—34）由电位器、微型减速机构、卷线滑轮及细钢丝绳组成。它安装在起重臂的侧面，钢丝绳另一端安装在起重臂的端头。当起重臂伸出时，通过细钢丝绳带动卷线滑轮转动，经过减速机构带动电位器转动，再通过转换就可以检测出起重臂的长度。当起重臂回缩时，由于盘形弹簧的作用把钢丝绳卷绕在卷线滑轮上，同样电位器会产生电信号。输入计算机可检测出起重臂的长度。

3. 臂角检测器

臂角检测器（见图 3—35）的重力摆锤和电位器置于盛有硅油的箱体内。臂角检测器的箱体安装在起重臂的侧壁上，当起重臂变幅时，箱体随之运动，电位器与箱体固定连接，所以电位器

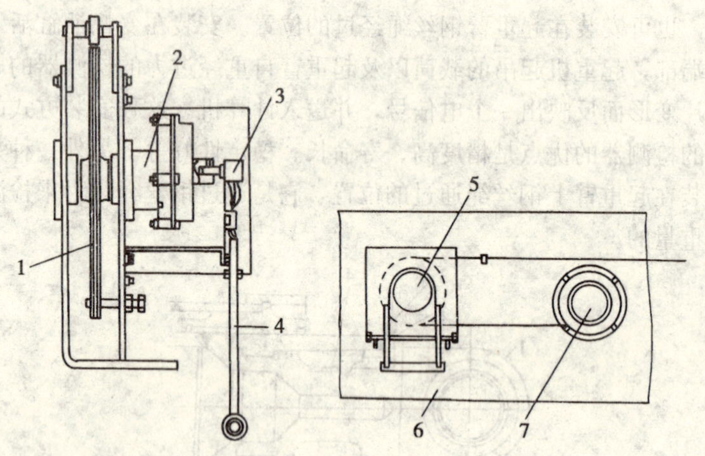

图 3—34　臂长检测器示意图

1—线盘　2—减速器　3—电位器　4—电缆　5—主臂长度检测器
6—第一臂节　7—卷线盒

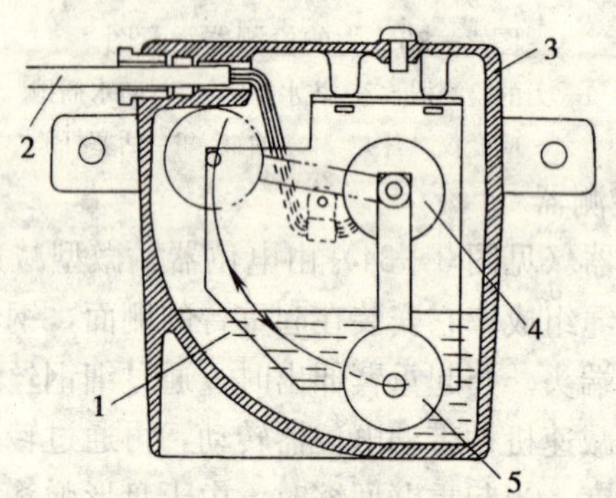

图 3—35　臂角检测器示意图

1—硅油　2—电缆　3—壳体　4—电位器　5—摆锤

随起重臂运动；电位器的转动部分与摆锤固接在一起，因为摆锤始终指向地心（铅垂），这样起重臂变幅时电位器就会产生电的信号，并输入计算机，这样就可检测出臂角值。

4. 力矩限制器的自检功能

要求力矩限制器具有故障自动诊断功能，并且在窗口以故障编码的形式显示出来。故障代码见表 3—14。

**表 3—14　　故障代码**

| 故障代码 | 1 | 2 | 3 | 4 | 5 | 6 | 7 | 8 |
|---|---|---|---|---|---|---|---|---|
| 故障 | 数字电路板故障 | 模拟电路板的电压超出值域 | 压力传感器故障 | 角度传感器故障 | 长度传感器故障 | 臂长和支腿选择开关位置组合不当 | 作业状态设置不当 | 倍率选择开关设置不当 |

## 二、起重力矩限制器的安全技术要求

1. 系统综合精度

根据 GB 7950《臂架型起重机起重力矩器通用技术条件》的要求，起重力矩限制器的系统综合精度为±5%，在任何情况下，报警点的实测起重力矩不得大于起重机相应工况额定的起重力矩的 110%。系统综合精度为：

$$\varepsilon=[(M_a-M_e)/M_e]\times 100\%$$

式中　$M_a$——实测起重力矩，kN·m；

$M_e$——额定起重力矩，kN·m。

2. 自检功能

若力矩限制器自身出现故障，系统能自检并能用编码形式显示。

3. 系统工作能力

起重力矩限制器应能满足起重机的所有使用工况，不能限制起重机最大额定起重量使用工况；起重机在超载 25%的试验后，力矩限制器不得有任何损坏，系统应能正常工作。

4. 起重力矩限制器的强电电路之间或与不带电的金属部分的绝缘电阻不得小于 1 MΩ。

5. 起重力矩限制器强电电路应满足相应试验电压的耐压要求，耐压试验电压见表 3—15。

表 3—15　　耐压试验电压　　V

| 被试部分额定电压（$U_e$） | 试验电压 |
|---|---|
| $U_e \leqslant 60$ | ⩾500 |
| $60 < U_e \leqslant 125$ | ⩾1 000 |
| $125 < U_e \leqslant 250$ | ⩾1 500 |
| $250 < U_e \leqslant 500$ | ⩾2 000 |

6. 起重力矩限制器的外壳应能承受质量为 0.5 kg 的钢球从高度 300 mm 落下的冲击。

7. 起重力矩限制器应具有耐冲击的性能，在加速度为 200 m/s$^2$时应能正常工作。

8. 起重力矩限制器可靠性的数量指标

（1）首次故障前平均工作时间为 500 h。

（2）可靠度应大于 90％，使用寿命应不少于 7 500 h。

9. 预警信号

起重机的起重力矩达到相应工况额定起重力矩的 90％～100％时，应能发出声和光的持续预警信号；起重机的起重力矩达到相应工况额定起重力矩的 100％～110％时，应能发出声和光的持续报警信号，报警信号可采用红色可视信号，在司机室内能听到不低于 80 dB（A）声级的报警信号。

10. 环境条件的要求

（1）力矩限制器的电压波动：对于外接电网供电，电压波动范围为－15％～＋10％；对于蓄电池供电，电压波动要求公称额定电压在－15％～＋35％范围变化时能正常工作。

（2）温度在－20～＋60℃范围内变化，要求力矩限制器工作正常。

（3）湿度要求：不应大于 95％（25℃时）。

（4）海拔高度不高于 1 000 m。

## 第八节　防止起重臂触电和支腿自动调平装置

### 一、防止起重臂触电装置

该装置是采用电磁感应的原理制成的，由发射机和接受机两部分组成。发射机安装在起重臂端，而接受机安装在司机室内。发射机的电源是自动控制，当起重机臂抬起角度为10°时，电源自动接通，发射机处于工作状态。接受机的电源采用车体电源，只要司机接通动力，接受机即处于工作状态，同时与限位电磁阀联锁。当起重机臂距离电力线1.5 m（220～380 V）时，则能发出警报。并且能切断继续向危险方向的动力源。

QA—1型起升设备多功能监控装置的主要技术参数：

1. 高度限位感应距离：吊钩距离主设备1.5 m时，报警并制动。

2. 接近电力线感应距离：220～380 V，1.5 m时报警；10 kV，5～8 m时报警。

3. 工作电压：发射机为7～24 V，接受机为12～36 V。

4. 信号传输距离：50 m。

5. 环境温度：－20～50℃。

6. 报警并制动反应时间小于1 s。

### 二、支腿自动调平装置

汽车式起重机在作业时，必须打支腿并且要保证4个支腿在一个水平面上，否则就有可能发生翻车事故。如果装有支腿自动调整装置，则可避免这类事故的发生。

支腿的自动调平装置由水平检测器、PC控制器、换向阀、开关阀等组成。

重力摆式水平检测器由重力摆和金属桶体构成，金属桶体安装在上回转支撑平面上，当车体（支腿）处于水平时，重力摆铅垂，和各触头不接触，支腿油缸停止工作。当车体（支腿）处于倾斜时，重力摆会与支腿较低一侧的触头接触，于是产生一个电信号，并且输入 PC 控制器，自动驱动电磁阀，使低位的支腿油缸的活塞伸出，经过几次调整，车体将处于水平自动状态，重力摆与 8 个方向的触头均脱离接触，并且发出信号，起重机可以正常作业。重力摆放在硅油池中，增加阻尼，缩短重力摆的衰减时间。

# 第四章　通用桥式起重机安全技术

## 第一节　通用桥式起重机分类

桥式起重机的外观像一座金属的桥梁，所以常称之为桥式起重机。桥式起重机俗称“天车”或“行车”。

桥式起重机由机械部分、金属结构、电气设备等构成。机械部分包括起升机构、小车运行机构、大车运行机构；金属结构包括主梁、端梁、司机室等；电气设备包括电动机、控制电器等。

也可以把桥式起重机分为大车、小车等部分。大车包括金属结构、大车运动机构和司机室。小车包括起升机构、小车运行机构和小车架。

### 一、通用桥式起重机的分类

1. 按结构分类

（1）带回转臂架的桥式起重机，起重机小车上装有可回转的刚性臂架，用以支撑吊具。

（2）带回转小车的桥式起重机，起重小车不仅能沿桥架运行，而且能回转。

（3）单主梁桥式起重机。

（4）双主梁桥式起重机。

（5）双小车桥式起重机。

2. 按吊具分类

（1）吊钩桥式起重机。

（2）抓斗桥式起重机。

（3）电磁桥式起重机。

（4）三用桥式起重机。

3. 按用途分类

（1）通用桥式起重机。

（2）专用桥式起重机。

（3）冶金桥式起重机。

（4）绝缘桥式起重机。

（5）防爆桥式起重机。

（6）堆垛桥式起重机。

4. 按驱动方式分类

（1）电动桥式起重机。

（2）液压桥式起重机。

（3）手动桥式起重机等。

某些通用桥式起重机的特点和用途见表 4—1。

**表 4—1　　某些通用桥式起重机的特点和用途**

| 分类 | 特点 | 用途 |
|---|---|---|
| 吊钩桥式起重机 | 取物装置是吊钩或吊环。起重量超过 10 t 的起重机一般设有主、副钩机构 | 适用于机械加工、修理、装配车间或仓库、料场做一般装卸吊运工作 |
| 抓斗桥式起重机 | 取物装置是双绳抓斗。小车上有两套卷筒装置，可同时或分别动作，以实现抓斗的升降和开闭，以及在起升高度范围内任意高度上开斗、卸料 | 适用于仓库、料场、车间等场合对矿石、石灰石、沙子、焦炭等散粒物料进行装卸吊运工作 |
| 电磁桥式起重机① | 取物装置是电磁吸盘。装卸时间短，辅助人员少，但电磁吸盘的自重大，吊运的能力随物品性质、形状、块度大小等而变化。电磁吸盘为自流供电 | 适用于在机械、冶金工厂及料场吊运具有导磁性的金属及其制品，一般只用于吸取 600℃以下的黑色金属物料 |

续表

| 分类 | 特点 | 用途 |
| --- | --- | --- |
| 两用桥式起重机 | 取物装置是双绳抓斗和电磁吸盘或是双绳抓斗和吊钩。抓斗与电磁吸盘（或吊钩）不能同时工作 | 适用于抓取及吊运散粒物料（用抓斗时）或吸取导磁物料（用电磁吸盘时）或进行大件吊运（用吊钩时）的工作场合 |
| 三用桥式起重机 | 在桥式吊钩起重机上备有一个可卸下的马达抓斗和一个可卸下的电磁吸盘。根据工作对象可更换取物装置 | 适用于吊运种类经常变化的物料，且生产率要求不很高的场合 |
| 大起升高度桥式起重机 | 起升高度超过国标的规定值（有时起升高度可达 40 m 以上），其钢丝绳卷绕系统较特殊，有多种方案 | 多用于冶金、化工、电力等部门的检修、安装工作 |
| 葫芦式桥式起重机 | 一般采用电动葫芦作为起升机构，主梁有单梁和双梁。单主梁的葫芦式起重机也称梁式起重机 | 可以代替小吨位的桥式起重机，一般起升高度都比较低的场合。多用于机械加工车间和库房等场所 |

注：①凡带有电磁盘或马达抓斗的起升机构都装有电缆卷筒，以使在电磁盘或马达抓斗升降时，对其供电和操纵的电线能随之收进或放出。

## 二、通用桥式起重机的主要参数及工作级别

1. 桥式起重机参数

起重量 $G$；起升高度 $H_0$；工作速度 $v$；起重机高度 $H$；跨度$S$。起重机与建筑物的安全界限尺寸和安全管理及操作有着密切的关系。起重机与建筑物侧向间隙大于等于 80 mm；上方间隙大于等于 300 mm。了解这两个安全限界尺寸就能防止在检修过程中发生挤伤的事故。

抓斗桥式起重机的外形尺寸图如图 4—1 所示。

桥式起重机起重量见表 4—2，桥式起重机的标准跨度见表 4—3，桥式起重机起升高度见表 4—4，吊钩桥式起重机速度见表 4—5，抓斗和电磁起重机速度见表 4—6。

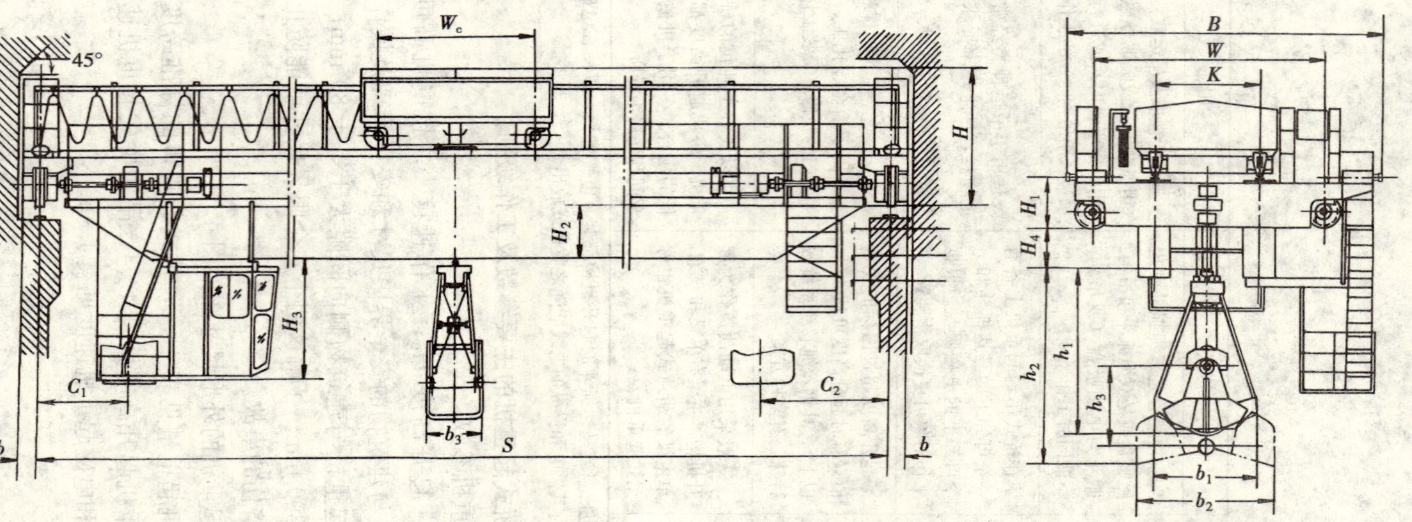


图 4—1　抓斗桥式起重机的外形尺寸图

**表 4—2　　　　　　　　桥式起重机起重量**

| 取物装置 | | 起重量系列（t） | 工作级别 |
| --- | --- | --- | --- |
| 吊钩 | 单小车 | 3.2；4；5；6.3；8；10；12.5；16；20；25；32；40；50；63；80；100；125；160；200；250 | A1～A6 |
| | 双小车 | 2.5＋2.5，3.2＋3.2；4＋4；5＋5；6.3＋6.3；8＋8；10＋10；12.5＋12.5；16＋16；20＋20；25＋25；32＋32；40＋40；50＋50；63＋63；80＋80；100＋100；125＋125 | A4～A6 |
| 抓斗 | | 3.2；4；5；6.3；8；10；12.5；16；20；25；32；40；50 | A5～A7 |
| 电磁吸盘 | | 5；6.3；8；10；12.5；16；20；25；32；40；50 | |

**表 4—3　　　　　　　　桥式起重机的标准跨度　　　　　　　　m**

| 起重量 $G_n$ t | | 建筑物跨度定位轴线 | | | | | | | | |
| --- | --- | --- | --- | --- | --- | --- | --- | --- | --- | --- |
| | | 12 | 15 | 18 | 21 | 24 | 27 | 30 | 33 | 36 |
| | | 跨度 $S$ | | | | | | | | |
| ≤50 | 无通道 | 10.5 | 13.5 | 16.5 | 19.5 | 22.5 | 25.5 | 28.5 | 31.5 | — |
| | 有通道 | 10 | 13 | 16 | 19 | 22 | 25 | 28 | 31 | — |
| 63～125 | | — | — | 16 | 19 | 22 | 25 | 28 | 31 | 34 |
| 160～250 | | — | — | 15.5 | 18.5 | 21.5 | 24.5 | 27.5 | 30.5 | 33.5 |

注：有无通道，系指建筑物上沿着起重机运行线路是否留有人行安全通道。

**表 4—4　　　　　　　　桥式起重机起升高度　　　　　　　　m**

| 起重量 $G_n$（t） | 吊钩 | | | | 抓斗 | | 电磁 |
| --- | --- | --- | --- | --- | --- | --- | --- |
| | 一般起升高度 | | 加大起升高度 | | 一般起升高度 | 加大起升高度 | 一般起升高度 |
| | 主钩 | 副钩 | 主钩 | 副钩 | | | |
| ≤50 | 12～16 | 14～18 | 24 | 26 | 18～26 | 30 | 16 |
| 63～125 | 20 | 22 | 30 | 32 | — | — | — |
| 160～250 | 22 | 24 | 30 | 32 | — | — | — |

注：1. 有范围的起升高度，具体值视起重量而定。

2. 表中所列为最大起升高度（必要时，经供需双方协商，也可超出此限），用户在订货时应提出实际需要的起升高度，实际值应从 6 m 开始，每增加 2 m 为一挡，取偶数。

表 4—5　　　　吊钩桥式起重机速度　　　　m/min

| 起重量（t） | 类别 | 工作级别 | 主钩起升速度 | 副钩起升速度 | 小车运行速度 | 起重机运行速度 |
|---|---|---|---|---|---|---|
| ≤50 | 高速 | M6 | 6.3～16 | 10～20 | 40～63 | 80～125 |
| | 中速 | M4～M5 | 5～12.5 | 8～16 | 32～50 | 63～100 |
| | 低速 | M1～M3 | 1.6～5 | 6.3～12.5 | 10～25 | 20～50 |
| 63～125 | 高速 | M6 | 5～10 | 8～16 | 32～40 | 63～100 |
| | 中速 | M4～M5 | 2.5～5 | 6.3～12.5 | 25～32 | 50～80 |
| | 低速 | M1～M3 | 1～2 | 5～10 | 10～20 | 20～40 |
| 160 | 高速 | M6 | 3.2～4 | 6.3～8 | 32～40 | 50～80 |
| 160～250 | 中速 | M4～M5 | 1.6～2.5 | 5～8 | 20～25 | 40～63 |
| | 低速 | M1～M3 | 0.63～1 | 4～6.3 | 10～16 | 20～32 |

注：在同一范围内的各种速度，具体值的大小应与起重量成反比，与工作级别成正比。地面操纵的运行速度按低速级。

表 4—6　　　　抓斗和电磁起重机速度　　　　m/min

| 抓斗起升速度 | 电磁吸盘起升速度 | 小车运行速度 | 起重机运行速度 |
|---|---|---|---|
| 25～50 | 16～32 | 40～50 | 80～125 |

2. 桥式起重机工作级别选择

根据起重机的使用环境和使用的频繁程度选择起重机的工作级别。起重机金属结构的工作级别和起重机工作级别相同；运行结构的工作级别一般与起重机相同；小车运行结构的工作级别一般应比起重机工作级别低一级；副起升机构一般和主起升机构的工作级别相同。

桥式起重机工作级别的选择见表 4—7。

**三、通用桥式起重机的型号表示方法**

根据起重机的吊具和小车结构的不同，把桥式起重机分为 8 种形式代号。桥式起重机形式代号见表 4—8。

表 4—7　　　　桥式起重机工作级别的选择

| 取物装置 | 使用场地 | 使用程度 | 起重机工作级别 |
|---|---|---|---|
| 吊钩 | 电站、动力房、泵房、仓库、修理车间、装配车间 | 极少使用 | A1 |
| | | 很少使用 | A2 |
| | 企业的生产车间<br>货场 | 轻度使用 | A3 |
| | | 中等使用 | A4 |
| | | 较重使用 | A5 |
| | | 繁重使用 | A6 |
| 抓斗电磁吸盘 | 仓库、料场、车间 | 较重使用 | A5 |
| | | 繁重使用 | A6 |
| | | 极重使用 | A7 |

表 4—8　　　　桥式起重机形式代号

| 序号 | 名称 | 小车 | 代号 |
|---|---|---|---|
| 1 | 吊钩桥式起重机 | 单小车 | QD |
| 2 | | 双小车 | QE |
| 3 | 抓斗桥式起重机 | 单小车 | QZ |
| 4 | 电磁桥式起重机 | 单小车 | QC |
| 5 | 抓斗吊钩桥式起重机 | 单小车 | QN |
| 6 | 电磁吊钩桥式起重机 | 单小车 | QA |
| 7 | 抓斗电磁桥式起重机 | 单小车 | QP |
| 8 | 三用桥式起重机 | 单小车 | QS |

注：序号 5～7 的名称亦可称二用桥式起重机。

型号表示方法：

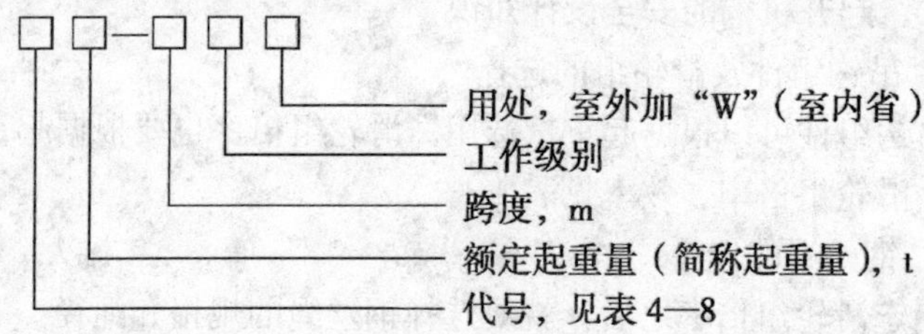

标记示例：

a. 起升机构具有主、副钩的起重量为 20/5 t，跨度为 19.5 m，工作级别为 A5，室内用吊钩桥式起重机应标为：

起重机 QD20/5—19.5A5　GB/T 14405

b. 起重量为 10 t，跨度为 22.5 m，工作级别为 A6，室外用抓斗桥式起重机应标为：

起重机 QZ10—22.5A6W　GB/T 14405

c. 起重量为 10 t，跨度为 25.5 m，工作级别为 A7，室内用抓斗吊钩桥式起重机应标为：

起重机 QN10—25.5A7　GB/T 14405

## 第二节　起升机构安全设计知识

### 一、起升机构的形式

起升机构包括电动机、联轴器、传动轴、制动器、减速器、卷筒、钢丝绳、滑轮组、取物装置。

根据起重机的起重量和取物装置的不同，起升机构有各种不同的形式。如图 4—2a 所示为单吊钩起升机构布置图。如图 4—2b 所示为双吊钩（主、副钩）起升机构布置图；如图 4—2c 所示为带电缆卷筒起升机构布置图；如图 4—2d 所示为抓斗用起升机构布置图；如图 4—2e 所示为带行星减速器的起升机构布置图（见本书第二章第六节行星减速器），以上是常见的几种类型布置图。如图 4—3 所示为集装箱门式起重机起升机构图。

### 二、起升机构的安全设计知识

1. 吊钩组件及滑轮组的选择

吊钩组件可以根据起重量选用。滑轮组倍率也要根据起重量选择，滑轮组倍率、效率见表 4—9。

2. 钢丝绳的选择

确定滑轮组倍率之后，就要选择钢丝绳的规格和绳径。

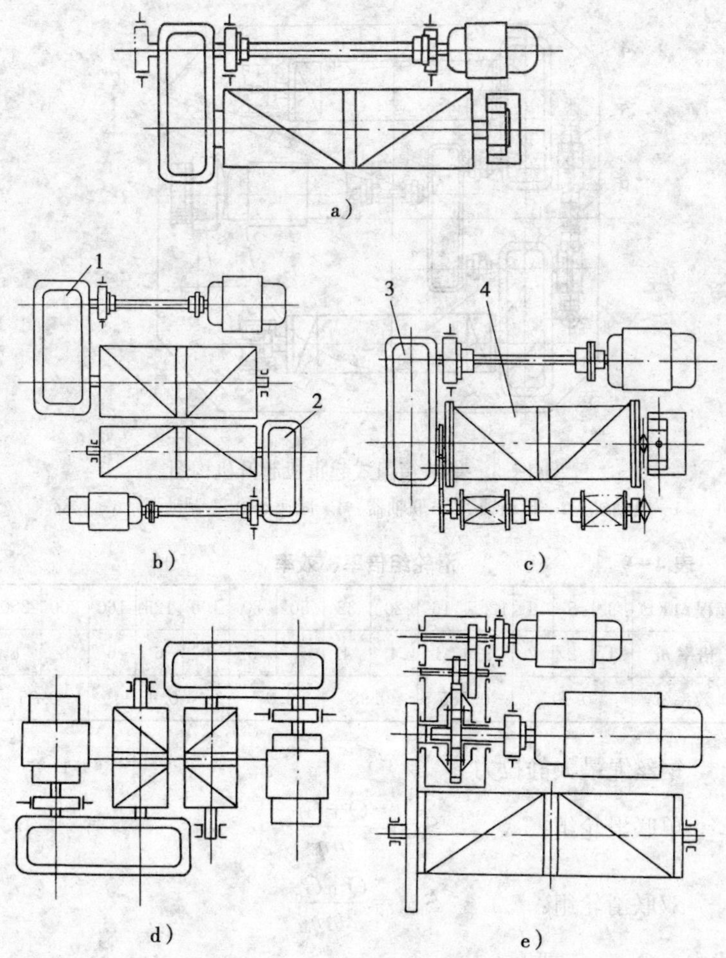


图 4—2 起升机构布置图

a）单吊钩起升机构布置图 b）双吊钩（主、副钩）起升机构布置图

c）带电缆卷筒起升机构布置图 d）抓斗用起升机构布置图

e）带行星减速器的起升机构布置图

1—主起升机构 2—副起升机构 3—减速器 4—钢丝绳卷筒

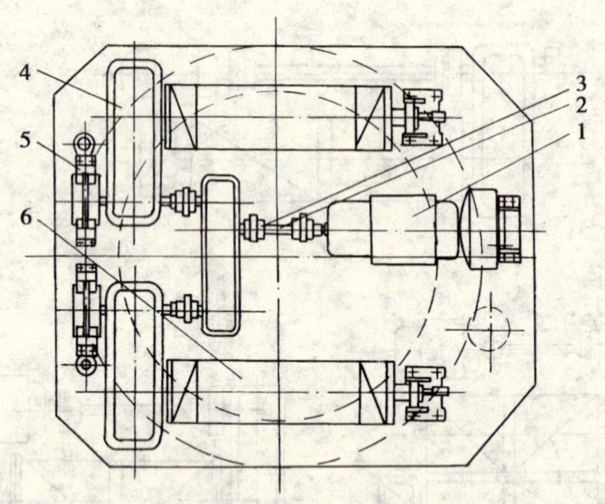


图 4—3　集装箱门式起重机起升机构图

1—电动机　2—传动轴　3—联轴器　4—减速器　5—制动器　6—卷筒

**表 4—9　　滑轮组倍率、效率**

| 起程 $Q$（t） | 3 | 5 | 8 | 12.5 | 16 | 20 | 32 | 50 | 80 | 100 | 125 | 160 | 200 | 250 |
|---|---|---|---|---|---|---|---|---|---|---|---|---|---|---|
| 倍率 $m$ | 1 | 2 | 2 | 3 | 3 | 4 | 4 | 5 | 5 | 6 | 6 | 6 | 8 | 8 |
| 效率 $\eta$ | 0.99 | | | 0.985 | | 0.98 | | 0.97 | | 0.96 | | | 0.95 | |

钢丝绳最大静拉力

单联滑轮组：　　$S_{max}=\dfrac{Q+G_{吊}}{m\eta_{滑}}$

双联滑轮组：　　$S_{max}=\dfrac{Q+G_{吊}}{2m\eta_{滑}}$

式中　$Q$——起重量；

$G_{吊}$——吊具重力；

$m$——倍率；

$\eta_{滑}$——滑轮组效率。

钢丝绳最小破断拉力为：

$$KS_{max}\leqslant F$$

式中　$F$——钢丝绳最小破断拉力（见本书第二章第二节）；

$K$——安全系数。

根据钢丝绳破断拉力总和从钢丝绳规格表中选择一条合适的钢丝绳，标出钢丝绳规格和绳径。

3. 电动机静功率计算

电动机静功率为：

$$N_{静}=\frac{(Q+G_{吊})v}{60\times 1\ 000\eta}\ (\mathrm{kW})$$

或

$$N_{静}=\frac{(Q+G_{吊})v}{6\ 120\ \eta}\ (\mathrm{kW})$$

式中　$(Q+G_{吊})$——起重量和吊具的重力，10 N；

$v$——起升速度，m/min；

$\eta$——起升机构效率，$\eta=0.85\sim0.9$。

在初选电动机时，考虑到各种不同工作环境和工作繁忙程度，各种电动机过载能力的不同可采取下式进行初选：

$$N_{额}\geqslant K_{电}N_{静}$$

式中　$K_{电}$——考虑空钩升降和起动对电动机发热的影响系数。系数 $K_{电}$ 的数据见表 4—10。最后确定电动机的额定功率 $N_{额}$。

**表 4—10　　$K_{电}$ 的数据**

| 电机型号 | 机构级别 | $K_{电}$ |
|---|---|---|
| JZR<br>JZRH | M1～M4<br>M5～M6<br>M7<br>M8 | 0.72～0.75<br>0.72～0.75<br>0.75～0.80<br>0.80～1.0 |
| JZ<br>JO | | 0.9<br>1.0 |

4. 减速器

减速器的选择要根据机构的传动比 $i$、静功率 $N_{静}$ 和输入转速 $n$ 来进行。

(1) 传动比 $i=n_{电}/n_{卷}$

$$n_{卷}=\frac{mv}{\pi D_0}$$

则

$$i=\frac{\pi D_0 n_{电}}{mv}$$

式中 $D_0$——卷筒直径；

$n$——电动机转速；

$m$——起升机构倍率；

$v$——起升速度。

(2) 要求减速器许用功率大于电动机的额定功率，即：

$$[P]\geqslant KN_{额}$$

式中 $K$——系数；

$[P]$——减速器许用功率；

$N_{额}$——电动机额定功率。

(3) 减速器输出轴最大径向力的验算公式为：

$$R_{max}=S_{max}+G_{卷}/2\leqslant[R]$$

式中 $S_{max}$——钢丝绳最大拉力；

$G_{卷}$——卷筒质量；

$[R]$——减速器输出轴允许最大径向力。

5. 静力矩和制动力矩

在起吊额定载荷时，卷筒上的静力矩为：

$$M_{卷}=\frac{(Q+G_{吊})D_0}{2m\eta_{滑}\ \eta_{卷}}\ (\mathrm{N\cdot m})$$

作用在电动机轴上的静力矩为：

$$M_{电}=\frac{(Q+G_{吊})D_0}{2mi\eta}$$

式中 $(Q+G_{吊})$——额定起重量重力和吊具重力；

$i$——传动比；

$\eta_{滑}$——滑轮组效率；

$\eta_{卷}$——卷筒效率；

$\eta$——起升机构效率。

制动力矩为：

$$M_{制}=K\frac{(Q+G_{吊})D_0}{2mi}\eta$$

式中　$K$——制动安全系数。

6. 起动时间的验算

机构在起动时，电动机发出的力矩一部分用于克服静阻力矩，另一部分使运动系统加速，也就是克服惯性力矩，即：

$$M_{起}=M_{静}+M_{惯}(t)$$

$$M_{惯}(t)=[J]\varepsilon=[J]\omega/t_{起}$$

$$[J]\frac{\omega}{t_{起}}=\frac{\pi[J]n_{电}}{30t_{起}}=\frac{[J]n_{电}}{9.55t_{起}}$$

则：
$$t_{起}=\frac{[J]n_{电}}{9.55(M_{起}-M_{静})}\ (\mathrm{s})$$

式中　$M_{起}$——电动机起动力矩，对三相交流绕线式电动机，$M_{起}=(1.6\sim1.8)M_{额}$；对笼型电动机，$M_{起}=(0.8\sim0.9)M_{max}$；

$M_{静}$——电动机轴上的静力矩，N·m；

$[J]$——起升时，换算到电动机轴上的总转动惯量，

$$[J]=1.15J_{电}+\frac{(Q+G_{吊})D_0^2}{4gm^2i^2\eta}$$

其中　$J_{电}$——电动机轴上的转动惯量，kg·m²。

对于一般的起升机构，起动时间应在0.5～2 s之间。

起动时平均加速度的验算公式为：

$$a_{平}=v/60t_{起}\leqslant[a_{平}]$$

式中　$[a_{平}]$——平均加速度，见表4—11。

**表 4—11　　平均加速度　　m/s²**

| 用途 | $[a_{平}]$ | 用途 | $[a_{平}]$ |
|---|---|---|---|
| 精密安装用 | ≤0.1 | 冶金起重机 | ≤0.5 |
| 吊运熔化金属 | ≤0.1 | 抓斗起重机 | ≤0.8 |
| 一般车间和仓库 | ≤0.2 | 繁忙的起吊 | 0.6～0.8 |

直线运动部分质量转换到电动机轴上的转动惯量的计算，根据能量原理可得：

$$\frac{1}{2}[J]_{卷}\omega^2=\frac{1}{2}qv^2$$

$$[J]_{卷}=q\frac{v^2}{\omega^2}=q\frac{\left(\frac{2\pi n_{卷}D_0}{2m}\right)^2}{(2\pi n_{卷})^2}=q\frac{D_0^2}{4m^2}$$

其中 $q$ 为直线运动部分质量。

$$[J]_{卷}=\frac{Q+G_{吊}}{g}\times\frac{D_0^2}{4m^2}$$

转换到电动机轴上则有：

$$[J]=\frac{[J]_{卷}}{i^2\eta}=\frac{(Q+G_{吊})D_0^2}{4gm^2i^2\eta}$$

验算起动时间 $t_{起}$ 方法之二：

$$M_{起}=M_{静}+M_{惯}(t)$$

$$M_{惯}(t)=M_{惯直}(t)+M_{惯转}(t)$$

$$M_{惯直}(t)=\frac{Q+G_{吊}}{g}\times\frac{v}{60t_{起}}\times\frac{D_0}{2mi\eta}$$

则：

$$v=\frac{\pi D_0n_{电}}{mi}$$

则：

$$M_{惯直}=\frac{(Q+G_{吊})D_0^2M_{电}}{375m^2i^2t_{起}}\times\frac{1}{\eta}$$

为了求出转动部分的惯性力矩，首先求系统中任一根转轴的 $M_{惯转}i$，即：

$$M_{惯转}i=J_i\omega_i$$

折算到电动机轴上可得：

$$M_{惯转}^{电}i=\frac{G_i}{g}\times\left(\frac{D_i}{2}\right)^2\times\frac{2\pi n_i}{60t_{起}}\times\frac{1}{i_i\eta}$$

$$M_{惯转}^{电}=\frac{1}{375}\times\frac{G_iD_i^2}{i_i^2}\times\frac{n_{电}}{t_{起}\eta}$$

从上式可知，某一根轴产生的惯性力矩换到电动机轴时，与该轴至电动机轴间的传动比的平方成反比。由此可见，在计算系统的转动惯性力矩时，高速轴（电动机轴）的惯性力矩起决定性作用，所以可用电动机轴产生的惯性力矩再增加 10%～15%作为系统的惯性力矩。

$$M_{惯转}=1.15\frac{G_1D_1^2n_{电}}{375t_{起}}$$

$$t_{起}=\frac{1.15G_1D_1^2n_{电}}{375(M_{起}-M_{静})}+\frac{(Q+G_{吊})D_0^2n_{电}}{375m^2i^2(M_{起}-M_{静})\eta}$$

式中 $G_1D_1^2$——电动机轴上的飞轮矩；

$n_{电}$——电动机转速；

$(Q+G_{吊})$——起重量和吊具重力；

$M_{起}$——电动机的平均起动力矩；

$M_{静}$——电动机轴上的静力矩，$M_{静}=\frac{(Q+G_{吊})D_0}{2mi\eta}$。

## 第三节　小车运行机构安全技术

### 一、小车构造与工作原理

小车包括小车架、小车运行机构以及其上的起升机构、电气设备等。

如图 4—4 所示为小车运行机构示意图。电动机 1 通过减速器 3 和传动轴 4 驱动车轮 7 运动。小车运行机构是将立式减速器固定在小车架中间，也可以将立式减速器固定在小车架某一侧，还可以采用“三合一”驱动装置驱动小车运行机构（见本书第二章第六节 QS 型减速器）。

### 二、小车三条腿

小车三条腿是指小车在运行时四个车轮中只有三个车轮着轨，一个悬空。小车三条腿可能会引起小车振动、走斜（歪）等故障。小车三条腿常有以下表现形式：

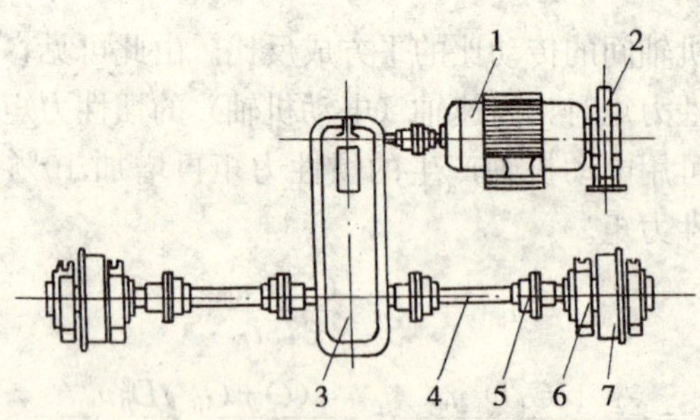


图 4—4　小车运行机构示意图

1—电动机　2—制动器　3—减速器

4—传动轴　5—联轴器　6—角轴承架　7—车轮

1. 某一车轮在整个运行过程中始终处于悬空状态。造成这种三条腿的原因可能有两个，其一是四个车轮的轴线不在一个平面内，即使车轮直径完全相等，也总会有一个轮悬空；其二是四个车轮的轴线在一个平面内，若是有一个车轮直径明显地比其他车轮小或者对角线上两个车轮直径太小，这样都会造成小车三条腿。

2. 起重小车在轨道全长中只在局部地段出现小车三条腿。为查清产生局部地段三条腿的原因，首先要检查轨道的平直性。如果某些地段轨道凸凹不平，小车进入这一地段就会出现三个车轮着轨，一个车轮悬空的情况。

**三、小车三条腿的检查**

1. 小车车轮的检查

车轮直径的偏差可根据车轮直径的公差进行检查，如 $\phi$350d 的车轮，查公差表可得知允许偏差为 0.1 mm，同时要求所有的车轮滚动面必须在同一平面上，偏差不应大于 0.3 mm。

2. 轨道的检查

为了消除小车三条腿，检查轨道的着重点应是轨道的高低偏差（轨道的其他项目检查在轨道检修部分叙述）。当小车跨距 $L_x \leqslant$ 2.5 m 时，轨道高度允许偏差（在同一截面内）$h \leqslant 3$ mm；当小车跨距 $L_x > 2.5$ m 时，允许偏差 $h \leqslant 5$ mm。小车轨道接头处的高低

差 $e\leqslant1$ mm，小车轨道接头处的侧向偏差 $g\leqslant1$ mm。

小车轨道高度偏差的检查方法，有条件时可用水准仪和经纬仪来找平。没有这些条件的地方可用桥尺和水平尺找平。桥尺就是一个金属构架，但其下弦面必须加工得比较平，整个架子刚度要高，这样才能保证准确性。桥尺测量法示意图如图 4—5 所示，把桥尺横放在小车的两条轨道上，在桥尺上安放水平仪。用观察水平仪水珠移动的方法来检查起重小车轨道高度差。也可以采用其他的方法，如连通器法来检查同一截面两条轨道的高度偏差。检查同一轨道的平直性时可采用拉钢丝的方法，根据钢丝来找平轨道。

3. 小车三条腿的综合检查

在实际工作中，所遇到的问题多是由于几种因素交织在一起引起的，有车轮的原因，也有轨道的原因。这时只能推动小车，逐段分析，找出造成三条腿的原因。

如图 4—6 所示为小车三条腿的检查示意图，检查时，可准备一套塞尺或厚度各不相同的铁片，将小车慢慢地推动，逐段检查。如果在检查过程中发现小车在整个行程中始终有一个车轮悬空，而车轮直径又在公差范围内，那么就可以断定那个车轮的轴线偏高；在推动过程中，只有在局部地段出现三条腿现象，如图 4—6 所示，车轮 $A$ 在 $a$ 处出现间隙 $\Delta$，那么选择一个合适的塞尺或铁片塞进去，然后再推动起重小车，如果当 $C$ 轮进入 $a$ 点不

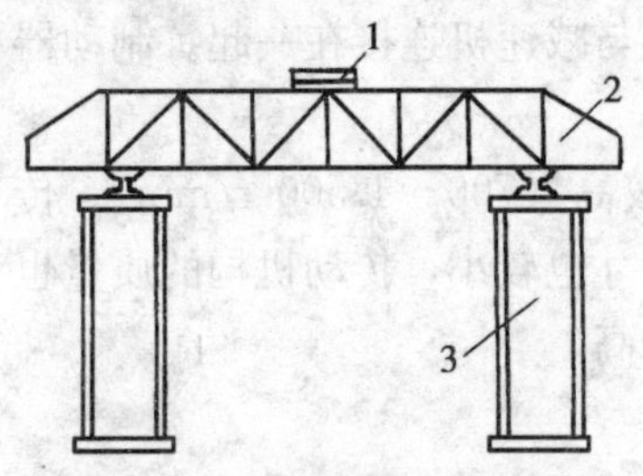

图 4—5 桥尺测量法示意图
1—水平仪 2—桥尺 3—支柱

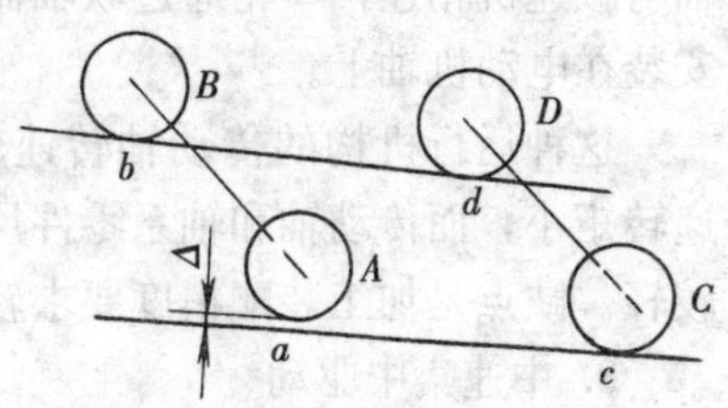

图 4—6 小车三条腿的检查示意图

再有间隙，则说明轨道在 $a$ 处偏低。如果 $A$ 轮在 $a$ 点没有间隙，$C$ 轮进入 $a$ 点出现间隙，那么就可以判断是车轮的偏差所造成的。当然可能出现更加错综复杂的情况，那就要进行综合分析，找出原因，进行修理。

## 第四节　大车运行机构安全技术

### 一、大车运行机构

大车运行机构由电动机、制动器、减速机、传动轴、联轴节、车轮等组成。

大车运行机构的集中驱动装置图如图 4—7 所示，其常见的布置方案有以下 3 种：

1. 低速集中驱动

如图 4—7a 所示为低速集中驱动机构，它由电动机、联轴器、制动器、减速机、低速传动轴和车轮等组成。

这种传动方式的优点是传动轴转速低，一般为 50～100 r/min，由于传动轴转速低，所以较安全。缺点是传动轴转矩大，因而轴、轴承、联轴器和轴承座的尺寸较大，使整个机构较重。

一般应用在 5～10 t 的小起重量的起重机上。

2. 高速集中驱动

高速集中驱动机构如图 4—7b 所示，它由电动机经高速传动轴与减速机相连，车轮通过联轴器与减速机连接在一起。制动器安装在电动机轴上。

这种运行机构的传动轴转速较高（700～1 500 r/min）。传递转矩小，而传动轴和轴系零件尺寸也较小，传动机构的质量也较轻。缺点是加工装配精度要求较高。

3. 中速集中驱动

如图 4—7c 所示为中速集中驱动机构。电动机通过减速器和中速传动轴带动开式齿轮，开式转动的大齿轮与车轮固定在一

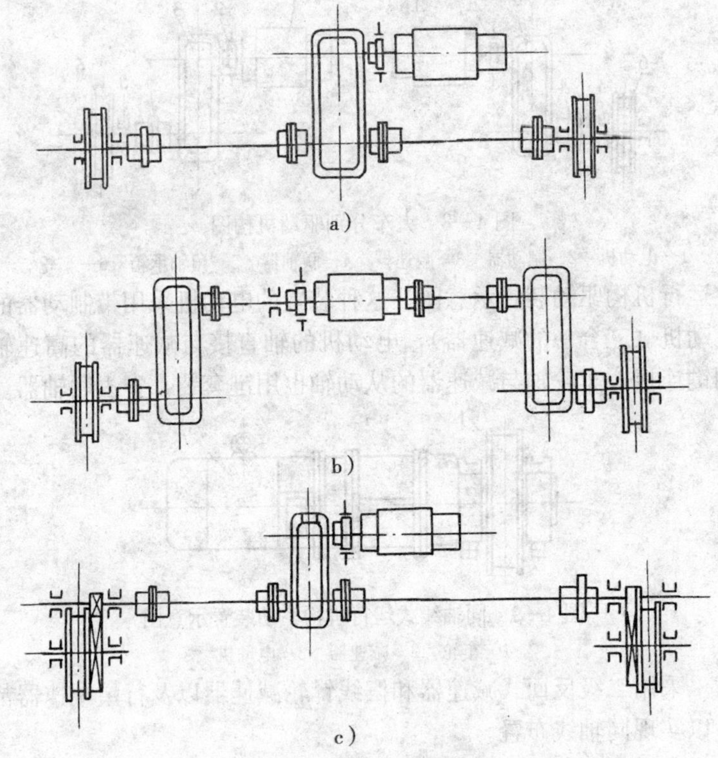


图 4—7　大车运行机构的集中驱动装置图

a）低速集中驱动机构　b）高速集中驱动机构　c）中速集中驱动机构

起，这样就驱动了车轮运动。这种传动方式多用于小起重量的起重机上。

分别驱动就是桥式起重机上装两套相同的、但又互不联系的驱动装置。每套装置都包括电动机、制动器、减速器、车轮等。如图 4—8 所示为大车分别驱动机构图。

分别驱动的优点：由于省去传动轴，而使运行机构自重减轻许多；由于分组性好，使得安装、维护和保养很方便。

近些年来，桥式起重机上开始采用同轴线的运行机构，即电动机、制动器与车轮装在同一轴线上，如图 4—9 所示为同轴线

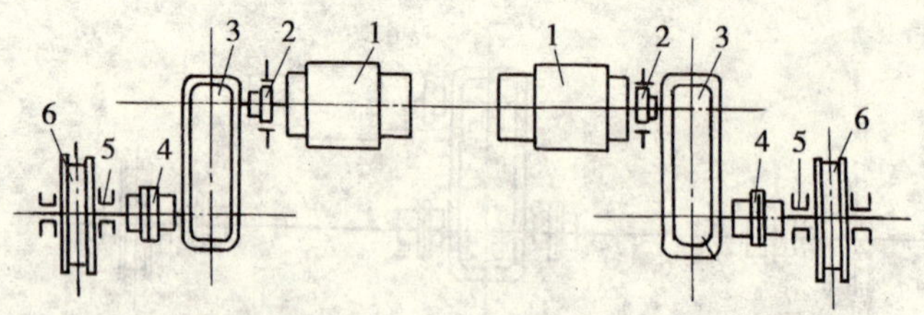

图 4—8　大车分别驱动机构图

1—电动机　2—制动器　3—减速器　4—联轴器　5—角轴承箱　6—车轮

式运行机构驱动装置示意图。这种装置的电动机采用带制动器的电动机（三合一的减速器），电动机的轴直接与减速器的高速轴用键连接，车轮轴与减速器的从动轴也用键套装，省去联轴器。

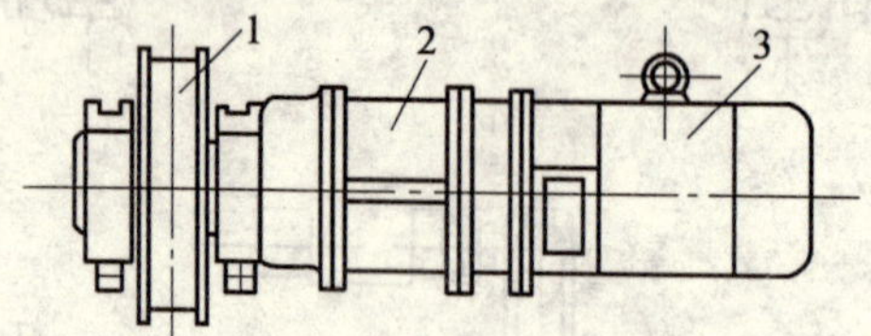

图 4—9　同轴线式运行机构驱动装置示意图

1—车轮　2—减速器　3—电动机

采用二级反回式减速器和摆线针轮减速器以及行星减速器都可以实现同轴线布置。

分别驱动的桥式起重机中两套驱动装置虽然没有联系，但只要保证轮距与跨度的比在 1/4～1/6 的范围内，则起重机不会走偏。

## 二、车轮与轨道的安全检查

### 1. 车轮

车轮有单轮缘、双轮缘和无轮缘车轮之分。车轮滚动面又可分为圆柱形和圆锥形。桥式起重机多采用双轮缘圆柱形滚动面的车轮。如图 4—10 所示为单轮缘和双轮缘车轮图。

根据 JB/T 6392 规定，轧制车轮材料的力学性能应不低于 GB 699 中规定的 60 钢；锻造车轮材料的力学性能应不低于 45 钢（车轮直径 $D<400$ mm）和 55 钢（车轮直径 $D>400$ mm）；铸造车轮材料的力学性能应不低于 GB 11352 中规定的 ZG340—

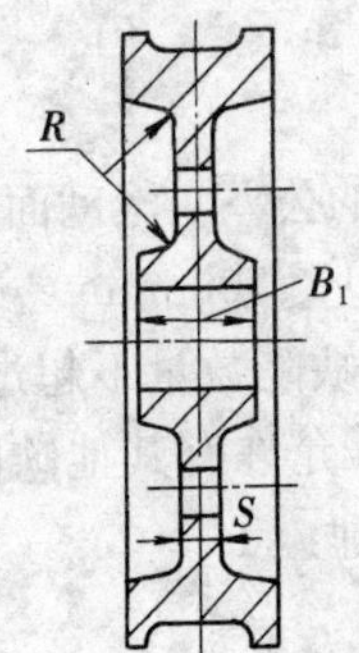


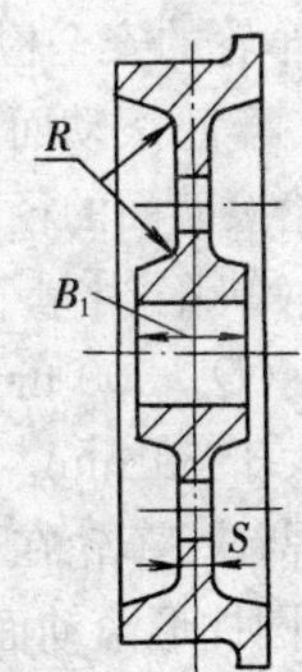


图 4—10　单轮缘和双轮缘车轮图

640。滚动面硬度为 300～380HBW，淬硬层深度为距滚动面 20 mm 处要达到 260HBW。

车轮通常是根据最大轮压选择，车轮与轨道的匹配关系见表 4—12。

**表 4—12**　　**车轮与轨道的匹配关系**　　mm

| $D$ | 160 | 200 | 250 | 315 | 400 | 500 | 630 | 710 | 800 | 900 |
|---|---|---|---|---|---|---|---|---|---|---|
| $D_1$ | 190 | 230 | 280 | 355 | 440 | 540 | 680 | 760 | 850 | 950 |
| $B_2 \leqslant$ | 40 | 40 | 45 | 80 | 80 | 100 | 120 | 120 | 120 | 120 |
| $c \geqslant$ | 5 | 5 | 5 | 5/9.5 | 5/9.5 | 5/12.5 | 5/12.5 | 12.5 | 12.5 | 12.5 |
| $b \geqslant$ | 20 | 20 | 20 | 20 | 20 | 20 | 25 | 25 | 25 | 25 |
| $r \geqslant$ | 5 | 5 | 5 | 5 | 5 | 5 | 5 | 5 | 6 | 6 |
| 轨道 | 9 kg/m | | | 15 kg/m | — | — | — | — | — | — |
| | 12 kg/m | | | 22 kg/m | | | — | — | — | — |
| | — | — | 15 kg/m | 30 kg/m | | | | — | — | — |
| | — | — | — | 38 kg/m | | | | | — | — |
| | — | — | — | 43 kg/m | | | | | | — |
| | — | — | — | 50 kg/m | | | | | | |
| | — | — | — | QU80 | | | | | | |
| | — | — | — | — | — | QU100 | | | | |
| | — | — | — | — | — | — | QU 120 | | | |

注：表中 c 值中分子用于小车车轮，分母用于大车车轮。

2. 车轮的安全检查

（1）车轮滚动面

车轮滚动面的径向跳动不应大于直径的公差，滚动面除允许有直径（缺陷当量直径）$d \leqslant 1$ mm（$D \leqslant 500$ mm）或 $d \leqslant 1.5$ mm（$D > 500$ mm），深度 $h \leqslant 3$ mm，缺陷数量不超过 3 处，间距不大于 50 mm。表面不得有裂纹，不允许有其他缺陷，也不允许焊补。车轮在下列情况下应进行修理：

1）圆柱形滚动面的两主动轮

250～500 mm，车轮直径偏差为 0.125～0.25 mm；

600～900 mm，车轮直径偏差为 0.30～0.45 mm。

2）圆柱形滚动面的两被动轮

250～500 mm，车轮直径偏差为 0.66～0.76 mm；

600～900 mm，车轮直径偏差为 0.90～1.10 mm。

3）圆锥形滚动面两主动轮直径偏差大于名义直径的 1/1 000 时应重新加工修理。

4）在使用过程中，滚动面剥离，擦伤面的面积大于 2 $cm^2$，深度大于 3 mm，应重新加工。

车轮由于磨损或由于其他缺陷重新加工后，轮圈厚度减小不应超过 15%。

（2）轮缘

1）车轮轮缘的正常磨损可以不修理，当磨损量超过轮缘的名义厚度的 50%时，应更换新车轮。

2）在使用过程中轮缘折断或其他缺陷的面积不应超过 3 $cm^2$，深度不应超过壁厚的 30%，且在同一加工面上不应多于 3 处。在这个范围内的缺陷可以焊补，然后磨光。

（3）装配后的检验

车轮装配后基准端面的摆幅不得大于 0.1 mm，径向跳动在车轮直径公差的范围内，轮缘或轮毂的壁厚偏差不应大于 3 mm（轮径 $D \leqslant 500$ mm）或 5 mm（$D > 500$ mm）。

装配好的车轮组应能用手灵活转动。当车轮装于圆锥滚子轴承时，轴承内外圈间允许有 0.03～0.18 mm 的轴向间隙，当采用其他轴承时，则不允许有轴向间隙。

3. 轨道的安全检查

桥式起重机的钢轨多采用 38，43，50 kg 钢轨和 QU 型钢轨。也有把方钢作为起重机轨道来使用的。

起重机钢轨参数见表 4—13，重轨参数见表 4—14。

(1) 一般检查　检查钢轨、螺栓、夹板有无裂纹、松脱和腐蚀。如发现裂纹应及时更换新件，如有其他缺陷应及时修理。

钢轨上的裂纹可用线路轨道探伤器检查，裂纹有垂直于轨道的横裂纹，也有顺着轨道的纵向裂纹和斜向裂纹。如果产生较小的横向裂纹可采用鱼尾板连接；斜向或纵向裂纹则要去掉有裂纹的部分，换上新轨道。

钢轨顶面若有较小的疤痕或损伤时，可用电焊补平，再用砂轮修光。轨顶面和侧面磨损（单侧）都不应超过 3 mm。

鱼尾板的连接螺栓不得少于 4 个，一般应有 6 个。

小车轨道每组垫铁不应超过两块，长度不应小于 100 mm，宽度应比钢轨底宽 10～20 mm。两组垫铁间距不应小于200 mm。垫铁与轨道底面实际接触面积不应小于名义接触面积的 60%，局部间隙不应大于 1 mm（用塞尺检查）。

(2) 轨道的测量与调整　轨道的直线型可用拉钢丝的方法进行检查，即在轨道的两端车挡上拉一根 0.5 mm 的钢丝，然后用吊线锤的方法来逐点测量，测点间隔可在 2 m 左右。

轨道的标高可用水平仪测量。

轨道的跨度可用钢卷尺来检查，尺的一端用卡板紧固，另一端拴一弹簧秤，其拉力约为 150 N，每隔 5 m 测量一次。测量前应先在钢轨的中间打上样冲眼，各测量点弹簧秤拉力应一致。

桥式起重机轨距允许偏差为±5 mm，轨道纵向倾斜度为 1/1 500，两根轨道相对标高允许偏差为 10 mm。

表 4—13　　起重机钢轨参数

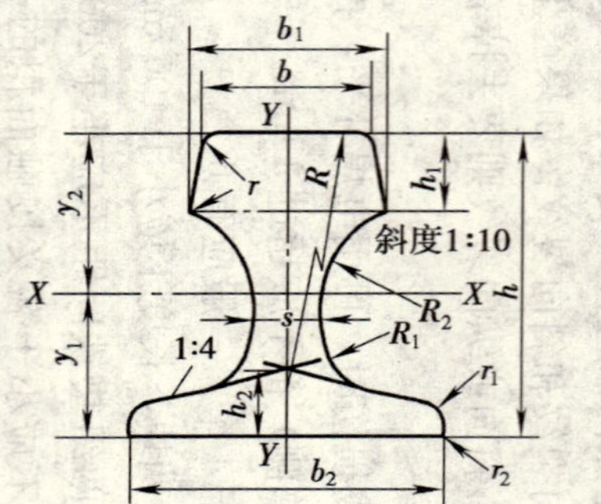


| 钢轨标号 | 理论质量（kg/m） | 尺寸 | | | | | | | | | | | | | 截面面积（$cm^2$） | 重心距离 | | 惯性距 | | 截面系数 | | |
|---|---|---|---|---|---|---|---|---|---|---|---|---|---|---|---|---|---|---|---|---|---|---|
| | | $b$ | $b_1$ | $b_2$ | $s$ | $h$ | $h_1$ | $h_2$ | $R$ | $R_1$ | $R_2$ | $r$ | $r_1$ | $r_2$ | | $y_1$ | $y_2$ | $I_X$ | $I_Y$ | $W_1=\frac{I_X}{y_1}$ | $W_2=\frac{I_X}{y_2}$ | $W_3=\frac{I_Y}{b_2/2}$ |
| | | (mm) | | | | | | | | | | | | | | (cm) | | ($cm^4$) | | ($cm^3$) | | |
| QU70 | 52. 8 | 70 | 76. 5 | 120 | 28 | 120 | 32. 5 | 24 | 400 | 23 | 38 | 6 | 6 | 1. 5 | 67. 3 | 5. 93 | 6. 07 | 1 081. 99 | 327. 16 | 182. 46 | 178. 12 | 54. 53 |
| QU80 | 63. 69 | 80 | 87 | 130 | 32 | 130 | 35 | 26 | 400 | 26 | 44 | 8 | 6 | 1. 5 | 81. 13 | 6. 43 | 6. 57 | 1 547. 40 | 482. 39 | 240. 65 | 235. 52 | 74. 21 |
| QU100 | 88. 96 | 100 | 108 | 150 | 38 | 150 | 40 | 30 | 450 | 30 | 50 | 8 | 8 | 2 | 113. 32 | 7. 60 | 7. 40 | 2 864. 73 | 940. 98 | 376. 94 | 387. 12 | 125. 45 |
| QU120 | 118. 1 | 120 | 129 | 170 | 44 | 170 | 45 | 35 | 500 | 34 | 56 | 8 | 8 | 2 | 150. 44 | 8. 43 | 8. 57 | 4 923. 79 | 1 694. 83 | 584. 08 | 574. 54 | 199. 39 |

表 4—14

## 重轨参数

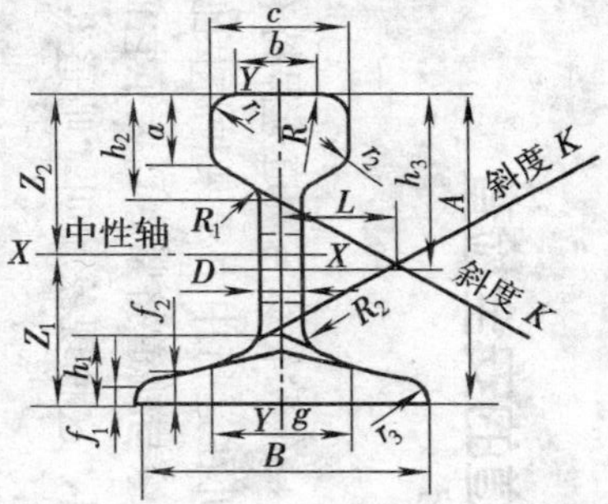


50kg/m
钢轨下部断面

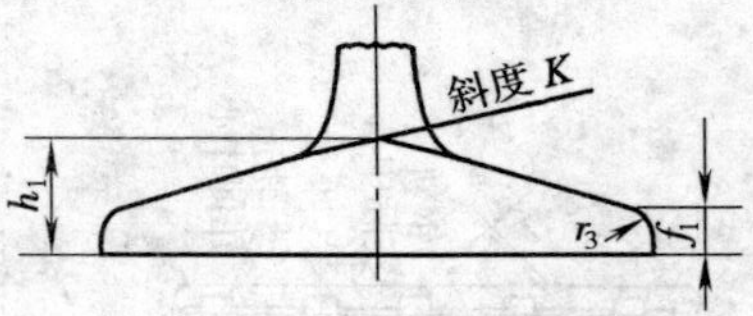


钢轨端部侧视图

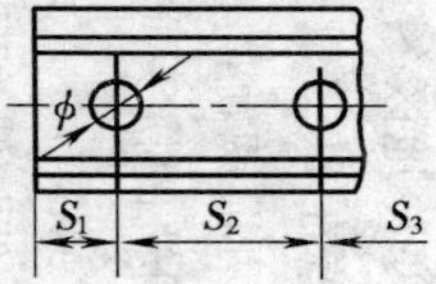


| 钢轨型号 (kg/m) | 主要尺寸 | | | | 截面面积 F | 重心矩 | | 惯性矩 | | 截面系数 | | | 斜度 K | 理论质量 (kg/m) | 通常长度 (m) | 标准号 |
|---|---|---|---|---|---|---|---|---|---|---|---|---|---|---|---|---|
| | A | B | C | D | | 至轨底 $Z_1$ | 至轨顶 $Z_2$ | $J_X$ | $J_Y$ | 轨底 $W_1=\frac{J_X}{Z_1}$ | 轨顶 $W_2=\frac{J_X}{Z_2}$ | $W_3=\frac{J_Y}{B/2}$ | | | | |
| | (mm) | | | | ($cm^2$) | (cm) | | ($cm^4$) | | ($cm^3$) | | | | | | |
| 38 | 134 | 114 | 68 | 13 | 49.5 | 6.67 | 6.73 | 1 204.4 | 209.3 | 180.6 | 178.9 | 36.7 | 1∶3 | 38.733 | 12.5，25 | GB/T 183 |
| 43 | 140 | 114 | 70 | 14.5 | 57.0 | 6.85 | 7.15 | 1 489 | 260 | 217.3 | 208.3 | 45 | 1∶3 | 44.653 | 12.5，25 | GB/T 182 |
| 50 | 152 | 132 | 70 | 15.5 | 65.8 | 7.10 | 8.10 | 2 037 | 377 | 287.2 | 251.3 | 57.1 | 1∶4 | 51.514 | 12.5，25 | GB/T 181 |

| 钢轨型号 (kg/m) | 尺寸 (mm) | | | | | | | | | | | | | | | | |
|---|---|---|---|---|---|---|---|---|---|---|---|---|---|---|---|---|---|
| | $h_1$ | $h_2$ | $h_3$ | $a$ | $b$ | $g$ | $f_1$ | $f_2$ | $r_1$ | $r_2$ | $r_3$ | $S_1$ | $S_2$ | $S_3$ | $\phi$ | $R$ | $R_1$ | $R_2$ |
| 38 | 24 | 39 | 74.5 | 27.7 | 43.9 | 79 | 9 | 10.8 | 13 | 4 | 4 | 56 | 110 | 160 | 29 | 300 | 7 | 7 |
| 43 | 27 | 42 | 77.5 | 30.4 | 46 | 78 | 11 | 14 | 13 | 2 | 4 | 56 | 110 | 160 | 29 | 300 | 10 | 15 |
| 50 | 27 | 42 | 83.5 | 33.3 | 46 | | 10.5 | | 13 | 2.5 | 4 | 66 | 150 | 140 | 31 | 300 | 12 | 20 |

钢轨接头可以做成直接头，也可以制成 45°角的斜接头，如图 4—11 所示为轨道铺设图。斜接头可以使车轮在接头处平稳过渡。一般接头的缝隙为 1～2 mm，在寒冷地区冬季施工或安装时气温低于常年使用时的气温，且相差在 20℃以上时，应考虑温度缝隙，一般为 4～6 mm。接头处两根钢轨的横向位移或高低不平偏差均不得大于 1 mm。两条钢轨的接头应错开 500 mm 以上。

钢轨的实际中心线与轨道的几何中心线的偏差不应大于 3 mm。

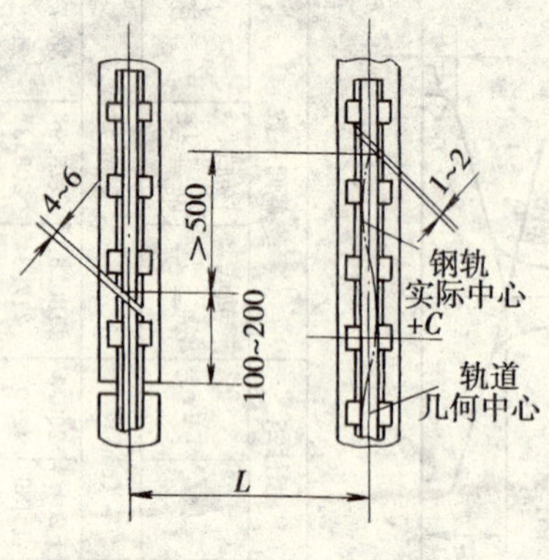


图 4—11　轨道铺设图

# 第五节　大车啃道的安全检查

## 一、啃道的迹象

桥式或门式起重机正常行驶时，车轮轮缘与轨道应保持有一定的间隙（20～30 mm）。当起重机在运行中由于某种原因使车轮与轨道产生横向滑动时，车轮轮缘与轨道挤紧，增大了它们之间的摩擦力，致使轮缘和钢轨磨损，这种现象就叫“啃道”，也称为“咬道”。

起重机啃道是车轮轮缘与轨道摩擦力增大的过程，也是车体走斜的过程。

啃道会使车轮和钢轨很快地磨损、报废，其示意图如图 4—12 所示。如图 4—12a 所示为车轮轮缘被啃咬薄，如图 4—12b 所示为钢轨被啃变形。

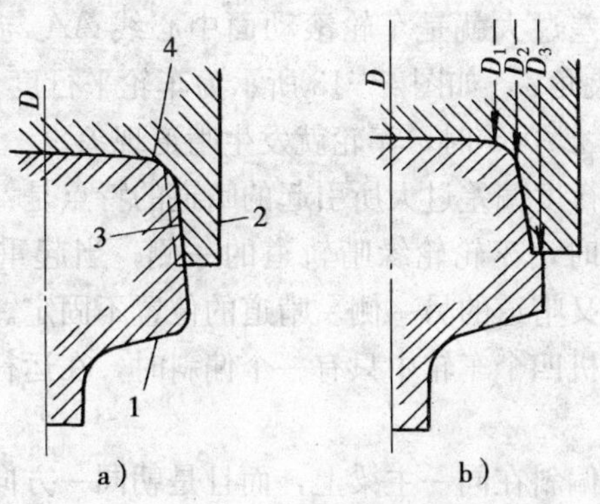


图 4—12 啃道示意图

1—钢轨 2—轮缘 3—被啃的轮缘 4—轮廓

正常工作情况下中级工作制度的车轮可以使用 10 年以上，重级工作制度的车轮可以使用 5 年以上。而严重啃道的车轮使用寿命大大缩短，有的可用 1～2 年，有的甚至几个月就报废。

啃道严重时还会使起重机脱轨，并由此引起种种的设备和人身事故。啃道使起重机走斜，对轨道的固定和路基都有不同程度的破坏。

检查起重机是否啃道可以根据下列迹象来判断：

1. 钢轨侧面有一条明亮的痕迹，严重时痕迹上带有毛刺。

2. 车轮轮缘内侧有亮斑。

3. 钢轨顶面有亮斑。

4. 起重机行驶时，在短距离内轮缘与钢轨的间隙有明显的改变。

5. 起重机在运行中，特别在起动、制动时，车体走偏、扭摆。

如有以上迹象可以判断起重机在运行中有啃道现象。

## 二、车轮啃道的特征及原因分析

1. 由于车轮的加工或安装偏差所引起的啃道

(1) 车轮的平行度偏差过大是桥式起重机啃道的常见原因之一。平行度偏差过大就是车轮滚动面中心线 $AA$ 与轨道中心线 $OO$ 形成一个夹角 $\alpha$，如图 4—13 所示为车轮平行度偏差示意图。一般情况，当 $\alpha > 0.5^{\circ}$时，车轮就发生啃道现象。

由车轮平行度偏差过大所引起的啃道的特点是：起重机往某一个方向行驶时，车轮轮缘啃轨道的一侧；当起重机反向行驶时，同一轮子又啃道的另一侧。啃道的位置不固定。

桥式起重机四个车轮中只有一个偏斜时，在运行中会有轻度的啃道。

两个车轮偏斜在同一主梁上，而且是朝同一方向偏斜。在这种情况下，不论偏斜的是主动轮还是被动轮，在起重机运行中都会引起比较严重的啃道。如果是主动轮，那么啃道更为严重。

四个车轮都偏斜，但偏斜的方向相反。如果四个车轮偏斜量大致相等，一般不会啃道。但是这种偏斜对传动机构很不利，运行阻力会增大。

四个车轮都朝同一方向偏斜。这种情况下，当起重机运行一段距离后，车体便会很快靠向一边，发生啃道现象；当反向运行时，车体又会很快地向另一边走斜啃道。这种情况啃道严重。正常运行的距离随着车轮偏斜度的增加而减小。

前两种情况，起重机在运行中啃道的特征是车体发生扭头现象。即起重机向前方运行时，车体便沿逆时针方向扭头；当起重机向后方运行时，车体便沿顺时针方向扭头。

(2) 车轮与轨道的垂直度偏差过大，车轮在垂直方向偏斜。车轮端面垂直偏差不应大于 $1/400D$。如图 4—14 所示为车轮垂直度偏差过大的示意图。这种情况下车轮的滚动面与钢轨踏面的接触面积变小，而单位面积的压力（比压）就会增大。所以车轮滚动面磨损也就会不均匀，严重时，在车轮的滚动面上会形成环形磨损沟。车轮轮缘总是啃钢轨的同一侧，起重机在运行中常常发出“嘶嘶”声。

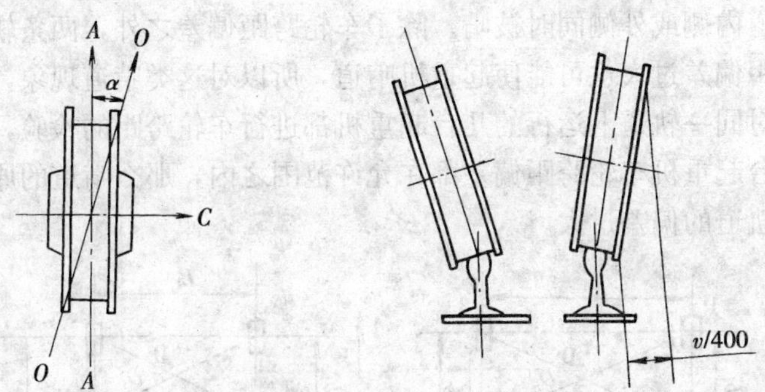


图 4—13　车轮平行度偏差示意图　　图 4—14　平轮垂直度偏差过大的示意图

（3）车轮跨距、对角线不等和两车轮的直线度偏差过大。如图 4—15 所示为车轮跨距、对角线偏差示意图，图 4—15a 所示为起重机大车轮的跨距不等（$L_1<L_2$），对角线不等（$D_1<D_2$），右侧车轮直线性偏差为 $e$。当起重机向 $A$ 方向运行时，由车轮 3 的外缘定位，而车轮 3 的轮缘啃道的外侧，车轮 4 则不易啃道。同理，当起重机向 $B$ 方向运行时，由车轮 4 的内缘定位，并啃道的内侧，此时，车轮 3 则不易啃道。所以这种情况啃道的特征是一条钢轨的两侧都被啃，同一条钢轨上运行的两个车轮，一个车轮啃钢轨的内侧，一个车轮啃钢轨的外侧。而啃道的方向和地段都不固定。

如图 4—15b 所示的情况是起重机大车轮相对位置呈梯形，车轮跨距不等（$L_1<L_2$），对角线相等（$D_1=D_2$）。起重机在运行过程中，跨距小的那一对（组）车轮啃道的外侧，跨距大的那一对车轮啃道的内侧。

如图 4—15c 所示的情况是起重机大车轮的相对位置呈平行四边形，车轮对角线不等（$D_1>D_2$）。这种情况下起重机啃道的车轮有以下特点：对角线短的一对车轮啃外缘；对角线长的一对车轮啃内缘。

如在图 4—15b，c 所示情况下，起重机啃道的特征是：两条轨道内侧或外侧同时被啃。除了车轮跨距偏差之外，两条轨道的跨距偏差过大也可能使起重机啃道，所以对这类啃道现象，应首先对同一轨道上运行的几台起重机都进行车轮跨距的检验，如果各台起重机车轮跨距偏差都在允许范围之内，那么啃道的原因则是轨道的偏差过大。

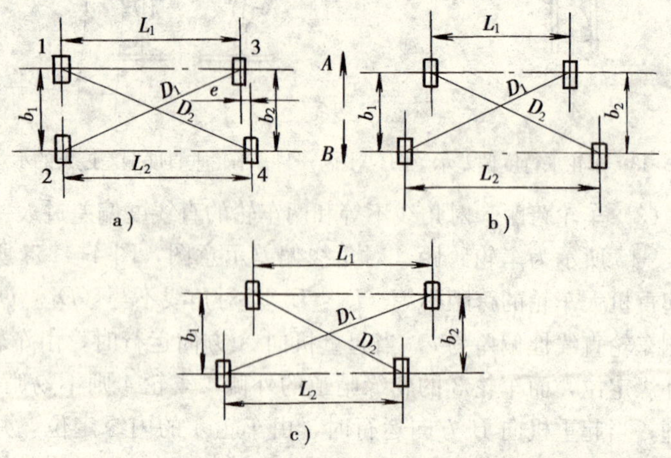


图 4—15　车轮跨距、对角线偏差示意图

（4）车轮直径不等（主要指主动轮），就会使左右两侧车轮的运行速度产生偏差，车体就走斜，因而造成啃道。这种原因的啃道对于集中驱动的机构尤其明显。对于分别驱动的运行机构，只要车轮直径偏差在公差范围内，就不会啃道。

2. 由于轨道安装偏差过大而造成的啃道

（1）两条轨道相对标高偏差过大，使起重机在运行过程中容易产生横向移动，这样轨道标高较高一侧的车轮轮缘与轨道外侧相挤而啃道；标高低的一侧车轮轮缘啃轨道的内侧。

（2）同一侧两根相邻的钢轨顶面（踏面）不在同一水平面内。如两钢轨顶面的倾斜方向相反，当起重机运行至钢轨的接头处时，车体产生横向移动并且啃道。这种啃道表现为车轮在轨道接头处常常发出金属的撞击声。

（3）钢轨顶面上有油、水和冰霜等都可能使车轮打滑，车体走斜而产生啃道。有时会发生这样的情况，冬季两条钢轨在夜间结上冰霜，由于建筑物的遮掩，某一侧轨道先受日光照射而使冰霜熔化，而另一侧轨道还残留有冰霜。这样，车轮在有冰霜的一侧打滑，使车体走斜而啃道。这种啃道并不是设备的故障。

3. 由于传动系统偏差而引起的啃道

由于分别驱动的两套传动机构不同，而使车体走斜产生啃道。这种啃道的特征是：起重机在起动、制动时车体扭摆而啃道。

（1）齿轮间隙不等，轴、键松动而造成啃道。分别驱动的两套传动机构中，其中一套的齿轮间隙较另一套的齿轮间隙大；或者某一套传动机构的轴、键松动，都会使车轮产生速度差，引起车体走斜而啃道。这种情况的啃道常发生在起动阶段。

（2）两套驱动机构的制动器调整的松紧程度不同，也能引起车体走斜而啃道。在起动、制动时，由于一侧制动器松，一侧制动器紧，也会使车体走斜而发生啃道现象。

（3）电动机转速差过大而引起啃道。分别驱动的两套机构间一般没有联系，所以，若两个驱动电动机转速差超过规定值，这样车体就会走斜而啃道。在检修时还要特别注意，电动机不能接反，以避免发生事故。

当某一边的电动机线路中有一相断线，电动机转速将降低，也会造成车体走斜而啃道。

（4）由于金属结构的变形，使车轮产生对角线偏差、跨距偏差、直线度偏差等也都会使起重机在运行中啃道。

上述引起起重机大车运行啃道的原因中，由于车轮偏差所引起的啃道较为普遍。有时各种因素交织在一起导致啃道，这就要具体分析，找出其主要原因进行修理。

### 三、啃道的检验

1. 车轮平行度偏差和直线度偏差的检验

车轮偏差检验示意图如图 4—16 所示，以轨道为基准，拉一根钢丝（0.5 mm），使其与轨道外侧平行，距离均等于 $a$。再用钢板尺测出 $b_1$，$b_2$，$b_3$，$b_4$ 各点距离，用下式求出车轮 1 及 2 的平行度偏差：

车轮平行度偏差

车轮 1：$\frac{b_1-b_2}{2}$　　车轮 2：$\frac{b_3-b_4}{2}$

车轮直线度偏差：

$$\delta=\left|\frac{b_1+b_2}{2}-\frac{b_4+b_3}{2}\right|$$

因为是以轨道作为基准，所以需要选择一段直线度较好的轨道进行这项检验。

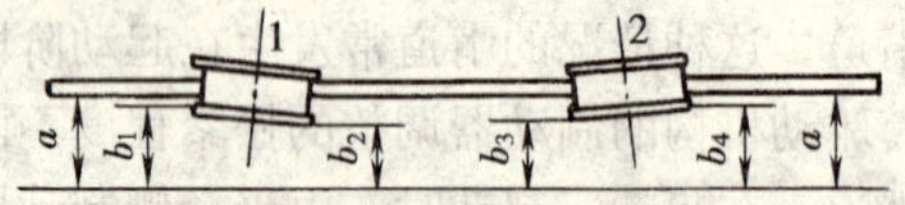


图 4—16　车轮偏差检验示意图

2. 大车车轮对角线的检验

选择一段直线性较好的轨道，将起重机开进这段轨道内，用游标卡尺找出车轮滚动中心并划一条线，沿线挂一个线锤，然后找出锤尖指在轨道上的点，在这一点上打一个样冲眼。以同样的方法找出其余三个车轮的中心点，这就是车轮对角线的测量点，而后将起重机开走。

用钢卷尺测量对角线车轮中心的距离，这段距离就是车轮的对角线。如图 4—17 所示为车轮对角线的检验图。

为了减小测量误差，钢板尺一端用卡板固定，另一端用弹簧秤拉紧，拉力以每米跨距 7～8 N 为宜，即拉力 $P=(7\sim8)\ L$。

车轮跨距、轮距都可以用这个方法进行检验。

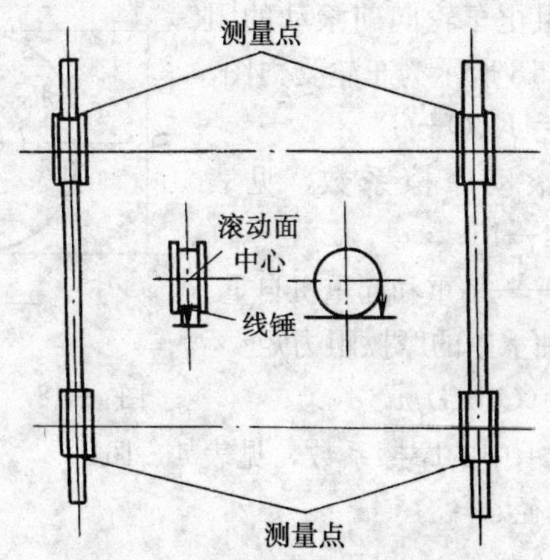


图 4—17 车轮对角线的检验图

在测量上述各项时，是在车轮垂直度、平行度和直线度检验的基础上进行的，在分析测量时，要考虑上述各项因素的影响。

3. 轨道的检验

轨道标高可用水平仪检验；轨道的跨距可用拉钢卷尺的办法测量；轨道的直线度可用拉钢丝的方法检验。根据检验的结果，多用描绘曲线的方法显示轨道的标高、直线度等。测量用钢丝的直径可根据轨道长度在 0.5～2.5 mm 范围内选取。

此外，还应检验固定轨道用的压板、垫板以及轨道接头等项。

## 第六节 运行机构安全设计知识

### 一、运行静阻力计算

1. 摩擦阻力

摩擦阻力包括车轮沿轨道滚动摩擦阻力、车轮轴承中的摩擦阻力以及起重走斜时所产生的阻力。

（1）滚动摩擦阻力 当车轮在驱动力矩 $M_{驱}$ 的作用下向前滚动时，作用在车轮上的支反力的作用线向前移动一段距离，这样就形成一个阻止车轮向前滚动的阻力矩，如图 4—18 所示为车轮受力图。

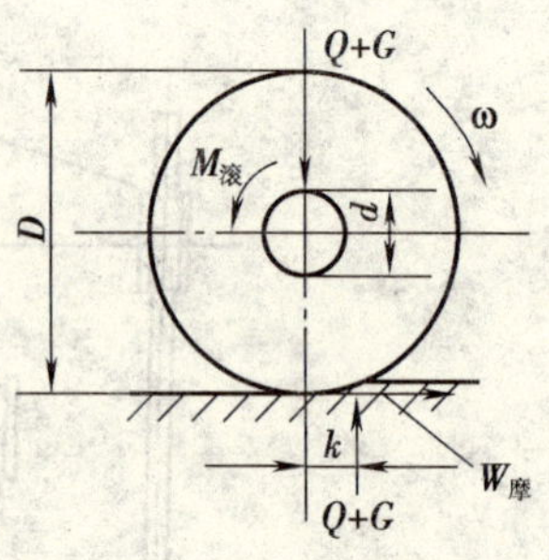

图 4—18　车轮受力图

$$M_{滚}=K(Q+G)$$

式中　$K$——滚动摩擦系数，见表 4—15；

$(Q+G)$——吊重和起重机自重。

（2）车轮轴承中的摩擦阻力矩

$$M_{轴}=(Q+G)\mu d/2$$

式中　$\mu$——轴承中的摩擦系数，见表 4—16；

$d$——轴径。

表 4—15　**滚动摩擦系数 K**

| 车轮＼轨道 | 车轮直径（mm） | | | | | |
|---|---|---|---|---|---|---|
| | 100～150 | 200～300 | 400～500 | 600～700 | 800 | 900～1 000 |
| 平顶钢轨 | 0.25 | 0.3 | 0.5 | 0.6 | 0.7 | 0.8 |
| 圆顶钢轨 | 0.3 | 0.4 | 0.6 | 0.8 | 1.0 | 1.20 |

表 4—16　**轴承中的摩擦系数**

| 轴承种类 | 摩擦系数 |
|---|---|
| 球轴承 | 0.01～0.015 |
| 滚子轴承 | 0.015～0.020 |
| 滚针轴承 | 0.05～0.07 |

总摩擦阻力为：

$$W_{摩}=(G+Q)\times\frac{2K+\mu d}{D}\times\beta$$

式中　$D$——车轮直径；

$\beta$——考虑轮缘的附加阻力系数，小车运行机构取 $\beta=2.0$；大车运行机构取 $\beta=1.5$。

2. 坡度阻力

$$W_{坡}=(Q+G)\sin\alpha$$

式中　$\alpha$——轨道坡角。

因为轨道坡角比较小，则 $\sin\alpha\approx\tan\alpha$，对于桥式起重机大车 $\tan\alpha=0.0015$；小车 $\tan\alpha=0.002$，门式起重机 $\tan\alpha=0.002$。

3. 风阻力

露天作业的起重机都要考虑风阻力，风阻力按下式计算：

$$W_{风}=qCA\ (\text{N})$$

式中　$q$——工作状态的计算风压，$\text{N/m}^2$；

$C$——起重机体形系数；

$A$——起重机及吊运货物的迎风面积，$\text{m}^2$。

起重机运行总阻力为：

$$W=W_{摩}+W_{坡}+W_{风}$$

**二、电动机的选择**

为了选择电动机功率，首先要计算静功率。

电动机的静功率按下式计算：

$$N_{静}=\frac{Wv}{1\,000\eta}\times\frac{1}{m_0}\ (\text{kW})$$

式中　$W$——起重机运行阻力，N；

$v$——起重机运行速度，m/s；

$\eta$——运行机构效率，$\eta=0.85\sim0.9$；

$m_0$——运行机构电动机台数。

电动机功率为：

$$N=K_{电}N_{静}$$

式中　$K_{电}$——考虑电动机起动过程的系数，$K_{电}$ 系数见表 4—17。

**表 4—17　$K_{电}$ 系数**

| 运行速度（m/min） | 30 | 90 | 120 | 130 |
|---|---|---|---|---|
| 起动时间（s） | 5 | 6.5 | 8 | 9 |
| $K_{电}$ | 1.2 | 2.0 | 2.2 | 2.6 |

## 三、减速器的选择

选择减速器要确定机构传动比，传动比可按下式计算：

$$i=n_{电}/n_{轮}$$

而：
$$n_{轮}=\frac{60v}{\pi D_{轮}}$$

则：
$$i=\frac{\pi D_{轮}n_{电}}{60v}$$

式中 $D_{轮}$——车轮直径，m；

$v$——运行速度，m/s；

$n_{电}$——电动机转速，r/min。

根据传动比 $i$、传递的功率 $N$ 和减速器输入轴转速 $n$，则可以选择减速器。

## 四、起动时间的验算

与起升机构一样，电动机发出的转矩一部分克服静阻力矩，一部分克服惯性力矩，从惯性力矩中可求出起动时间：

$$t_{起}=\frac{[J]n_{电}}{9.55(M_{起}-M_{静})}\ (\mathrm{s})$$

式中 $[J]$——换算转动惯量；

$$[J]=1.15J_{电}+\frac{(Q+G)D_{轮}^2}{4gi^2\eta}\ (\mathrm{kg\cdot m^2})$$

$M_{起}$——起动力矩，$M_{起}=m_0\phi M_{额}$，而其中

$$M_{额}=9\ 550\ N/n\ (\mathrm{N\cdot m})；$$

$M_{静}$——静力矩；$M_{静}=\frac{WD_{轮}}{2i\eta}$ (N·m)。

起动时间是否合理，还要验算平均加速度是否满足要求。其验算公式为：

$$a=\frac{v}{60t_{起}}\leqslant[a]$$

对于吊运熔化金属及危险品的起重机 $[a]=0.1\sim0.2\ \mathrm{m/s^2}$，一般桥式起重机 $[a]=0.4\sim0.7\ \mathrm{m/s^2}$。

## 五、制动器的选择和制动时间的验算

制动器发出的制动力矩应使起重机在工作中不被风吹跑（要求有足够的附着力）。

$$M_{制}=\frac{[J]'n_{电}}{9.55t_{制}}+（W_{风\mathrm{II}}+W_{坡}-W_{摩}）\frac{D_{轮}\eta'}{2i}\ (\mathrm{N\cdot m})$$

式中 $[J]'$——制动时转换到电动机轴上的转动惯量；

$[J]'=1.15m_0J_{电}+\frac{(Q+G_{吊})D_{轮}^2}{4gi^2}\eta'$，其中

$\eta'$——制动时机构效率，一般情况下 $\eta'=\eta$；

$W_{风\mathrm{II}}$——工作状态最大风阻力，N。

其他符号同前。

制动时间的验算公式为：

$$t_{制}=\frac{[J]''n_{电}}{9.55(M_{制}-M'_{静})}\ (\mathrm{s})$$

式中 $[J]''$——空载转换到电动机轴上的转动惯量，

$$[J]''=1.15m_0J_{电}+\frac{GD_{轮}^2}{4gi^2}\eta\ (\mathrm{kg\cdot m^2})；$$

$M'_{静}$——空载时静力矩，N·m。

## 六、主动车轮打滑的验算

为了保证主动车轮不打滑，必须保证通过车轮与轨道传递的力小于二者之间的最大摩擦力（足够的附着力、粘着力）。

通过车轮和轨道传递的力等于电动机的起动力（折算到车轮轮边上），扣除惯性力和轴颈摩擦阻力。

1. 验算起动时期的打滑

为保证驱动轮不打滑，每组驱动装置必须满足以下不等式：

$$\frac{\varphi R_{\min}}{K}\geqslant M_{\max}\frac{2i}{D_{轮}}\eta-1.15J_{电}i^2\left(\frac{a_{\max}}{\frac{D_{轮}}{2}}\right)\frac{1}{\frac{D_{轮}}{2}}\times\frac{1}{\eta}-\frac{\mu d}{D_{轮}}R_{\min}$$

$$\frac{\varphi R_{\min}}{K}\geqslant M_{\max}\frac{2i}{D_{轮}}\eta-1.15\frac{4J_{电}i^2a_{\max}}{D_{轮}^2}\eta-\frac{\mu d}{D_{轮}}R_{\min}$$

$$\left(\frac{\varphi}{K}+\frac{\mu d}{D_{轮}}\right)R_{\min}\geqslant M_{\max}\frac{2i}{D_{轮}}\eta-1.15\frac{4J_{电}i^2a_{\max}}{D_{轮}^2}\eta$$

式中 $\varphi$——附着系数，室内 $\varphi=0.2$，露天 $\varphi=0.12$；

$K$——安全系数，$K=1\sim1.05$；

$R_{\min}$——最小轮压（当一台电动机驱动几个主动轮时，应为轮压之和）；

$J_{电}$——电动机转子转动惯量；

$a_{\max}$——运行机构的最大加速度，其计算公式为：

$$a_{\max}\approx a_{起}\frac{M_{max}}{M_{起}}$$

而：

$$a_{起}=\frac{v}{60t_{起}}\ (\mathrm{m/s^2})$$

2. 验算制动时期的打滑

为保证制动过程中主动轮不打滑，则应满足下式：

$$\left(\frac{\varphi}{K_1}-\frac{\mu d}{D_{轮}}\right)R_{\min}\geqslant M_{制}\frac{2i}{D_{轮}\eta'}-1.15\frac{4J_{电}i^2}{D_{轮}\eta'}a_{制}$$

式中 $K_1$——安全系数，在制动时期打滑验算安全系数取 $K_1=1.2$；

$M_{制}$——制动器的制动力矩；

$a_{制}$——制动减速度，$a_{制}=\frac{v}{60t_{制}}$ (m/s$^2$)。

## 第七节 电气设备安全技术

对起重机电气设备提出安全技术要求，是为了提高人员和财产的安全性、控制响应的一致性、设备维护的便利性。如图 4—19 所示为典型起重机及其相关电气设备的框图。

框图中给出供电、配电、控制设备、驱动装置、安全防护装置和警告器件等之间的关系。

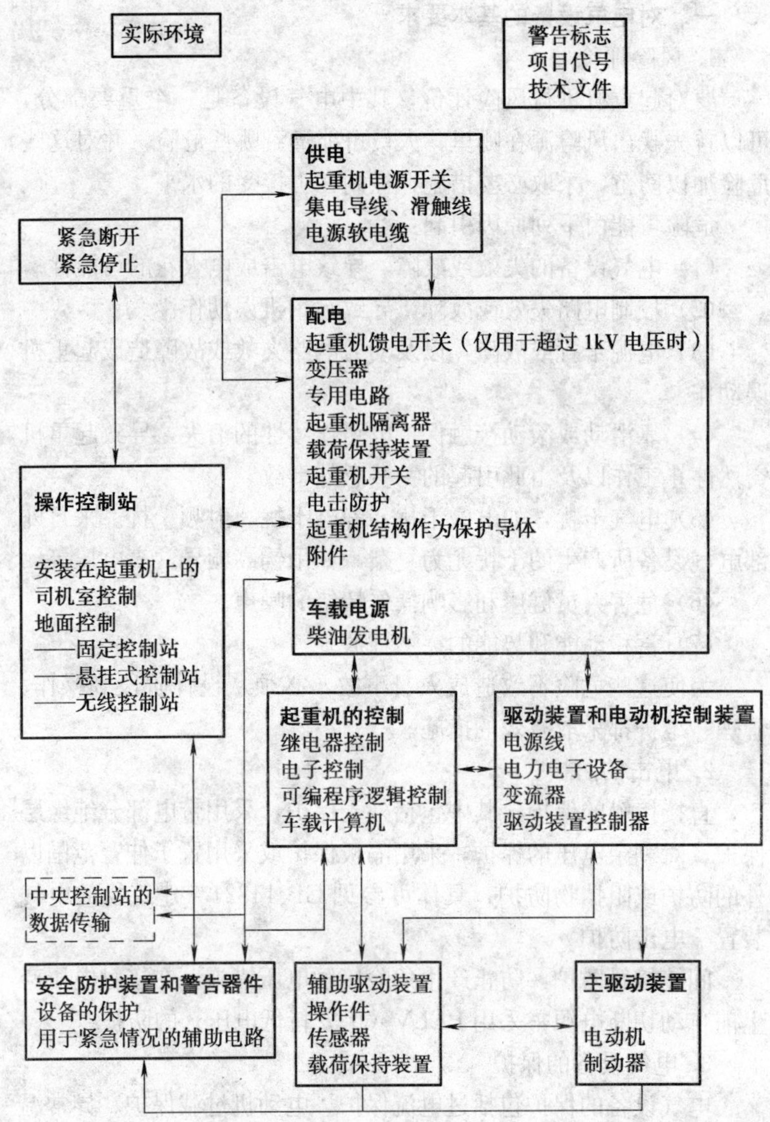


图 4—19　典型起重机及其相关电气设备的框图

## 一、对电气设备的基本要求

1. 风险评价

要对起重机进行风险评价，其中电气设备是一个重要部分，可以首先找出风险源在哪里，人员可能遭到哪些危险，并对这些危险加以防范，采取必要措施，控制在可接受的水平。

危险可能由下列原因引起：

（1）电气设备的失效或故障，导致电击或电火花的可能性。

（2）控制电路失效或故障，导致起重机误动作。

（3）电源干扰或故障，以及动力电路失效或故障造成起重机误动作。

（4）靠滑动或滚动接触保持电路连续性的消失，导致起重机突然停止工作以及由此引起的一些意外事故。

（5）电气干扰，如电磁干扰、静电干扰、射频干扰。来自外部电气设备所产生的干扰尤为复杂，如吊钩高频异常高电压等。

（6）危害人员健康和影响操作情绪的噪声。

（7）蓄积动能和势能的突然释放。

为使这些危险不致造成人身事故，必须从设计阶段到操作、管理、维护都采取有效的措施。

2. 电击的防护

直接接触的保护，其中包括外壳保护，采用带电部分绝缘层保护，对剩余电压的保护，采用隔板保护或采用置于伸臂范围以外的防护或阻挡物防护。具体可参见 GB 14821《建筑物的电气装置　电击防护》

间接接触防护：防止产生危险接触电压措施，在接触电压产生前自动切断电源，采用 PELV（保安特低电压）的防护。

3. 电气设备的保护

电气设备的保护包括过电流保护、电动机过载保护、异常温度保护、对电源中断或电压下降随后复原保护、电动机超速保护、接地故障/剩余电流保护、相序保护、雷电和开关浪涌引起的过电压的保护。

GB 5226.2—2002《机械安全　机械电气设备第 32 部分：起重机械技术条件》中为防止误操作，对按钮的颜色和标志、指示灯和显示器都做出规定。

按钮操作件的颜色代码及其含义见表 4—18，按钮标记见表 4—19，指示灯的颜色及其相对于起重机械状态的含义见表 4—20。

**表 4—18　　按钮操作件的颜色代码及其含义**

| 颜色 | 含义 | 说明 | 应用示例 |
| --- | --- | --- | --- |
| 红 | 紧急 | 危险或紧急情况时操作 | 紧急停止<br>应急功能启动 |
| 黄 | 异常 | 异常情况时操作 | 干预制止异常情况<br>干预重新启动中断了的自动循环 |
| 绿 | 正常 | 正常情况时操作 | 正常功能 |
| 蓝 | 强制 | 要求强制性动作的情况时操作 | 复位功能 |
| 白 | 未赋予特定含义 | 除急停以外的一般功能的启动（见注） | 启动/接通（优先）<br>停止/断开 |
| 灰 | | | 启动/接通<br>停止/断开 |
| 黑 | | | 启动/接通<br>停止/断开（优先） |

注：如果按钮操作件的识别同时还采用了其他代码手段（如形状、位置、结构），则白、灰或黑同一种颜色可用于各种不同功能（如白色用于启动/接通和停止/断开操作件）。

**表 4—19　　按钮标记**

| 启动或接通 | 停止或断开 | 启动或停止和接通或断开交替动作的按钮 | 按住即运转而松开则停止运转的按钮（如“保持—运转”） |
| --- | --- | --- | --- |
| IEC 60417—2：1998 中 5007 | IEC 60417—2：1998 中 5008 | IEC 60417—2：1998 中 5010 | IEC 60417—2：1998 中 5011 |
| 丨 | ○ | ⦶ | ⊖ |

表 4—20　指示灯的颜色及其相对于起重机械状态的含义

| 颜色 | 含义 | 说明 | 操作者的动作 |
|---|---|---|---|
| 红 | 紧急 | 危险情况 | 立即动作去处理危险情况（如操作急停） |
| 黄 | 异常 | 异常情况；紧急临界情况 | 监视和/或干预（如重建需要的功能） |
| 绿 | 正常 | 正常情况 | 任选 |
| 蓝 | 强制 | 指标操作者需要动作 | 强制性动作 |
| 白 | 不确定 | 其他情况，可用于红、黄、绿、蓝色的应用有疑问时 | 监视 |

## 二、动力电路

动力电路包括电动机绕组和外接电路。外接电路又可分为定子电路和转子电路。

1. 定子电路

定子电路就是电动机定子与电源间的电路。当合上保护柜刀开关，按下启动按钮时，保护柜主接触头闭合。当控制器手柄扳到正转方向，电动机正转；扳到反转方向，则电动机反转。

定子电路的故障主要是断路和短路两种情况。一根电源线断路会造成单相接电。短路故障都伴有“放炮”现象，所以比较容易发现。

（1）断路故障　三相电路中有一根断路，电动机就处于单相接电状态。在这种情况下，电动机不能起动，并发出嗡嗡的响声。如果电动机在运行过程中发生单相接电故障，当控制器停在最后一挡时电动机还能继续转动，但输出力矩减小。单相接电时间一长就会烧毁电动机。所以电动机过热时必须注意检修。由于接头松动而逐渐导致的单相接电，在断路后的短时间内，断路部位的温度通常高于另外两根相线的温度。常见故障及原因如下：

1）四台电动机都不动

①没有电。

②主滑线接触不良。

③保护柜刀开关接触不良或接触器触头接触不良。

2）大车开不动，其他正常，故障一定在大车电路中。大车只能向一个方向开动，不能向另一个方向开动，故障在控制器。

3）小车开不动，其他正常，故障在小车电路中。

由于小车滑线接触不良，其单相接电的故障比大车多。

4）副钩发生故障，其他正常，则故障在副钩电路中。必须注意控制器下降触头接触不良的故障，由于货物的拖动吊钩也能下降，所以不易及时发现。时间拖长就有可能烧毁电动机。

5）主钩能正常运转，大、小车和副钩都为单相接电状态。在这种情况下，故障可能发生在保护柜的接触器部分或公用过电流继电器断路。这种故障的特征是：开动主钩的同时大、小车和副钩也能开动。但当主钩停止工作时，大、小车和副钩就都不能开动。出现这种现象的原因是主钩接触器闭合后使公用滑线带电，大、小车和副钩从此得电。

主钩电路单相接电，其他机构正常。故障在保护柜刀开关以后的主钩电路中。

如果主钩接触器接到公用滑线的连接导线断路，主钩仍能工作。这时主钩电动机经公用滑线从保护柜得到供电，但是由于这一段导线截面较小，容易发热。这时主钩电动机定子三相电流极不平衡，电动机转矩降低，下降速度也极快，容易烧毁电动机。

（2）短路故障　短路故障有相间短路、接地短路和电弧短路。相间短路和接地短路主要是由于导线磨漏造成的。可逆接触器的联琐装置失去作用，在接触器没有断开的情况下，打反车也会造成相间短路。

电弧短路伴有强烈的“放炮”现象，主要发生在控制屏上，其原因是可逆接触器中先闭合的接触器释放动作慢，电弧没有熄灭，后闭合的接触器已经接通，这样就造成其相间短路。

2. 转子电路

转子电路包括附加电阻元件与控制器相连接的线路，当控制器扳到不同挡位时，附加电阻分段被切除。转子电路常见故障：

（1）断路故障　转子电路发生断路故障的主要部位有电动机转子的滑环部分、滑线部分、电阻器（或接触器）触头。

转子电路有一相断路后，转矩只有额定值的10％～20％。转子电路接触不良时，电动机产生激烈的振动。

（2）短路故障　转子电路接地或线间短路时，一般不易发觉，因此，要定期检修电动机并检查其电路绝缘情况。

电动机转子电路接触不良和电动机、减速器、固定螺钉松动都可能引起电动机振动，并且很难区别。为此可用钳式电流表检查定子电流（当然也可以首先排除机械故障），如果定子电流不平衡或波动很大，便可确定转子电路接触不良；如果三相电流平衡，则故障可肯定在机械部分。当定子三相电流不平衡时，可进一步把滑环短接进行二次测量。如果电流仍不平衡，则故障发生在电动机内部；如果二次测量时三相电流平衡，则故障发生在电动机转子电路的外电路上。用这种方法，可把故障逐步缩小在某些部分或电器元件上。

## 第八节　通用桥式起重机金属结构及架设安全技术

### 一、结构形式

1. 正轨箱形双梁

主梁有两条箱形梁，小车轨道置于箱形主梁（上翼缘板）的中心线上，所以称为正轨箱形双梁（见图4—20b）。其优点是零部件数量少，制造简单，通用性强等。应用比较广泛。

2. 偏轨箱形双梁

小车轨道铺设在箱形梁主腹板上方的上翼缘板上。这样主梁内可省去加劲板，但主腹板外侧要加设小三角加劲板，以支撑小车轨道。主梁采用宽形结构，则可省去走台，为主梁的运输带来方便。

3. 偏轨箱形单主梁

有垂直反滚轮单主梁和水平反滚轮单主梁两种。垂直反滚轮起重小车是两支点，所以垂直轮压大，适宜小起重量起重机。优点是制造简单，便于维修。水平反滚轮起重小车是三支点，可用于大起重量起重机，小车结构复杂，维修比较困难。

4. 桁架梁

桁架梁（见图 4—20a）自重轻、刚度高。但不便于批量生产，只用于单件大跨度的结构生产。

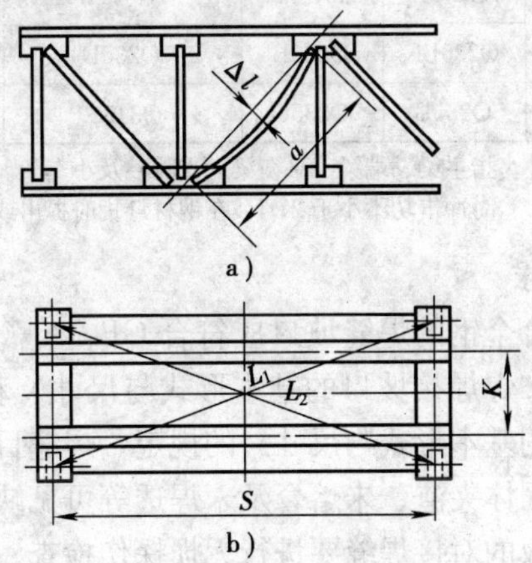


图 4—20　桁架梁和正轨箱形双梁图

5. 半偏轨箱形双梁

小车轨道铺设在箱形梁中心线和主腹板之间的上翼缘板上，轨道中心线距箱形梁中心线约为上翼缘板宽度的 1/4，可省去小三角加劲板，焊接工艺得到改善。

6. 偏轨空腹箱形双梁

在偏轨箱形双梁的副腹板上（无轨道侧）开一些孔洞，并且允许人员出入。一方面可以减轻主梁质量，另一方面还可以将起重机的电气设备、运行机构置于箱形主梁内。多用于大起重量的起重机。

## 二、材料要求

1. 桥式起重机金属结构的材质

根据构件的重要程度、环境条件和工作级别采用不同的钢材。桥式起重机金属结构材质见表 4—21。

**表 4—21　　桥式起重机金属结构材质**

| 构件类别 | | 重要构件① | | | 其余构件 |
|---|---|---|---|---|---|
| 工作环境温度 | | 不低于−20℃ | | 低于−20～−25℃ | 不低于−25℃ |
| 工作级别 | | A1～A5 | A6，A7 | A1～A7 | A1～A7 |
| 钢材牌号 | $\delta\leqslant$20 mm | Q235BF | Q235B | Q235D | Q235AF |
| | $\delta>$20 mm | Q235B | Q235C | Q345② | |

注：①重要构件，指主梁、端梁、平衡梁（支腿）及小车架。

②要求−20℃时冲击功不小于 27 J，在钢材订货时提出或补做试验。

2. 焊接要求

碳钢、低合金钢的焊缝坡口应符合 GB 985《气焊、手工电弧焊、气体保护焊焊接坡口的基本形式与尺寸》和 GB 986《埋弧焊焊接坡口的基本形式与尺寸》的规定。焊缝目测检查不得有裂纹、孔穴、固体夹渣、未熔合及未焊透等可见缺陷。主梁受拉区翼缘板、腹板的对接焊缝要进行无损探伤检查。焊缝质量应不低于 GB 3323《钢熔化焊对接接头射线照相和质量分级》中规定的Ⅱ级质量或 JB 1152《锅炉和钢制压力容器对接焊缝超声波探伤》中规定的Ⅰ级质量。即焊缝内应无裂纹、未熔合和未焊透。

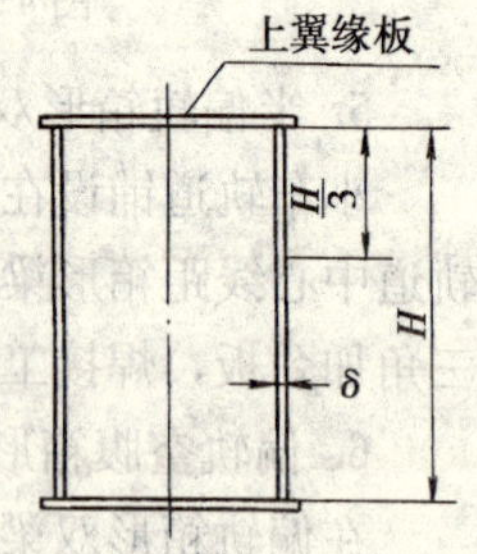

图 4—21　箱形断面图

箱形断面图如图 4—21 所示。箱形主梁腹板局部平面度用 1 m 平尺检测时，在离上翼缘板 $H/3$ 以内的区域不大于 0.7 $\delta$，

$\delta$ 为腹板厚度。上翼缘板的水平偏斜值 $c \leqslant B/200$；腹板的垂直偏斜值 $h \leqslant H/200$。

桁架梁杆件的直线度 $\Delta l \leqslant 0.0015a$（见图 4—20）。

**三、桥架的要求**

桥式起重机桥梁组装检查图如图 4—22 所示。

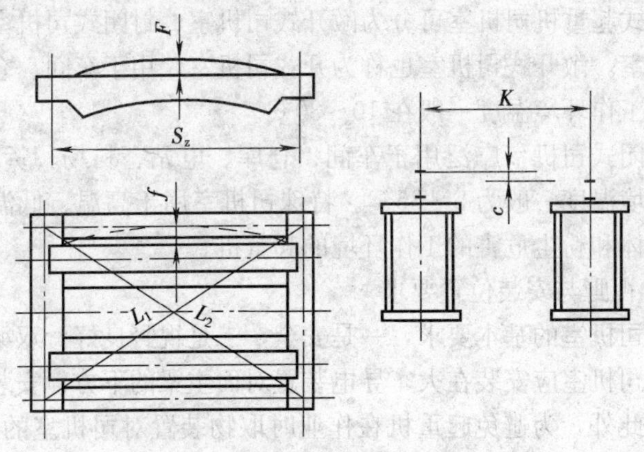


图 4—22　桥式起重机桥梁组装检查图

1. 上拱度 $F$ 的允许偏差为（+0.4F～−0.1F）mm，主梁上拱度 $F=S/1\,000$，$S$ 为跨度。

2. 对角线 $L_1$ 和 $L_2$ 的相对差 $|L_1-L_2|$ 的允许偏差：对于正轨箱形梁为 5 mm；对于偏轨箱形梁、单腹板梁和桁架梁为 10 mm。

3. 对于偏轨箱形梁、单腹板梁、桁架梁，小车轨距 $K$ 的允许偏差均为±3 mm。

4. 主梁在水平方向产生的弯曲 $f$ 应不大于 $S_z/2\,000$，其中 $S_z$ 为两端始于第一块大肋板之间的实测距离（见图 4—22）。

当 $G_n \leqslant 50$ t 时只能向走台侧凸曲。

## 第九节　通用桥式起重机司机室及梯子栏杆的要求

### 一、司机室

桥式起重机司机室可分为敞开式司机室、封闭式司机室和特殊司机室。敞开式司机室也称为开式司机室，用于车间、仓库等场所。工作环境温度一般在 10～30℃。

封闭式司机室广泛用于车间、仓库、电站、料场、货场等。工作环境温度一般为 5～35℃。特殊司机室用于高温、低温以及有害气体和粉尘危害的工作环境的起重机。

1. 视野与安装位置要求

对司机室的基本要求，一是安全，二是视野良好。双梁桥式起重机司机室应安装在大车导电装置对面主梁的下方，安装必须牢固。此外，为避免起重机在作业时取物装置对司机室的碰撞，要求司机室与取物装置之间应保持一个安全距离。对于额定起重量不大于 20 t 的起重机，应不小于 300 mm；其他起重量的起重机安全距离不小于 400 mm。

2. 工作座椅和操纵器

显示器和操纵器应符合人体工程学的要求，座椅位置应是可以调整的，在水平方向可移动±80 mm，在垂直方向可升降±500 mm。并且要求调整后能锁紧。

3. 结构要求

司机室结构必须具有足够的强度、刚度，与起重机的连接必须安全、可靠。

当司机室顶部承受 2.5 kN/m$^2$ 的静载荷时，不应有明显的变形。对于门外有走台的司机室，走台宽度应不小于 600 mm，栏杆高度不低于 1 050 mm，并应设有间距不低于 350 mm 的水平栏杆。底部应设高度不低于 70 mm 的围护板（踢脚板）。开式司机室的围栏高度不低于 1 050 mm，并应设有间距不低于 350 mm 的水平栏杆，底部应设高度不低于 70 mm 的维护板（踢脚板）。栏杆的任何位置均能承受来自任何方向的 1 kN 作用力而不产生塑性变形。

4. 安全卫生要求

司机室内温度高于 35℃以及长期在高温环境下工作的司机室应装设起重机专用的降温设备；司机室内应配备灭火器，二氧化碳灭火器、干粉灭火器或同性质的手提式灭火器，不得使用四氯化碳灭火器。

**二、梯子栏杆与走台安全要求**

1. 直梯

梯级间距宜为 300 mm，所有梯级间距应相等；踏杆与前方立面间的距离应不小于 150 mm，梯宽不小于 300 mm。

2. 斜梯

斜梯角度和尺寸见表 4—22。

**表 4—22　　斜梯角度和尺寸**　　mm

| 与水平面夹角 | 30 | 35 | 40 | 45 | 50 | 55 | 60 | 65 |
|---|---|---|---|---|---|---|---|---|
| 梯级间距 | 160 | 175 | 185 | 200 | 210 | 225 | 235 | 245 |
| 踏板宽度 | 310 | 280 | 249 | 226 | 208 | 180 | 160 | 145 |

3. 走台

走台宽度应不小于 500 mm，走台应能承受 3 kN 集中移动载荷，而且无塑性变形。走台上方净空不小于 1 800 mm。走台端梁上的栏杆高度应为 1 050 mm，并设有两道横杆，横杆与顶杆的间距为 350 mm。底部设有高度不小于 70 mm 的围护板。栏杆上任何一处应能承受来自任何方向的 1 kN（100 kgf）的载荷，而不产生永久变形。

4. 梯子踏板、走台平面应具有防滑功能。

# 第五章　通用门式起重机安全技术

## 第一节　通用门式起重机分类和技术参数

### 一、通用门式起重机的分类

门式起重机与桥式起重机的差别在于门式起重机比桥式起重机多一条或两条支腿。

通用门式起重机按主梁结构形式可分为双主梁门式起重机和单主梁门式起重机；也可按取物装置分为吊钩门式起重机、抓斗门式起重机和电磁门式起重机。使用比较多的是双梁箱形八字支腿门式起重机、单主梁 L 形支腿门式起重机、单主梁 C 形支腿门式起重机、桁架门式起重机等。

通用门式起重机分类和代号见表 5—1。

**表 5—1　　通用门式起重机分类和代号**

| 序号 | 主梁形式 | 名称 | 小车特征 | 代号 |
|---|---|---|---|---|
| 1 | 双主梁 | 吊钩门式起重机 | 单小车 | MG |
| 2 | | | 双小车 | ME |
| 3 | | 抓斗门式起重机 | 单小车 | MZ |
| 4 | | 电磁门式起重机 | | MC |
| 5 | | 抓斗吊钩门式起重机 | | MN |
| 6 | | 抓斗电磁门式起重机 | | MP |
| 7 | | 三用门式起重机 | | MS |

续表

| 序号 | 主梁形式 | 名称 | 小车特征 | 代号 |
|---|---|---|---|---|
| 8 | 单主梁 | 吊钩门式起重机 | 单小车 | MDG |
| 9 | | | 双小车 | MDE |
| 10 | | 抓斗门式起重机 | 单小车 | MDZ |
| 11 | | 电磁门式起重机 | | MDC |
| 12 | | 抓斗吊钩门式起重机 | | MDN |
| 13 | | 抓斗电磁门式起重机 | | MDP |
| 14 | | 三用门式起重机 | | MDS |

如图 5—1 所示为通用门式起重机的结构图，图 5—1a 所示为双主梁通用门式起重机的结构图，可分为吊钩式门式起重机、

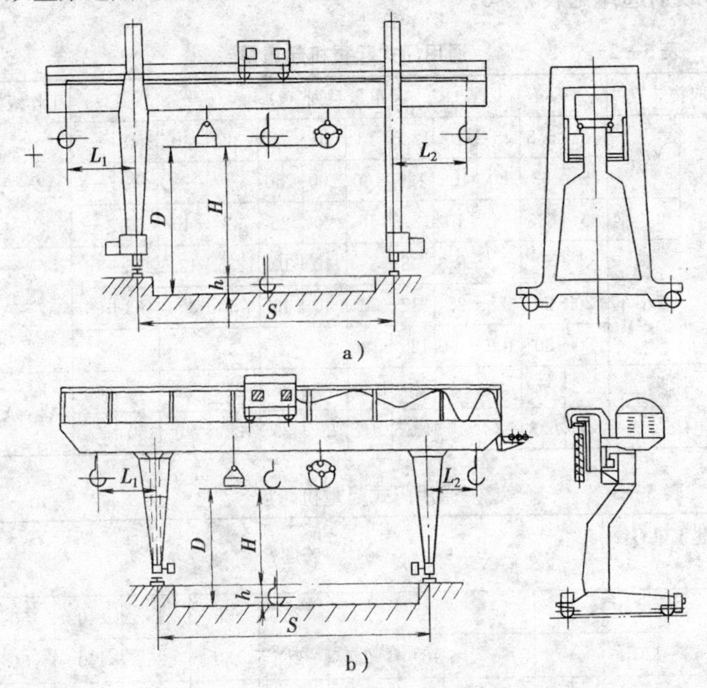


图 5—1　通用门式起重机的结构图

抓斗门式起重机、电磁吸盘门式起重机，也可分为两用（两种吊具）和三用（三种吊具）门式起重机；图 5—1b 所示为单主梁 L 形支腿通用门式起重机，也有 C 形支腿的。吊具的种类同样可以是吊钩、抓斗，也可以是电磁吸盘。图中标出主要尺寸代号，这些尺寸可在通用门式起重机参数表中查出。$L_1$ 和 $L_2$ 是悬臂长度。

**二、通用门式起重机的参数及工作级别的选择**

1. 门式起重机的参数

通用门式起重机起重量见表 5—2，通用门式起重机跨度见表 5—3，通用门式起重机悬臂长度见表 5—4，通用门式起重机起升高度见表 5—5，吊钩门式起重机工作速度见表 5—6，抓斗和电磁吸盘门式起重机工作速度见表 5—7，通用门式起重机工作级别选择见表 5—8。

**表 5—2　　　　通用门式起重机起重量**

<table>
<tr><th colspan="2">取物装置</th><th colspan="12">起重量系列（t）</th><th>工作级别</th></tr>
<tr><td rowspan="6">吊钩</td><td rowspan="2">双梁</td><td>5</td><td>6.3</td><td>8</td><td>10</td><td>12.5</td><td>16</td><td>20</td><td>25</td><td>32</td><td>40</td><td>50</td><td>—</td><td rowspan="3">A2～A6</td></tr>
<tr><td>—</td><td>63</td><td>80</td><td>100</td><td>125</td><td>160</td><td>200</td><td>250</td><td>—</td><td>—</td><td>—</td><td>—</td></tr>
<tr><td>单主梁</td><td>5</td><td>6.3</td><td>8</td><td>10</td><td>12.5</td><td>16</td><td>20</td><td>25</td><td>32</td><td>40</td><td>50</td><td>—</td></tr>
<tr><td rowspan="3">双小车</td><td colspan="2">5+5</td><td colspan="2">6.3+6.3</td><td colspan="2">8+8</td><td colspan="2">10+10</td><td colspan="2">12.5+12.5</td><td colspan="2">16+16</td><td rowspan="3">A2～A5</td></tr>
<tr><td colspan="2">20+20</td><td colspan="2">25+25</td><td colspan="2">32+32</td><td colspan="2">40+40</td><td colspan="2">50+50</td><td colspan="2">63+63</td></tr>
<tr><td colspan="2">80+80</td><td colspan="2">100+100</td><td colspan="2">125+125</td><td colspan="2">—</td><td colspan="2">—</td><td colspan="2">—</td></tr>
<tr><td colspan="2">抓斗</td><td>3.2</td><td>5</td><td>6.3</td><td>8</td><td>10</td><td>12.5</td><td>16</td><td>20</td><td>25</td><td>32</td><td>40</td><td>50</td><td rowspan="2">A4～A7</td></tr>
<tr><td colspan="2">电磁吸盘</td><td>5</td><td>6.3</td><td>8</td><td>10</td><td>12.5</td><td>16</td><td>20</td><td>25</td><td>32</td><td>40</td><td>50</td><td>—</td></tr>
</table>

**表 5—3　　　　通用门式起重机跨度**　　　　m

| 起重量 $G_n$（t） | 跨度 $S$ | | | | | | | | |
|---|---|---|---|---|---|---|---|---|---|
| 5～50 | 10 | 14 | 18 | 22 | 26 | 30 | 35 | 40 | 50 |
| 63～125 | — | — | 18 | 22 | 26 | 30 | 35 | 40 | 50 |
| 160～250 | — | — | 18 | 22 | 26 | 30 | 35 | 40 | 50 |

表 5—4　　通用门式起重机悬臂长度　　m

| 跨度 $S$ | 有效悬臂长度 $L_1$ 或 $L_2$ |
| --- | --- |
| 10～14 | 3.5 |
| 18～26 | 3～6 |
| 30～35 | 5～10 |
| 40～50 | 6～15 |

表 5—5　　通用门式起重机起升高度　　m

| 起重量 $G_n$（t） | 跨度 $S$ | 吊钩起重机起升高度 $H$ | 起升范围 $D$ | | | |
| --- | --- | --- | --- | --- | --- | --- |
| | | | 抓斗起重机 | | 电磁起重机 | |
| | | | 起升高度 $H$ | 下降深度 $h$ | 起升高度 $H$ | 下降深度 $h$ |
| 5～50 | 10～26 | 12 | 8 | 4 | 10 | 2 |
| | 30～50 | | 10 | 2 | | |
| 63～125 | 18～50 | 14 | — | — | — | — |
| 160～250 | 18～50 | 16 | — | — | — | — |

表 5—6　　吊钩门式起重机工作速度　　m/min

| 起重量（t） | 类别 | 工作级别 | 主钩起升速度 | 副钩起升速度 | 小车运行速度 | 起重机运行速度 |
| --- | --- | --- | --- | --- | --- | --- |
| ≤50 | 高速 | M6 | 6.3～16 | 10～20 | 40～63 | 50～63 |
| | 中速 | M4，M5 | 5～12.5 | 8～16 | 32～50 | 32～50 |
| | 低速 | M2～M3 | 1.6～5 | 6.3～12.5 | 10～25 | 10～20 |
| 63～125 | 高速 | M6 | 5～10 | 8～16 | 32～40 | 32～50 |
| | 中速 | M4，M5 | 2.5～5 | 6.3～12.5 | 25～32 | 16～25 |
| | 低速 | M2～M3 | 1～2 | 5～10 | 10～16 | 10～16 |
| 160～250 | 中速 | M4，M5 | 1.6～2.5 | 5～8 | 20～25 | 10～20 |
| | 低速 | M2～M3 | 0.63～1 | 4.0～6.3 | 10～16 | 6～12 |

注：在同一范围内各种速度具体值的大小应与起重量成反比，与工作级别成正比。

表 5—7　　抓斗和电磁吸盘门式起重机工作速度　　m/min

| 抓斗起升速度 | 电磁吸盘起升速度 | 小车运行速度 | 起重机运行速度 |
| --- | --- | --- | --- |
| 25～50 | 16～32 | 40～50 | 32～50 |

表 5—8　　　　通用门式起重机工作级别选择

| 取物装置 | 使用场地 | 使用程度 | 起重机工作级别 |
|---|---|---|---|
| 吊钩 | 电站、仓库 | 很少使用<br>轻度使用 | A2<br>A3 |
| | 车站、码头、货场<br>企业生产工厂 | 中等使用<br>较重使用<br>繁重使用 | A4<br>A5<br>A6 |
| 抓斗<br>电磁吸盘 | 散料货场装卸车皮<br>废钢铁场 | 较重使用<br>繁重使用 | A5<br>A6 |
| | 电站料场、碱厂 | 极重使用 | A7 |

2. 工作级别的选择

通用门式起重机的工作级别可根据使用场地和使用程度选择。除表 5—2 中根据吊具等因素给出的工作级别外，还可以根据使用场地来选择起重机工作级别，电站、仓库一般为 A2～A3；企业、车站、码头、货场一般为 A4～A6 级；散料货场和废钢铁场为 A5～A6；电站料场等为 A7 级。

3. 通用门式起重机的型号标记

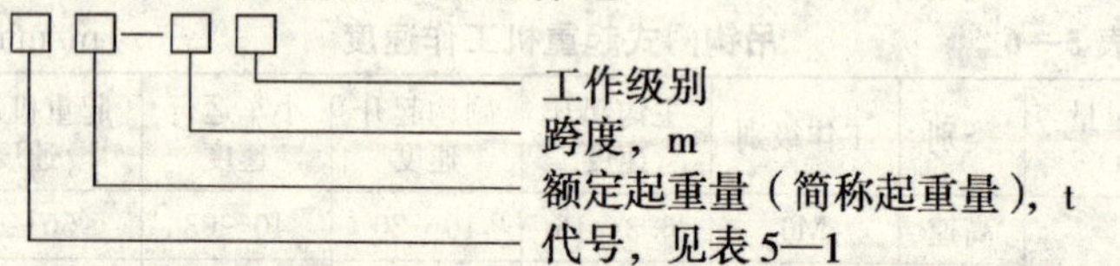


注：对可供用户选择的要素，如电磁吸盘型号、抓斗规格、实际起升高度、有效悬臂长度、司机室形式及入口方向、运行轨道型号、大车导电形式、机构工作级别的特殊要求、是否提供制冷或供热装置等，应在订货合同中用文字说明。

标记示例：

（1）具有主、副钩的起重量为 20/5 t，跨度为 22 m，工作级别为 A4 的单主梁单小车吊钩门式起重机的标记为：

起重机 MDG20/5—22A4　GB/T 14406《通用门式起重机》

（2）起重量为 5 t，跨度为 18 m，工作级别为 A6 的单主梁抓斗单小车门式起重机的标记为：

起重机 MDZ5—18A6　GB/T 14406《通用门式起重机》

(3) 起重量为 16 t，跨度为 30 m，工作级别为 A5 的单主梁单小车电磁门式起重机的标记为：

起重机 MDC16—30A5　GB/T 14406《通用门式起重机》

(4) 起重量为 5 t，跨度为 26 m，工作级别为 A5 的双梁单小车三用门式起重机的标记为：

起重机 MS5—26A5　GB/T 14406《通用门式起重机》

(5) 起重量 50/10＋50/10，跨度为 35 m，工作级别为 A4 的双主梁、双小车吊钩门式起重机的标记为：

起重机 ME50/10＋50/10—35A4　GB/T14406《通用门式起重机》

## 第二节　门式起重机安全技术

门式起重机与桥式起重机的机构基本相同，结构不同之处在于有支腿和悬臂，所以技术要求也有很多相同之处。

### 一、材料的要求

门式起重机金属结构材质及焊缝的要求与桥式起重机金属结构要求一样。

### 二、桥架的要求

1. 主梁和支腿的偏差

主梁和支腿偏差图如图 5—2 所示。

(1) 主梁上拱　跨中上拱应控制在（0.9/1 000～1.4/1 000）$S$。未组装支腿前，双梁门架对角线差 $|D_1-D_2|\leqslant5$ mm。

(2) 悬臂端上翘度控制在（0.9/350～1.4/350）$L_1$（$L_2$），$L_1$（$L_2$）为悬臂长度。

(3) 主梁水平弯曲度 $f$，对于正轨或半偏轨箱形梁，控制在 $S_3$/2 000，且不得大于 20 mm；对于偏轨箱形梁、单腹板梁及桁架梁不得超过 $S_3$/2 000，且不得大于 15 mm。其中 $S_3$ 为主梁两端始于第一块大肋板之间的距离，并且要求在离开上翼缘板

100 mm 的肋板处测量。

(4) 主梁腹板的局部平面度受压区（离上翼缘板 $H/3$ 以内的区域）的波峰或波谷值不大于 $0.7\delta$，其余部分不大于 $1.2\delta$，$\delta$ 为腹板厚度（见图 5—2a）。

(5) 上翼缘板的水平偏差 $c \leqslant B/200$，其中 $B$ 为上翼缘板宽度（见图 5—2b）。

(6) 上翼缘板的垂直偏差，对于箱形梁 $h \leqslant H/200$；对于单腹板梁及桁架梁 $h \leqslant H/300$，其中 $H$ 为主梁高度（见图 5—2c）。

(7) 桁架梁杆件的直线度偏差 $\Delta l \leqslant 0.0015a$，其中 $a$ 为杆件的长度（见图 5—2d）。

(8) 刚性支腿与主梁在跨度方向的垂直度 $h_1 \leqslant H_1/2\ 000$。$H_1$ 为支腿高度（见图 5—2e）。

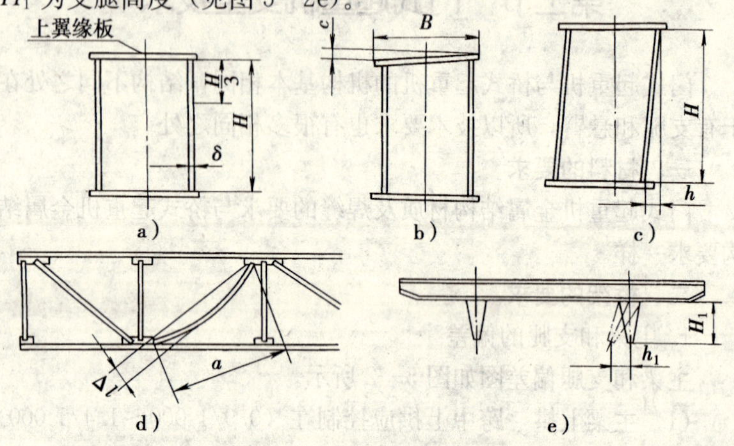


图 5—2　主梁和支腿偏差图

2. 组装检查

(1) 双主梁门式起重机桥梁组装允许偏差

1) 跨度偏差，当 $S \leqslant 26$ m 时，跨度允许偏差为 ±8 mm；当 $S > 26$ m 时，允许偏差为 ±10 mm。

2) 跨度 $S_1$，$S_2$ 的相对差，当 $S \leqslant 26$ m 时，$|S_1 - S_2| < 8$ mm；当 $S > 26$ m 时，$|S_1 - S_2| < 10$ mm。

3）主梁上拱度 $F$ 的允许偏差 $\Delta F=0.4F\sim-0.1F$，其中 $F=S/100$。

4）悬臂端上翘度的允许偏差 $\Delta F_0=0.4F_0\sim-0.1F_0$，其中 $F_0=L_0/350$，$L_0$ 为悬臂长度。

5）对角线 $L_1$，$L_2$ 的相对差，当 $S\leqslant 26$ m 时，$|L_1-L_2|$ 允许偏差为 5 mm；当 $S>26$ m 时，$|L_1-L_2|$ 允许偏差为 10 mm。

（2）单主梁门式起重机组装后的允许偏差

跨度、跨度相对差、主梁拱度、悬臂上翘度、水平弯曲等项目的允许偏差与双梁门式起重机的允许偏差相同。

通用门式起重机安装后，应立即装上夹轨器，并进行试验，试验时，夹轨器应符合下列要求：

1）夹轨器各铰接点应转动灵活；夹钳、连杆、弹簧、螺杆和闸瓦不应有裂纹和变形。

2）夹轨器工作时，闸瓦应在轨道的两侧夹紧；钳口的开度应符合技术文件的规定，在运行中不应与轨道相碰。

**三、电气设备的要求**

电气设备的要求与桥式起重机的要求相同。

**四、安全装置**

根据《起重机械安全规程》，通用门式起重机应安装下列安全装置：

1. 超载限制器（超重限制器），当额定起重量大于 20 t 时应安装超载限制器。

2. 上升极限位置限制器（起升高度限制器）。

3. 下降极限位置限制器。

4. 运行极限位置限制器。

5. 联锁保护装置。

6. 缓冲器。

7. 防倾翻的安全钩（单主梁门式起重机）。

8. 检修吊笼。

9. 扫轨板和支撑架。

10. 轨道端部止挡。

11. 导电滑线防护板。

12. 电气设备的防雨罩。

13. 夹轨器和锚定装置或铁鞋。

14. 当起重机主起升高度 $H \geqslant 12$ m 时，宜装风速、风级报警器。

15. 当起重机跨度 $S \geqslant 40$ m 时，宜装偏斜调整和显示装置。

**五、起重机噪声要求**

在没有其他声音干扰的情况下，起重机产生的噪声，在司机室座位测量，当额定起重量 $G_n \leqslant 100$ t，工作级别为 A2～A5 时，噪声应不大于 84 dB（A）；工作级别为 A6～A7 时，噪声应不大于 80 dB（A）。

当额定起重量 $G_n > 100$ t，在闭式司机室内测量，噪声应不大于 85 dB（A）。

**六、司机室、梯子走台的要求**

司机室、梯子走台的要求与桥式起重机的要求相同。

**七、外观要求**

1. 起重机面漆应均匀、细致、光亮、完整且色泽一致。

2. 油漆漆膜厚度，每层为 25～35 μm，总厚度为 75～105 μm。

3. 漆膜附着力应达到 GB 9286 规定的一级质量。

4. 在起重机吊具（滑轮侧面板、平衡梁）和运行台车侧面涂有黄色和黑色相间隔安全色标志。

5. 在主梁跨中腹板上安置醒目的起重机铭牌，铭牌上应标有主要性能参数、起重机型号或标记、制造厂商和制造时间或生产编号。

## 第三节　通用桥式、门式起重机安全检查表

通用桥式、门式起重机安全检查表见表 5—9。

表 5—9　　通用桥式、门式起重机安全检查表

| 安全技术检测项目 | | 检测方法 | 标准与要求 |
| --- | --- | --- | --- |
| 外观检查 | | | |
| 外观 | 标牌 | 目测 | 在起重机主梁跨中应装设显示起重量、工作级别、生产厂家、生产日期的标牌 |
| | 涂装 | 用钢卷尺测量 | 涂装颜色应与工作环境相协调，油漆脱落面积不应超过总面积的 10% |
| | 危险部位标志<br>吊钩滑轮组<br>安全装置<br>大车裸滑线<br>端梁<br>司机室梯子栏杆 | 用钢板尺测量黄、黑相间条纹宽度比例为 1∶1<br>条纹宽度为 50～100 mm，每种颜色不少于两条，斜度为 45° | 吊钩、滑轮组侧板使用黄、黑相间标志；门式起重机夹轨器、大车滑线防护板使用黄、黑相间标志<br>缓冲器头、终端止挡限位开关、起重量限制器等安全装置采用红色标志<br>大车裸滑线用红指示灯标志<br>桥式起重机端梁外侧、移动式司机室的防护栏杆、梯子扶手使用黄、黑相间标志 |
| 金属结构检查 | | | |
| 安全技术检测项目 | | 检测方法 | 标准与要求 |
| 金属结构及司机室 | 主要受力构件焊缝检测 | 外表用目测或放大镜；内部用射线探伤或超声波探伤 | 不得有裂纹或开焊等缺陷 |
| | 主要受力构件腐蚀 | 用测厚仪或游标卡尺 | 断面腐蚀量不应超过原厚度的 10% |
| | 连接螺栓 | 锤击或扭矩扳手 | 不应松动，不应锈蚀 |

续表

| 安全技术检测项目 | | 检测方法 | 标准与要求 |
| --- | --- | --- | --- |
| 金属结构及司机室 | 拱度检测 | 拉钢丝法或水准仪 | 新安装或大修后的起重机主梁跨中 $S/10$ 范围内上拱度为：$F=(0.9\sim1.4)S/1\,000$，$S$ 为跨度，门式起重机悬臂上翘度为：$F_1=(0.9\sim1.4)l_0/350$，$l_0$ 为悬臂长度 |
| | 下挠度 | | 正常工作时，在额定载荷作用下，主梁跨中弹性下挠（静刚度）不应超过 $S/700\sim S/1\,000$ |
| | 金属结构及司机室 | | 当起重机小车在主梁跨中起吊额定载荷，主梁跨中下挠值从水平线计算超过 $S/700$ 时，则应修理，如不能修复则应报废 |
| | 主梁旁弯度 $f$ | 拉钢丝法 | 主梁旁弯度 $f$ 为：正轨箱形梁为 $S_Z/2\,000$，且小于 20 mm；其他梁为 $S_Z/2\,000$，且小于 15 mm<br>只允许向外弯曲 |
| | 跨度偏差（组装大车运行机构时） | 拉钢尺测量 | $S_Z$ 两端始于第一块肋板的实测距离，对桥式起重机：<br>$S\leqslant10$ m；$\Delta S\leqslant\pm2$ mm<br>$S>10$ m；$\Delta S_{max}\leqslant\pm[2+0.1(S-10)]$ mm<br>相对差不大于 5 mm<br>对门式起重机：<br>$S\leqslant26$ m；$\Delta S\leqslant\pm8$ mm<br>相对差不大于 8 mm<br>$S>26$ m；$\Delta S\leqslant\pm10$ mm<br>相对差不大于 10 mm |
| | 主梁腹板局部翘曲 | 用 1 m 的平尺和钢板尺测量 | |
| | 桁架主要受力杆件弯曲度检测 | 拉钢丝法和钢板尺测量 | 受压区波峰值不应超过 $0.7\,\delta$，受拉区波峰值不应超过 $1.2\,\delta$，$\delta$ 为复板厚度 |

续表

| 安全技术检测项目 | | 检测方法 | 标准与要求 |
| --- | --- | --- | --- |
| 金属结构及司机室 | | | 主要受压杆件的弯曲度 $f \leqslant l_0/1\,000$，$l_0$ 为杆件长度 |
| | 司机室安全性<br>司机室作业环境 | | 司机室与悬挂或支撑部分的连接必须牢固；连接部位不能松动或开焊；在高温、有尘毒危害的环境下作业的起重机应采用闭式司机室。露天作业的起重机司机室应有防风、防雨、防晒的措施；司机室内应有电铃、灭火器、绝缘地板，遇有紧急情况，司机要有安全撤离设施，司机室门上应安装联锁开关 |
| | 噪声 | 声级计测量 | 开式司机室不超过 84 dB（A）<br>闭式司机室不超过 82 dB（A） |
| | 司机室结构、梯子、栏杆、走台 | 检查整体形状及各连接部位<br>检查固定、连接部位不得开焊或松动 | 不得有明显的扭曲变形，不得有裂纹、开焊等缺陷 |
| | | 梯子规格 | 应符合 GB 4053.1《固定式钢直梯》和 GB 4053.2《固定式斜梯》的规定 |
| | | 栏杆规格<br>用钢卷尺测量 | 高度应为 1 050 mm，并设有间距为 350 mm 的水平横杆，底部应设有高度不低于 70 mm 的围护板 |
| | | 走台规格 | 走台宽度，对于电动桥式起重机、门式起重机，走台宽度不应小于 500 mm；对于人力驱动的起重机，不应小于 400 mm |
| | | 用钢卷尺测量 | 走台应能承受 3 kN 的集中载荷而无塑性变形，且安全可靠。梯子、栏杆、走台的所有构件表面应光滑、无毛刺，安装后不应歪斜、扭曲 |

续表

| 安全技术检测项目 | | 检测方法 | 标准与要求 |
|---|---|---|---|
| 轨道 | 轨道安装固定情况 | 用小锤敲打，观察固定情况，用尺测量磨损情况 | 固定螺栓、压板不得松动、开焊；钢轨面不得有裂纹、疤痕和影响运行的缺陷。顶面和侧面磨损量不得超过原尺寸的10% |
| | 轨道安装偏差 | 按GB 10183《桥式和门式起重机制造及轨道安装公差》和GB 50278《检验用拉钢尺方法检测》 | 起重机轨道跨度（$S$）的极限偏差值 $\Delta S$ 不得超过下列规定：<br>$S\leqslant 10$ m；$\Delta S=\pm 3$ mm<br>$S>10$ m；$\Delta S=\pm[3+0.25(S-10)]$ mm<br>但最大不超过±15 mm |
| | | 跨度检测 | 对于在用的起重机，可以在不超出上述规定的20%范围内使用<br>如果运行情况显著恶化，即使未超过允许公差的20%，也要及时矫正 |
| | | 相对标高检测 | 轨道顶面基准点的标高相对于设计标高允许偏差±10 mm<br>两条轨道的标高相对差为10 mm（$K>6$ m）；3 mm（$K=3$ m） |
| | | 检查侧向偏差 | 轨道在总长度内侧向极限偏差不超过±10 mm |
| | | 检查水平面内弯曲 | 每2 m测量长度内不超过±1 mm |

起升机构

| 安全技术检测项目 | | 检测方法 | 标准与要求 |
|---|---|---|---|
| 电动机 | 地脚 | 观察地脚位有无裂纹<br>检验地脚螺栓、螺母有无松动 | 不应有裂纹<br>不应脱落，不应松动 |

续表

| 安全技术检测项目 | | 检测方法 | 标准与要求 |
|---|---|---|---|
| 电动机 | 检查运转声 | 用旋具接触机座，用耳听声音 | 区别电磁声、通风声、机械摩擦声，不应有异常声，不应有火花 |
| | 集电环 | 观察集电环或换向器表面接触情况 | 电刷接触良好，不应有严重磨损，不应松动 |
| | 绝缘电阻和接地 | 用兆欧表检测 | 新安装电动机定子绝缘电阻应大于 2 MΩ，转子绝缘电阻应大于 0.8 MΩ；使用中电动机定子绝缘电阻应大于 0.5 MΩ，转子绝缘电阻应大于 0.15 MΩ。接地电阻应小于 4 Ω |
| 联轴器 | 键 | 观察键的工作状态 | 不应松脱、变形 |
| | 齿形联轴器 | 观察键槽工作状态 | 不应有裂纹和变形 |
| | | 观察和测量齿的磨损 | 不应超过原齿厚的 15%，不应有断齿和裂纹 |
| 制动器 | 松闸、上闸 | 观察松闸、上闸状态 | 动作灵活，间隙均匀 |
| | 电磁铁 | 观察电磁铁工作状态 | 不应有卡塞现象，不应有异臭 |
| | 液压松闸器 | 检测油量，有无漏油，推杆工作状态 | 油量要适中，不应漏油，推杆不能变形、弯曲 |
| | 摩擦衬片 | 用尺检测摩擦衬片厚度 | 磨损量不应超过原厚度的 50% |
| | 制动轮 | 检查制动轮表面情况 | 不应有油污，凹凸不平度不超过 1.5 mm |
| | 制动弹簧 | 检测弹簧工作状态 | 不应有塑性变形，不应有断裂 |
| | 小轴及轴孔 | 用游标卡尺测量轴、孔磨损 | 直径方向磨损量不应超过原直径的 5% |
| | 安装情况 | 检查制动器固定状况 | 地脚螺钉应紧固，不应松动 |
| 减速器 | 传动情况 | 用旋具接触壳体听声 | 不应有异常噪声、冲击声、振动声、锉擦声；中心距小于等于 280 mm 时，噪声应不超过 80 dB（A）；中心距大于 280 mm 时，噪声应不超过 85 dB（A） |
| | 壳体密封 | 观察壳体的密封情况 | 不应漏油 |

续表

| 安全技术检测项目 | | 检测方法 | 标准与要求 |
|---|---|---|---|
| 减速器 | 润滑 | 检测箱体内油量 | 符合说明书要求，每年换一次油 |
| | 齿轮 | 观察齿轮啮合情况 | 轮齿表面无严重损坏，如点蚀、胶合<br>第一级轮齿齿厚磨损不应超过原齿厚的 10% |
| | 键 | 检查键的变形损伤情况 | 不应有裂纹、明显的变形 |
| | 轴承 | 检查轴承体及润滑情况 | 不应有裂纹、滚动体压碎等；润滑状态良好 |
| 卷筒 | 卷筒体 | 检查是否有裂纹、变形及严重磨损 | 不应有裂纹和显著的变形；绳槽底径因磨损减小量不应超过与之相匹配钢丝绳直径的 50% |
| | 轴及轴承 | 检查轴的磨损及轴承的工作状态 | 轴不应有裂纹和严重磨损；轴承应润滑良好，不发热 |
| 滑轮 | 滑轮体 | 检查裂纹并用样板检查轮槽磨损情况 | 轮槽应光洁、平滑，不应有损伤钢丝绳的缺陷<br>不应有裂纹<br>轮槽壁磨损量不应超过原厚度的 20%<br>轮槽底径减小量不应超过匹配钢丝绳直径的 50% |
| | 轴及轴承 | 检查防止钢丝绳跳槽装置<br>检查裂纹及磨损情况<br>润滑状态 | 防跳槽装置工作状态良好，滑轮上无跳槽痕迹<br>不应有裂纹及显著的磨损<br>润滑状态良好 |
| | 滑轮组 | 检查滑轮运动状态<br>检查下滑轮组防护罩 | 滑轮运动不应偏摆和振动<br>防护罩应完好，并不妨碍钢丝绳运动 |
| 钢丝绳 | 钢丝绳 | 检查钢丝绳的结构形式及直径是否与卷筒相匹配，用游标卡尺检查绳径<br>检查钢丝绳在卷筒上的固定情况 | 应与设计要求相一致，保证应有的安全系数<br>应固定牢固，压板不准松脱，取物装置下降到极限位置，卷筒上应保持不少于 2 圈的安全圈 |

续表

| 安全技术检测项目 | | 检测方法 | 标准与要求 |
| --- | --- | --- | --- |
| 钢丝绳 | 钢丝绳 | 检查钢丝绳的磨损和断丝情况 | 钢丝径向磨损超过原直径的 40%时应报废；断丝数超过总丝数的 10%时应报废 |
| | | 检查钢丝绳的润滑情况及表面损伤情况 | 应有良好的润滑，表面不应干燥或变成暗红色 |
| | | 检查绳卡连接状况 | 绳卡数量不应少于 3 个（绳径大应多于 3 个） |
| 吊钩 | 钩体 | 用放大镜或探伤仪检查钩体裂纹 | 不准有裂纹 |
| | | 用游标卡尺检查磨损量；吊钩的回转性能 | 危险断面磨损量不应超过原高度的 5%；吊钩应能灵活转动 |
| | 防脱钩装置 | 检查防脱钩装置 | 吊钩应安装防脱钩装置 |
| | 开口度 | 用游标卡尺检查吊钩的开口度 | 开口度增加量不应超过原尺寸的 15% |
| | 轴承、键、螺栓等 | 轴承、键、螺栓等工作状态的检查 | 轴承不得有裂纹<br>滚动体不应损坏<br>键不得有裂纹<br>螺栓不应松脱 |
| | 板钩衬套及心轴 | 用游标卡尺检查磨损情况 | 衬套磨损量不应超过原尺寸的 5%<br>心轴磨损量不应超过原直径的 5% |

运行机构

| 安全技术检测项目 | | 检测方法 | 标准与要求 |
| --- | --- | --- | --- |
| 电动机 | 同起升机构 | 同起升机构 | 同起升机构 |
| 联轴器 | 同起升机构 | 同起升机构 | 同起升机构 |

续表

| 安全技术检测项目 | | 检测方法 | 标准与要求 |
|---|---|---|---|
| 制动器 | 制动效果 | 检测制动距离 | $S_{溜车} \leqslant \frac{v_{运}^2}{4\ 000}$<br>速度以 m/min 计（参考） |
| | 电磁上闸器 | 观察电磁铁动作 | 动作圆滑；无异常声响；不发出异臭味 |
| | 液压上闸器 | 检查油量及推杆动作 | 油量适中，不漏油，推杆动作灵活，不应弯曲 |
| | 制动轮及制动衬瓦 | 制动轮的安装情况<br>制动衬、制动瓦情况 | 制动轮应安装牢靠<br>制动衬不应脱落，不应有严重的磨损<br>制动轮、瓦块不应有裂纹<br>销轴、键不应松动 |
| | 地脚安装 | 检查地脚螺钉 | 不得松动、脱落 |
| 减速器 | 齿厚磨损 | 检测齿厚，其他检查同起升机构 | 第一级传动齿轮齿厚磨损量不应超过原齿厚的15%，开式齿轮磨损量不超过 30% |
| 传动轴 | 轴体 | 检测有无裂纹、弯曲 | 轴不得有裂纹<br>每米长度弯曲不应超过 0.5 mm；磨损量不应超过原直径的 5% |
| | 运动状态 | 检测运动状态有无振动 | 不应有明显的振动 |
| | 防护罩 | 检查传动轴的防护罩 | 防护罩应完整、牢固 |
| 轴承 | 同起升机构 | 同起升机构 | 同起升机构 |
| 车轮 | 车轮体 | 检查裂纹及磨损情况 | 不得有裂纹<br>轮缘磨损不应超过原厚度的 50%<br>踏面磨损不超过原厚度的 15% |
| | 轴承 | 检查运转情况 | 空负荷和满负荷均不应发热，不应有异常声响<br>应有良好的润滑条件 |

续表

| 安全技术检测项目 | | 检测方法 | 标准与要求 |
| --- | --- | --- | --- |
| 运行状态 | 啃道 | 使起重机缓慢运行，观察车轮轮缘与钢轨间隙 | 运行 10 m，轮缘与钢轨间隙若没有明显的改变，则不会啃道。啃道的车轮、轨道会出现异常亮斑，甚至影响厂房结构 |
| | 小车三条腿 | 观察起重机起动、制动是否有扭摆现象 | 起动或制动时不应有明显的摆动 |
| | | 开动小车运行机构观察车轮与轨道的接触状态 | 在全程中全部车轮与轨道接触 |
| 安全装置的检查 | | | |
| 安全技术检测项目 | | 检测方法 | 标准与要求 |
| 起重量限制器 | 自检功能 | 根据各种机型设计的自检功能进行检查 | 接通电源应显示“零点”。依次显示 90%，105%和 110%，然后清零<br>检查延时、声光报警和继电器动作 |
| | 综合误差 | 用载荷检查其综合误差 | 综合误差应不大于 5% |
| 起升高度限位器 | | 将吊具提升到极限高度 | 自动切断起升机构动力源 |
| 行程限制器 | | 分别将大、小车开至极限位置并撞开限位开关 | 大、小车运行机构运行到极限位置时，限位器应切断机构动力源<br>这些限位器处于断开状态，起重机不能启动 |
| 联锁保护装置 | | 分别试验舱门开关、栏杆开关、司机门开关的可靠性能 | 开关可靠 |

续表

| 安全技术检测项目 | | 检测方法 | 标准与要求 |
|---|---|---|---|
| 缓冲器 | 安装状态 | 徐徐开动大、小车，使缓冲头与终端止挡相接触 | 两个缓冲头应同时与止挡中心接触 |
| | 强度检验 | 按技术条件规定的载荷、规定的速度碰撞 | 碰撞后零件应完好，固定件无松动、开焊等缺陷 |
| 终端止挡 | | 按技术条件碰撞 | 不得开焊或变形 |
| 扫轨板 | | 用钢板尺检测与钢轨间距 | 不应大于 10 mm |
| 夹轨器或铁鞋 | 夹轨器 | 检查夹紧动作及受力件的强度 | 应动作灵活，处于松开状态时，钳口与钢轨脱开；处于夹紧状态时，钳口应牢固夹持在钢轨上<br>钳臂、铰轴、螺杆、楔锤不应有损坏 |
| | 铁鞋 | 动作检查 | 动作灵活，与运行制动器动作配合协调 |
| 防倾翻安全钩 | 安装精度 | 开动单主梁门式起重机小车往返多次 | 安全钩不卡轨，不能产生摩擦，紧固件不得松动 |
| 电气设备防雨罩 | | 观察、目测 | 固定牢靠、完整 |
| 导电滑线防护板 | | 观察、目测 | 牢靠、完好 |

续表

| 电气设备检查 | | |
|---|---|---|
| 安全技术检测项目 | 检测方法 | 标准与要求 |
| 电气设备及元件的外观检查 | 检查设备、元件上的铭牌和标志 | 应完整、清晰、固定牢靠 |
| 绝缘电阻<br>接地电阻 | 目测元器件的固定情况、传动情况、接触情况、绝缘情况<br>经合理处置后，用兆欧表测量绝缘电阻<br>用接地电阻测量仪或其他办法测量 | 传动灵活、接触良好、绝缘材料良好<br>额定电压不大于 500 V 时，电气线路对地的绝缘电阻冷态时不低于 0.5 MΩ，潮湿环境不低于0.25 MΩ<br>供电源中性点直接接地的低压系统，零线引入起重机处，零线与轨道均应重复接地，重复接地电阻不大于 10 Ω；供电源中性点不接地时，起重机金属结构就用接地保护，接地电阻不大于 4 Ω |
| 零位保护 | 采用断、通电源的办法检查零位保护<br>关断总电源，把控制器手柄（轮）扳离零位，再接通总电源，主接触器不吸合，则证明零位保护完好<br>断开总电源，然后恢复供电 | 断电后重新启动，所有控制器必须在零位才能启动 |
| 失压保护<br>过电流保护 | 采用非正常操作或改变切换电阻顺序的方法获得较大的电动机电流 | 当供电电源中断时必须自动断开总回路 |
| 紧急开关<br>行程开关<br>通道口开关 | 用直接操纵的方法验证上述开关的可靠性能 | 这些开关断开时，主接触器或自动开关动作 |

# 第六章　葫芦式起重机安全技术

## 第一节　起重葫芦及葫芦式起重机的分类

用起重葫芦组构成的起重机称为葫芦式起重机，可分为葫芦梁式起重机、葫芦门式起重机、臂架起重机等。

葫芦及葫芦式起重机的分类见表6—1。

**表6—1　　葫芦及葫芦式起重机的分类**

| 类 | 组 | 型 |
| --- | --- | --- |
| 葫芦 | 手动葫芦 | 1. HS手拉葫芦 JB/T 17334<br>2. HSS钢丝绳手扳葫芦 JB/T 3682<br>3. HSH环链手扳葫芦 JB/T 7335<br>4. HSB板链手扳葫芦 |
| | 电动葫芦 | 5. HC常速钢丝绳电动葫芦 JB 2393<br>6. HM常慢速钢丝绳电动葫芦 JB 2394<br>7. HZ重级工作制电动葫芦<br>8. HT双卷筒电动葫芦<br>9. HB防爆钢丝绳电动葫芦 JB/T 10222<br>10. HF防腐电动葫芦<br>11. HH环链电动葫芦 JB/T 5317.1<br>12. HL板链电动葫芦 |
| 单轨起重机 | 手动单轨起重机 | 1. GS手动单轨起重机<br>2. GD吊钩单轨起重机<br>3. GZ抓斗单轨起重机<br>4. GC电磁单轨起重机 |
| 桥式起重机 | 手动梁式起重机 | 1. LS手动单梁起重机 JB/T 1114<br>2. LSX手动单梁悬挂起重机<br>3. LSS手动双梁起重机 |

续表

| 类 | 组 | 型 |
| --- | --- | --- |
| 桥式起重机 | 电动梁式起重机 | 4. LD电动单梁起重机 JB/T 1306<br>5. LX电动单梁悬挂起重机 JB/T 2603<br>6. LZ抓斗电动单梁起重机<br>7. LL吊钩抓斗电动单梁起重机<br>8. LB防爆电动梁式起重机 JB/T 10219<br>9. LXB防爆电动单梁悬挂起重机<br>10. LF防腐电动梁式起重机<br>11. LC电磁电动梁式起重机<br>12. LY冶金电动梁式起重机<br>13. LH电动葫芦桥式起重机 JB/T 3695 |
| 门式起重机 | 门式起重机 | MH电动葫芦门式起重机 |
| 臂架起重机 | 臂架起重机 | 1. BZ定柱式旋臂起重机<br>2. BB壁行式起重机<br>3. BX壁上旋臂起重机 |

## 第二节　起重葫芦安全技术

起重葫芦可分为手动葫芦、电动葫芦和气动葫芦。

### 一、手动葫芦

1. 结构与工作原理

如图 6—1 所示为手动葫芦传动原理图。

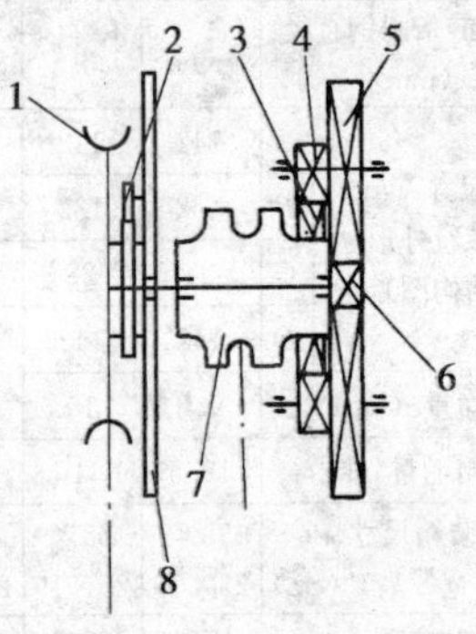

图 6—1　手动葫芦传动原理图

1—手链轮　2—棘爪（轮）

3—花键孔齿轮　4—四齿短轴

5—片齿轮　6—五齿长轴

7—起重链轮　8—墙板

起升：用力拉手链轮 1，通过五齿长轴 6，带动片齿轮 5、四齿短轴 4、花键孔齿轮 3 驱动起重链轮 7，使起重链条卷上，吊钩上升。在起升过程中，棘轮制动器的棘爪在轮上滑过，发出“嗒嗒”声。

制动：当停止拉动手链轮时，起重链轮在重力的作用下有反转的趋势，从而使上述传动齿轮和轴有逆转趋势，但是发生微小转动后就使摩擦片、制动器座、棘轮压成一体，而棘轮与固定在左墙板上的棘爪阻止了逆转运动，起制动作用。

下降：拉手链轮反向转动，使棘轮与制动器座脱开，棘轮放松，传动机构反转，吊钩下降。

HS型手动葫芦性能参数见表6—2。

**表6—2　　HS型手动葫芦性能参数**

| 型号 | | HS$\frac{1}{2}$ | HS1 | HS1$\frac{1}{2}$ | HS2 | HS2$\frac{1}{2}$ | HS3 | HS5 | HS10 | HS20 |
|---|---|---|---|---|---|---|---|---|---|---|
| 起重量（t） | | 0.5 | 1 | 1.5 | 2 | 2.5 | 3 | 5 | 10 | 20 |
| 标准起重高度（m） | | 2.5 | 2.5 | 2.5 | 2.5 | 2.5 | 3 | 3 | 3 | 3 |
| 试验载荷（t） | | 0.625 | 1.25 | 1.88 | 2.5 | 3.13 | 3.75 | 6.25 | 12.5 | 25 |
| 两钩间最小距离（mm） | | 280 | 300 | 360 | 380 | 420 | 470 | 600 | 730 | 1 000 |
| 满载时手链拉力（N） | | 160 | 320 | 360 | 320 | 390 | 360 | 390 | 400 | 400 |
| 起重链条行数（行） | | 1 | 1 | 1 | 2 | 1 | 2 | 2 | 4 | 8 |
| 起重链条圆钢直径（mm） | | 6 | 6 | 8 | 6 | 10 | 8 | 10 | 10 | 10 |
| 主要尺寸（mm）（参看外形结构图） | *A* | 142 | 142 | 178 | 142 | 210 | 178 | 210 | 358 | 580 |
| | *B* | 122 | 122 | 139 | 122 | 162 | 139 | 162 | 162 | 189 |
| | *C* | 24 | 28 | 32 | 34 | 36 | 38 | 48 | 64 | 82 |
| | *D* | 142 | 142 | 178 | 142 | 210 | 178 | 210 | 210 | 210 |
| 净重（kg） | | 9.5 | 10 | 15 | 14 | 28 | 24 | 36 | 68 | 150 |
| 装箱毛重（kg） | | 13.5 | 4 | 20 | 18 | 36 | 30 | 45 | 81 | 185 |
| 装箱尺寸（长×宽×高）（cm） | | 35×25×19 | 35×25×19 | 39×28×27 | 35×25×19 | 46×35×24 | 42×29×22 | 46×31×24 | 56×43×26 | 70×46×72 |
| 起重高度增加1 m时质量增加值（kg） | | 1.7 | 1.7 | 2.3 | 2.5 | 3.1 | 3.7 | 5.3 | 9.7 | 19.4 |

2. 手动葫芦安全技术

（1）作业前必须认真检查吊钩、链条、制动器墙板、三角架（或上钩的固定），传动部分及其润滑情况，整机空转正常方能作业。

（2）严禁超负荷起吊或斜吊。起重链条要垂直悬挂，不应有错扭的链环。严禁将下吊钩回扣到起重链条上起吊重物。吊物时不可硬拉，如果发现拉不动，应立即停止作业。

（3）悬挂手动葫芦的支架和地基必须能承受额定载荷，保证有足够的稳定性。

（4）吊挂、捆绑用钢丝绳和链条的选用必须符合《起重机械安全规程》的规定。如用链条捆绑物品时，安全系数不应小于6，并且用两条链条吊物品时，其夹角不应超过120°。

（5）不得用手动以外的任何驱动方式起吊重物。拉不动时，不得猛拉或增加人员牵拉，应立即停止作业，进行检修。

（6）不准过分提升或下降起重链条，以防止拉断插销。

（7）链条出现下列情况应报废

1）裂纹。

2）链条发生塑性变形，伸长达原长的5%。

3）链条直径磨损达原直径的10%。

（8）应定期检修，检查项目见表6—3。

**表6—3　　检查项目**

| 检查种类 | | 检查零部件 | 检查项目 | 检查方法 | 检查标准 |
|---|---|---|---|---|---|
| 日常 | 定期 | | | | |
| • | • | 铭牌 | 有无铭牌 | 目测 | 有铭牌，标志清晰 |
| • | • | 机体 | 无负荷试验 | 无负荷运转（上升、下降） | 1. 上升时有棘爪的响声<br>2. 下降时制动器无异常 |
| | • | 吊钩 | 1. 扭转变形 | 目测 | 不超过10° |
| | • | | 2. 垂直断面高度磨损 | 测量 | 不超过10% |
| • | • | | 3. 钩口变形 | 目测、测量 | 开口度不超过15% |
| • | • | | 4. 翘曲变形 | 目测 | 无明显翘曲 |
| • | • | | 5. 裂纹或其他有害缺陷 | 目测、探伤 | 无裂纹及其他有害缺陷 |

续表

| 检查种类 | | 检查零部件 | 检查项目 | 检查方法 | 检查标准 |
|---|---|---|---|---|---|
| 日常 | 定期 | | | | |
| | • | 起重链条 | 1. 节距伸长 | 测量 | 不超过3% |
| • | • | 起重链条 | 2. 直径磨损 | 测量 | 不超过10% |
| • | • | 起重链条 | 3. 变形 | 目测 | 无明显变形 |
| • | • | 起重链条 | 4. 裂纹或其他有害缺陷 | 目测 | 无裂纹及其他有害缺陷 |
| | • | 齿轮 | 破坏或磨损 | 目测 | 无破断及严重磨损 |
| | • | 制动器座<br>棘轮<br>棘爪<br>弹簧 | 磨损、变形或腐蚀等 | 目测 | 无明显变化 |
| | • | 摩擦片 | 磨损 | 测量 | 磨损不超过25% |
| | • | 起重链轮<br>游轮 | 裂纹、破损或腐蚀 | 目测 | 无裂纹、破损及腐蚀 |
| | • | 手链轮 | 裂纹、破损或腐蚀 | 目测 | 无裂纹、破损及腐蚀 |
| • | • | 吊钩与钩梁 | 配合情况 | 目测 | 转动灵活、螺钉不脱落 |
| • | • | 手拉链条 | 有无变形 | 目测 | 无明显的节距伸长及变形 |
| • | • | 螺钉<br>螺母<br>开口销<br>垫圈<br>挡圈<br>钢球等 | 配合情况 | 目测 | 日常检查无松动、无脱落，定期检查无异常 |

## 二、电动葫芦

电动葫芦有钢丝绳葫芦、环链葫芦等。目前以钢丝绳电动葫芦应用得最广。

1. 电动葫芦的结构与工作原理

电动葫芦由电动机（制动器）、减速器、卷筒等构成。如图6—2所示为CD型电动葫芦的结构图。

电动机8转动时，通过弹性联轴器7将动力传给三级齿轮减速器3，最后一级减速齿轮带动卷筒4回转，实现卷绳，使吊钩上下运动。

减速器是三级齿轮机构。以5 t葫芦为例，齿数为68/12，42/12和45/11，总传动比为81.2。第三级大齿轮安装在空心轴上，主传动轴由此通过。经减速后，第三级大齿轮通过花键轴带动卷筒回转。

制动器采用锥形转子电动机的特点，在接通电源时，转子在磁拉力作用下有轴向移动，利用弹簧和风扇轮构成制动器。

CD型电动葫芦性能见表6—4。

2. 电动葫芦安全技术

（1）有下述情况之一不应操作

1）超载，斜拉斜吊，吊拔埋置物，或起吊质量不清的货物。

2）电动葫芦有影响安全工作的缺陷或损伤，例如，制动器、限位装置失灵；吊钩螺母防松装置损坏，钢丝绳损伤达报废标准。

3）捆绑吊挂不牢或不平衡而可能滑动，重物棱角与钢丝绳间未加衬垫。

4）工作场地昏暗，无法看清场地及被吊物的情况。

（2）操作安全

1）班前应进行日常检查。

2）不准用限位器停车。

3）不准在吊载情况下调整制动器。

4）吊运时不得从人员头上通过。

5）电动葫芦工作时不准检查和维修。

6）起吊接近额定起重量时应首先试吊，没有异常现象时再起吊。

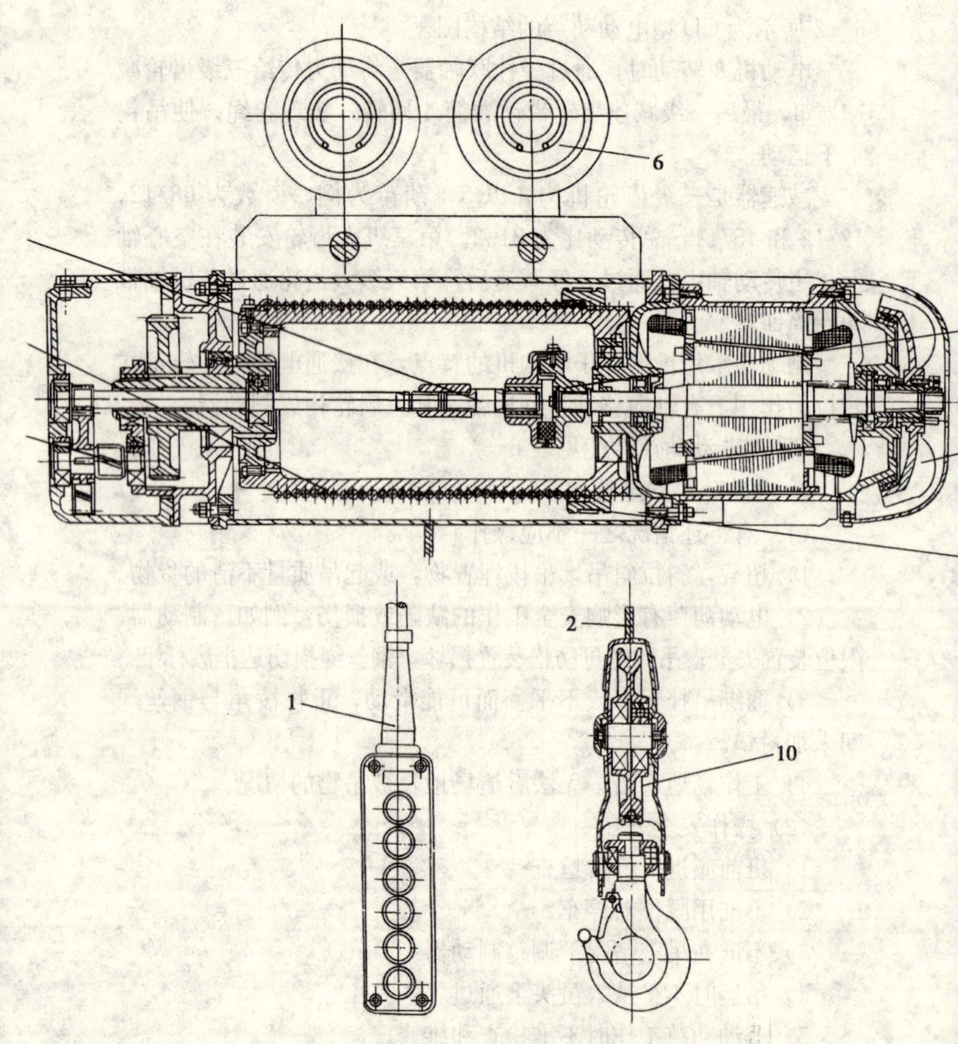


图 6—2 CD 型电动葫芦的结构图

表 6—4　　**CD 型电动葫芦性能**

| 型号 | | $CD_1$ D0.5—6 | $CD_1$ D0.5—9 | $CD_1$ D1—6 | $CD_1$ D1—9 | $CD_1$ D2—6 | $CD_1$ D2—9 | $CD_1$ D3—6 | $CD_1$ D3—9 | $CD_1$ D5—6 | $CD_1$ D5—9 |
|---|---|---|---|---|---|---|---|---|---|---|---|
| 起重量（kg） | | 500 | | 1 000 | | 2 000 | | 3 000 | | 5 000 | |
| 起升高度（m） | | 6 | 9 | 6 | 9 | 6 | 9 | 6 | 9 | 6 | 9 |
| 起升速度（m/min） | | 8 | | 8 | | 8 | | 8 | | 8 | |
| 运行速度（m/min） | | 20（30） | | 20（30） | | 20（30） | | 20（30） | | 20（30） | |
| 工字钢轨道型号 | | 16～28b | | 16～28b | | 20a～45c | | 20a～45c | | 28a～63c | |
| 环行轨道最小半径（m） | | 1 | | 1 | | 1.2 | | 1.5 | | 1.8 | |
| 钢丝绳直径（mm） | | 5.1 | | 7.6 | | 11 | | 13 | | 15.5 | |
| 起升电动机 | 型号 | $ZD_1$ 21—4 | | $ZD_1$ 22—4 | | $ZD_1$ 31—4 | | $ZD_1$ 32—4 | | $ZD_1$ 41—4 | |
| | 容量（kW） | 0.8 | | 1.5 | | 3 | | 4.5 | | 7.5 | |
| | 转速（r/min） | 1 380 | | 1 380 | | 1 380 | | 1 380 | | 1 400 | |
| | 电流（A） | 2.4 | | 4.3 | | 7.6 | | 11 | | 18 | |
| 运行电动机 | 型号 | $ZD_1$ Y11—4 | | $ZD_1$ Y11—4 | | $ZD_1$ Y12—4 | | $ZD_1$ Y12—4 | | $ZD_1$ Y21—4 | |
| | 容量（kW） | 0.2 | | 0.2 | | 0.4 | | 0.4 | | 0.8 | |
| | 转速（r/min） | 1 380 | | 1 380 | | 1 380 | | 1 380 | | 1 380 | |
| | 电流（A） | 0.72 | | 0.72 | | 1.25 | | 1.25 | | 2.4 | |
| 基本尺寸（mm） | $G$ | 646 | | 655 | | 845 | | 945 | | 1 120 | |
| | $l_1$ | 222 | | 255 | | 279 | | 305 | | 365 | |
| | $l_2$ | 274 | 346 | 345 | 443 | 325 | 452 | 390 | 493 | 415 | 520 |
| | $l$ | 616 | 688 | 753 | 856 | 818 | 918 | 924 | 1 027 | 1 052 | 1 157 |
| | $B$ | 850～886 | | 850～886 | | 898～954 | | 898～954 | | 1 000～1 058 | |
| 质量（kg） | | 125 | 130 | 150 | 160 | 230 | 245 | 300 | 320 | 510 | 540 |

7）电动葫芦无下降限位装置时，钢丝绳在卷筒上必须留有安全圈（2～3圈）。

## 第三节　电动单梁起重机安全技术

### 一、形式和基本参数

1. 形式

起重机的基本形式可根据起升机构的位置及运行方式划分为：

（1）电动葫芦小车在起重机主梁下翼缘运行，电动葫芦布置在主梁下方的起重机称为电动单梁起重机，其产品代号为LD，示意图如图6—3所示。

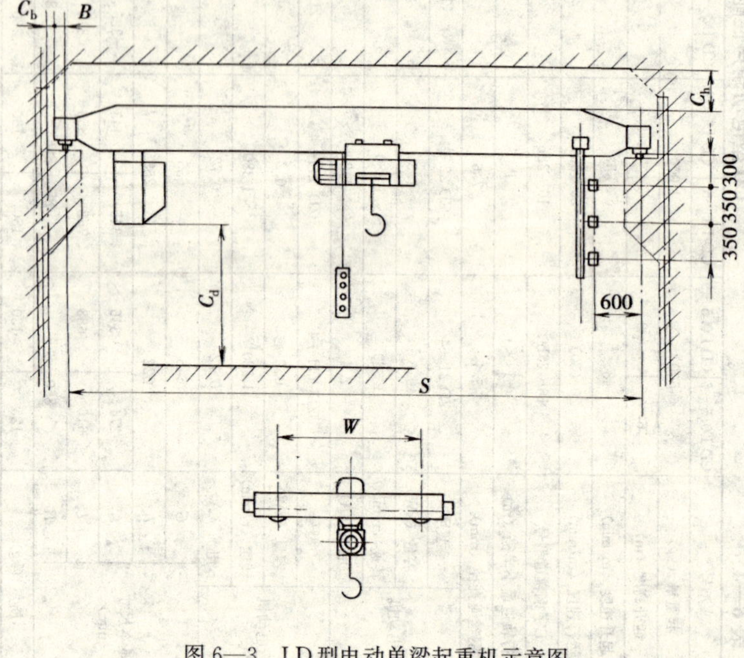


图6—3　LD型电动单梁起重机示意图

（2）电动葫芦安装在角形小车上的起重机，其产品代号为 LDP。

（3）电动葫芦小车在主梁下翼缘运行，电动葫芦布置在主梁侧面的起重机，其产品代号为 LDC。

起重机的基本形式也可按操纵方式分为有司机室操纵的起重机和地面操纵的起重机。

起重机主梁一般采用工字形、箱形或组合结构。

2. 型号表示方法

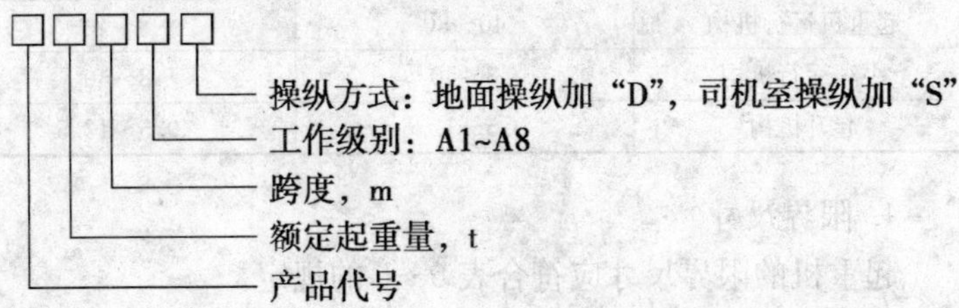


标记示例：

（1）额定起重量为 8 t，跨度为 25.5 m，工作级别为 A5，司机室操纵的 LDP 型（电动葫芦安装在角形小车上）起重机的标记为：

起重机 LDP8—25.5A5S　JB/T 1306

（2）额定起重量为 5 t，跨度为 16.5 m，工作级别为 A4，地面操纵的 LD 型（电动葫芦安装在主梁下方）起重机的标记为：

起重机 LD5—16.5A4D　JB/T 1306

（3）额定起重量为 10 t，跨度为 13.5 m，工作级别为 A5，地面操纵的 LDC 型（电动葫芦布置在主梁侧面）起重机的标记为：

起重机 LDC10—13.5A5D　JB/T 1306

3. 基本参数

（1）起重机的额定起重量（t）系列规定如下：

1，1.6，2，2.5，3.2，4，5，6.3，8，10，12.5，16。

（2）起重机的跨度（m）规定如下：

7.5，8，10.5，11，13.5，14，16.5，17，19.5，22.5，

25.5，28.5，31.5。

(3) 起重机的起升高度 (m) 规定如下：

5，6.3，8，10，12.5，16，20。

(4) 起重机各机构的工作速度见表 6—5。

**表 6—5　　工作速度**　　m/min

| 机构类别 | 操纵方式 | |
| --- | --- | --- |
| | 司机室操纵 | 地面操纵 |
| 起重机运行机构 | 40～80 | 8～40 |
| 小车运行机构 | 8～40 | 8～40 |
| 起升机构 | 0.5～12.5 | 0.5～12.5 |

4. 限界尺寸

起重机的限界尺寸应符合表 6—6 的规定。

**表 6—6　　起重机的限界尺寸**　　mm

| 额定起重量 (t) | 侧方宽度 $B$ | 司机室距地面距离 $C_d$ | 上方间隙 $C_h$ | 侧方间隙 $C_b$ |
| --- | --- | --- | --- | --- |
| 1，1.6，2，2.5，3.2，4 | ≤180 | ≥2 000 | ≥200 | ≥100 |
| 5，6.3，8 | ≤200 | | | |
| 10，12.5，16 | ≤250 | | | |

## 二、安全技术要求

1. 材料

起重机金属结构件的材质，碳素结构钢按 GB 700《碳素结构钢》，低合金结构钢按 GB 1591《低合金钢》，牌号的选用应符合或不低于电动单梁起重机金属结构材料表中的有关规定，见表 6—7。

**表 6—7　　电动单梁起重机金属结构材料**

| 构件类别 | | 重要构件 | | 其余构件 |
| --- | --- | --- | --- | --- |
| 工作环境温度 | | 不低于－20℃ | 低于－20～－25℃ | －25～＋40℃ |
| 钢材牌号 | $\delta \leqslant 20$ | Q235－B・F | Q235D | Q235－A・F |
| | $\delta > 20$ | Q235B | Q345 | |

2. 焊接

（1）主梁及 LDP 型小车架的受拉区的对接焊缝应进行无损探伤，射线探伤时应不低于 GB 3323《钢熔化焊对接接头射线照相和质量分级》中规定的Ⅱ级，超声波探伤时应符合 GB 11345《钢焊缝和超声波探伤方法和探伤结果分级》中的 1 级。

（2）焊缝外部不得有裂纹、孔穴、固体类夹渣、未熔合、未焊透等目测可见的明显缺陷，焊缝质量评定级别应符合 JB/ZQ 4000.3《焊接件通用技术条件》的规定，对接焊缝为 BS 级，角焊缝为 BK 级。

3. 桥架

（1）主梁腹板的局部平面度：腹板高度不大于 700 mm 时，以 500 mm 平尺检查，腹板的受压区应不大于 3.5 mm，腹板的受拉区应不大于 5.5 mm；腹板高度大于 700 mm 时，以 1 000 mm 平尺检查，腹板的受压区应不大于 5.5 mm，腹板的受拉区应不大于 8 mm。

（2）主梁上拱度 $F$ 应为（1/1 000～1.4/1 000）$S$，最大上拱度应位于跨度中部 $S$/10 范围内，如图 6—4 所示为主梁偏差图。

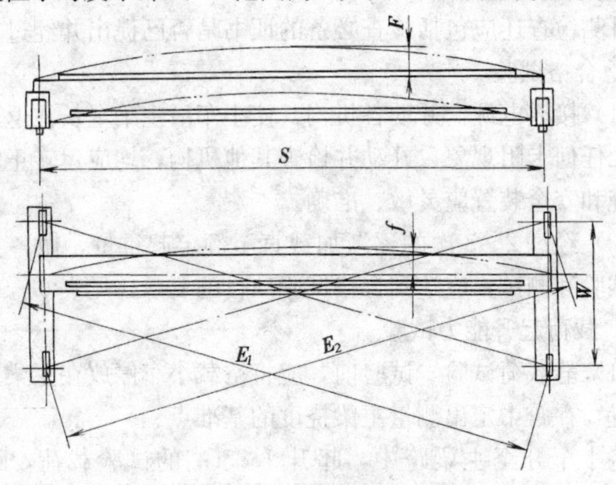


图 6—4　主梁偏差图

（3）主梁的水平弯曲值 $f \leqslant S/2\ 000$，此值在腹板上离主梁顶面 100 mm 处测量。对 LDP 型起重机，只允许向主轨道侧凹曲（见图 6—4）。

（4）起重机跨度偏差 $\Delta S$：当 $S \leqslant 10$ m 时，为±2 mm；当 $S > 10$ m 时，$\Delta S = \pm[2 + 0.1(S-10)]$ mm，跨度偏差见表 6—8。

**表 6—8　　跨度偏差**

| $S$（m） | 7.5～10 | >10～15 | >15～20 | >20～25 | >25～30 | >30～31.5 |
|---|---|---|---|---|---|---|
| $\Delta S$（mm） | ±2 | ±2.5 | ±3 | ±3.5 | ±4 | ±4.5 |

## 三、试验方法

### 1. 目测检查

目测检查应包括所有重要部件的规格或状态是否符合要求，如各机构电气设备、安全装置、按制器、照明和信号系统；起重机金属结构及其连接件、梯子、通道、司机室；所有的防护装置、吊钩、钢丝绳及其固定件；滑轮组及其轴向固定件。

检查时不必拆开任何部件，但应打开在正常维护和检查时应打开的盖子，如限位开关盖。

目测检查还应包括检查必备的证书是否已提出并经过审核。

### 2. 合格试验

（1）接通电源，开动各机构，使小车沿主梁全长往返运行一次，无任何卡阻现象，开动并检查其他机构，均应运转正常，控制系统和安全装置应灵敏、准确。

（2）经过 2～3 次的逐渐加载直至额定起重量，做各方向的动作试验和测试，应达到合格试验项目的要求，见表 6—9。

### 3. 载荷起升能力试验

（1）静载荷试验　试验前，应将空载小车停放在主梁端部极限位置，在跨中定出测量主梁挠度的基准点。

将小车开至主梁跨中，起升 $1.25G_n$ 的试验载荷，距地面 100～200 mm 高度处，悬空时间不少于 10 min，卸载后将小车

表 6—9　　　　合格试验项目

| 序号 | 项目 | 计量单位 | 要求值 | 极限偏差 | 备注 |
|---|---|---|---|---|---|
| 1 | 载荷起升高度 | m | 名义值（按设计图样） | −5% | |
| 2 | 吊钩极限位置 | m | | ±2% | |
| 3 | 载荷起升速度 | m/min | | ±5% | 双速时对慢速不考核 |
| 4 | 起重机及小车运行速度 | | | ±15% | |
| 5 | 额定载荷下降制动时的制动下滑量 | m | ≤$V$/100 | — | $V$—1 min 内稳定起升的距离 |
| 6 | 起重机的静态刚性，测主梁跨中静挠度 | mm | JB/T 1306 | — | |
| 7 | 起重机的水平刚性，测主梁的水平弯曲值 | | JB/T 1306 | — | |
| 8 | 起重机的动态刚性，测满载下降制动时主梁跨中的自振频率 | Hz | JB/T 1306 | — | |
| 9 | 起重机的噪声 | dB（A） | JB/T 1306 | — | |
| 10 | 电控设备中各电路的对地绝缘电阻 | MΩ | JB/T 1306 | — | |
| 11 | 限位器的可靠性 | — | 能准确停车 | — | |
| 12 | 主要受力构件漆膜附着力 | | JB/T 1306 | | |

开至主梁端部后再检查有无永久变形。如此重复三次，第一、二次允许主梁有少许变形，第三次主梁不得再产生永久变形。将小车开至主梁端部，检查主梁实有上拱度应不大于 0.8S/1 000。

静载荷试验结束后，起重机各部分均不应有永久变形、裂纹、油漆剥落、连接处松动或损坏等质量问题。

（2）动载荷试验　起重机各机构的动载荷试验应先分别进

行，而后做联合动作的试验，同时开动两个机构。

试验载荷为 1.1$G_n$，按起重机相应的工作级别，对每种动作应在整个运动范围内做反复起动和制动，对悬挂着的试验载荷做空中起动时，试验载荷不应出现反向动作。按其工作循环，试验时间应延续 1 h。

如果各部件能完成其功能试验，并在随后进行的目测检查中没有发现松动和损坏，则认为这项试验合格。

## 第四节　电动葫芦门式起重机形式和基本参数

### 一、形式与分类

1. 按其取物装置分类

（1）电动葫芦吊钩门式起重机，代号为 MH。

（2）电动葫芦抓斗门式起重机，代号为 MHZ。

（3）电动葫芦电磁门式起重机，代号为 MHC。

2. 按结构分类

可分为无悬臂、单悬臂或双悬臂结构；主梁一般采用箱形、桁架或组合主梁结构，支腿采用双刚性支腿，跨度大时也可采用一刚性支腿和一柔性支腿。如图 6—5 所示为电动葫芦门式起重机形式图。

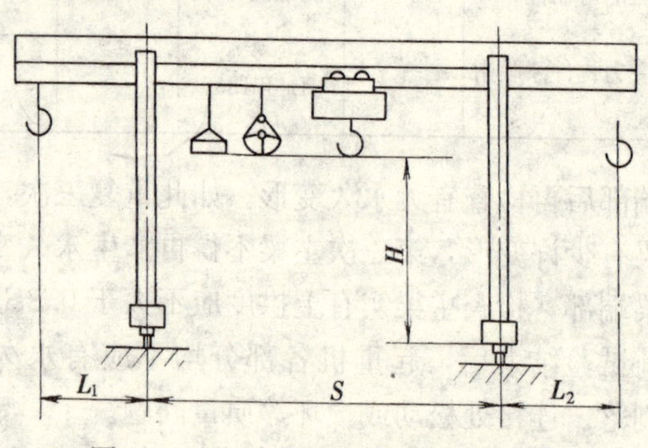


图 6—5　电动葫芦门式起重机形式图

3. 型号表示方法

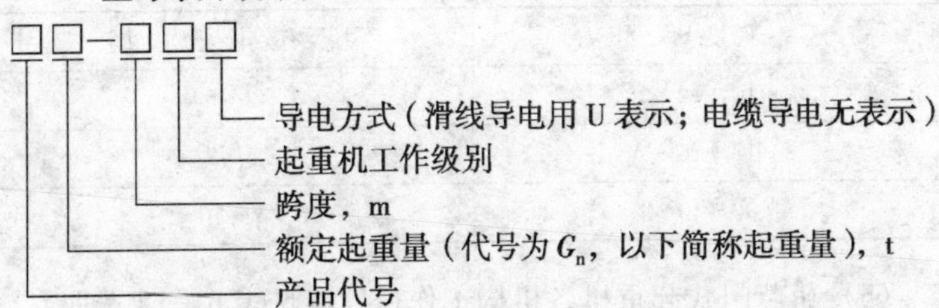


标记示例：

（1）起重量为3.2 t，跨度为14 m，工作级别为A5，采用电缆导电的吊钩门式起重机：

起重机 MH3.2—14A5 JB/T 5663.1

（2）起重量为8 t，跨度为40 m，工作级别为A4，采用滑线导电的抓斗门式起重机：

起重机 MHZ8—40A4U JB/T 5663.1

（3）起重量为10 t，跨度为22 m，工作级别为A5，采用滑线导电的电磁门式起重机：

起重机 MHC10—22A5U JB/T 5663.1

## 二、基本参数

（1）起重机的起重量规定如下：2，3.2，5，8，10，12.5，16 t。

（2）电动葫芦门式起重机起升高度见表6—10。

**表6—10 电动葫芦门式起重机起升高度** m

| 取物装置 | 起升高度 $H$ |
|---|---|
| 吊钩 | 6.3，8，10，12.5 |
| 抓斗、电磁吸盘 | 6.3，8，10 |

（3）起重机跨度规定如下：6，10，14，18，22，26，30，35，40 m。

（4）起重机有悬臂时，其悬臂的有效长度可参见葫芦门式起重机跨度表选取，见表6—11。

表 6—11　　葫芦门式起重机跨度　　m

| 跨度 $S$ | 悬臂有效长度 $L_1$，$L_2$ |
| --- | --- |
| 10，14 | 3～5 |
| 18～26 | 5～7 |
| 30～40 | 7～10 |

（5）葫芦门式起重机各机构工作速度参见表 6—12 选取。

表 6—12　　葫芦门式起重机各机构工作速度　　m/min

| 起重量，t | 2～5 | 8～16 |
| --- | --- | --- |
| 起重机运行机构 | 20～63 | 20～50 |
| 小车运行机构 | 10～40 | |
| 起升机构 | 4～12.5 | |

（6）起重机工作级别为 A2～A5，可以按不同的使用情况参照葫芦门式起重机工作级别选取，见表 6—13。

表 6—13　　葫芦门式起重机工作级别

| 取物装置 | 使用场地 | 使用程度 | 起重机工作级别 |
| --- | --- | --- | --- |
| 吊钩 | 电站、仓库 | 不经常使用 | A2～A3 |
| | 车站、码头、货场<br>生产车间 | 不经常使用 | A3～A4 |
| | | 较频繁使用 | A5 |
| 抓斗<br>电磁吸盘 | 散料货场<br>装卸车皮<br>废钢铁料场 | 不经常使用 | A3～A4 |
| | | 较频繁使用 | A5 |

## 第五节　葫芦式起重机安全操作与安全检查

### 一、葫芦式起重机安全操作

电动葫芦的使用范围遍及机械、化工、冶金、轻工、交通运输、港口装卸、建筑及林业等多种行业。显而易见，由于用量大，范围广，故其事故发生率较高，为此必须加强安全管理。

1. 葫芦式起重机操作特点

葫芦式起重机的操作以地面操作为主，其次是操纵室操纵，并有少量采用遥控操作、无线电操作及自动程序控制等。人的正常步行速度为 4 km/h，即 66.6 m/min，一般地面操纵的葫芦式起重机运行时的最大速度取人的正常步行速度的 70%左右，即以 45 m/min 为界限，当起重机运行速度小于等于 45 m/min 时采用地面操纵，大于 45 m/min 时应采用操纵室操纵。

（1）地面操纵　地面操纵的葫芦式起重机是通过手动按钮开关，又称为手电门进行操纵控制的。手电门通过软缆及加强钢丝悬挂在起重机下。距地面 1 m 至 1.2 m 为佳。手电门通过电磁开关的闭合与切断来控制电动机的正反转，以达到吊载起升、下降、左右横行及前后运行的目的。当操纵固定电动葫芦作业时为“一维”操纵，手电门上仅有两个按钮即可，常称为“二豆”手电门，只能操纵吊载起升与下降；当操纵悬挂轨道电动葫芦作业时为“二维”操纵，手电门上应有 4 个按钮，常称为“四豆”手电门，只能操纵吊载起升、下降和左右横行；当操纵电动单梁起重机等作业时为“三维”操纵，手电门上应有 6 个按钮，常称为“六豆”手电门，可以操纵吊载起升、下降、左右横行和前后运行。手电门上设有机械联锁保护装置。新型手电门还设有总电源开关或电钥匙，还有低压（36 V 或 42 V）手电门和双速手电门。手电门按钮标志常为“上”“下”“左”“右”“前”“后”或↑，↓，←，→，×，·两种标记形式，其按钮标志必须与起重机动作相一致，否则很容易出现操作事故危险。

按手电门安装部位和安装方式的不同，常见的地面操纵形式有以下几种：

1）固定式手电门操纵　悬吊手电门的橡胶软缆被固定在起重机主梁某一固定位置上，或固定在一固定悬臂上。这是一种旧式的操纵形式，现代产品中已不多见，只有当跨度小，或地面上有长期固定的障碍物，操作人员的横向位移被限定在某一个范围内时，才采取这种操纵形式。

2）跟随式手电门操纵　手电门通过橡胶软缆悬吊在电动葫芦的电磁开关下，操作人员操纵时必须跟随吊载的横向或纵向移动而移动，这种操纵形式是目前地面操纵普遍采用的形式，其优点是操作人员距离吊载近，观看清楚，排除干扰及故障快；缺点是操作人员被限定在吊载近处，容易造成吊载碰撞冲击、砸伤等人身事故。总之，这种操纵方式是不安全的，亟待改进。

3）滑道式手电门操纵　由起重机桥架固定支撑着滑道，滑道由异型轧制开口槽钢构成，槽内装有数个滚动小跑车，小跑车下悬挂着扁电缆，扁电缆一端与电磁开关箱相接，另一端悬垂下挂手电门。操作人员按动手电门，通过小跑车在滑槽内横内移动，就像拉窗帘一样能自由横向伸缩，操作起来十分灵活方便。要观察吊载状态时，操作人员可以随时靠近吊载，考虑安全时又可以随时远离吊载操纵，这种操纵方式可以根据操作人员的实际需要，随心所欲地掌握与吊载的远近，既安全又方便，是地面操作方式的发展方向。

（2）操纵室操纵　操纵室操纵也是葫芦式起重机操纵方式之一。为防止触电，操纵室应安装架设在非电源滑线侧，当起重机运行速度要求在 $v>45$ m/min 时，应安装操纵室进行操作，根据需要，操纵室有开式、闭式之分，开门方向有侧面开门和端面开门之分。

（3）遥控操纵　当操作现场环境条件不允许操作者直接按动由起重机悬吊的手电门按钮时，应采取遥控器操纵。此外，还可以采取无线操纵和程序控制等。

2. 葫芦式起重机安全操作规程

（1）不得超载进行吊装作业。

（2）不得使吊载在其他作业者头上通过。

（3）不得侧向斜吊。

（4）不得利用起升限位器做起升停车使用。

（5）不得在正常作业中经常使缓冲器与阻进器冲撞，或达到停车的目的。

（6）不得在吊载中调整制动器。

（7）不得在作业中进行检修与维护。

（8）不得在吊载有剧烈振动时进行起吊、横行与运行作业。

（9）不得吊运质量不清楚的物品，如吊拔埋置物等，不得斜拉作业。

（10）不得随意拆改葫芦式起重机上的任何安全装置。

（11）不得在下列有影响安全的缺陷及损伤下作业：制动器失灵、限位器失灵、吊钩螺母防松装置损坏、吊装钢丝绳损伤已达到报废标准等。

（12）不得运吊捆绑不牢、吊点不平衡、易滑动及易倾翻状态下的物品，也不得运吊重物棱角处与吊装钢丝绳之间未加衬垫的物品。

（13）不得在工作场地昏暗、无法看清场地与被吊物情况下作业。

（14）注意作业中吊载附近是否有其他作业者，防止出现撞冲事故。

（15）注意吊钩是否在吊载的重心上方。

（16）注意吊钩处在狭窄的场所、易倾倒的位置时不宜盲目操作。

（17）注意作业中随时观察前后左右各方位是否安全。

（18）确认操作处于易见方位后再进行操作。

（19）确认手电门按钮标志后再动作。

（20）确认吊具或吊装绳处于正确的吊装状态，且没有挂扯其他物体时，再按动起升按钮。

（21）发现故障时应及时与安全维护人员联系，排除故障与隐患。

（22）发现故障时应立即切断总电源。

（23）重物接近或达到额定载荷时，应先进行小高度、短行程试吊后再平稳地进行起升与吊运。

（24）重物下降至距地面 300 mm 处时，应停车观察是否安全再下降。

（25）无下降限位器的葫芦式起重机，在吊钩处于最低位置时，卷筒上的钢丝绳必须保证有不少于两圈的安全圈数。

## 二、安全检查

葫芦式起重机常见故障与诊断排除方法见表 6—14。

**表 6—14　　葫芦式起重机常见故障与诊断排除方法**

| 序号 | 项目 | 常见故障 | 故障诊断 | 排除方法 |
| --- | --- | --- | --- | --- |
| 1 | 电动机 | 空载时电动机不能起动 | （1）电源未接通<br>（2）按钮失灵，接触不良<br>（3）电磁开关箱中的熔断器、接触器等元件失效<br>（4）限位器未复位<br>（5）按钮接线折断 | （1）接通电源<br>（2）整修有关的电气元件<br>（3）调整或重接按钮线<br>（4）使限位器复位<br>（5）修复接线 |
| | | 空载旋转有载不转 | （1）转子断条，转子铸铝铝条粗细不均匀<br>（2）电动机单相运转 | （1）更转电动机<br>（2）重新接线 |
| | | 电动机起重勉强，噪声大或有异常声响 | （1）超载过多<br>（2）电源电压过低<br>（3）制动器未完全脱开<br>（4）接线，电磁线圈等有断裂等 | （1）按规定吊载<br>（2）调整电源电压<br>（3）调整制动器间隙<br>（4）重新接线 |
| | | 烧包（定子绕组烧毁） | 绝缘等级低，漆包线有外伤 | 更换电动机 |
| | | 过热 | （1）超载过多<br>（2）电压波动（降压）太大<br>（3）超制动过于频繁<br>（4）制动器间隙太小 | （1）按规定吊载<br>（2）调整电源电压<br>（3）应适当减少起动、制动的次数<br>（4）重新调整制动器间隙 |

续表

| 序号 | 项目 | 常见故障 | 故障诊断 | 排除方法 |
| --- | --- | --- | --- | --- |
| 2 | 减速器 | 齿轮传动噪声太大 | （1）缺油，润滑不良<br>（2）零件有磕碰，制造装配精度低<br>（3）齿轮、轴承等零部件磨损严重 | （1）加足润滑油<br>（2）修整齿轮齿面的磕碰，改进装配质量<br>（3）更换齿轮、轴承 |
| | | 起升减速器箱体碎裂 | 多因起升限位器失灵，吊钩滑轮外壳直接撞击卷筒外壳，造成吊钩偏摆打裂箱体 | 更换或修理起升限位器 |
| 3 | 制动器 | 制动失灵 | （1）电动机轴断裂<br>（2）锥形制动环装配不当，出现磨损 | （1）更换电动机轴<br>（2）更换制动环，并正确装配 |
| | | 重物下滑或运行时明显刹不住车 | （1）制动间隙太大<br>（2）制动环磨损严重超过规定值未更换<br>（3）电动机轴或齿轮轴轴端紧固螺钉松动（CD 型葫芦常见） | （1）调整制动间隙<br>（2）更换制动环<br>（3）将电动机卸下，拧紧松动的紧固螺钉 |
| | | 制动时发出尖叫声 | 制动轮与制动环间有相对摩擦，接触不良 | 重新调整制动器或车削制动环，使锥度相符（对于锥形制动器而言） |
| 4 | 卷筒装置 | 导绳器破裂 | 因斜吊而造成 | 按安全规程操作 |
| | | 外壳带电 | 轨道未接地或接地线失效 | 加装或接通接地线 |
| 5 | 钢丝绳 | 切断 | （1）起升限位器失灵被拉断<br>（2）超载过多<br>（3）已达到报废程度仍使用 | （1）修理或更换限位器<br>（2）按规定吊载<br>（3）更换钢丝绳 |
| | | 变形 | （1）无导绳器，造成钢丝绳被挤压变形<br>（2）斜吊造成乱绳 | （1）应装导绳器<br>（2）按安全规程操作，并恢复乱绳 |
| | | 磨损 | （1）斜吊造成钢丝绳与外壳磨损<br>（2）钢丝绳直径过大 | （1）不要斜吊<br>（2）合理选择钢丝绳 |

续表

| 序号 | 项目 | 常见故障 | 故障诊断 | 排除方法 |
| --- | --- | --- | --- | --- |
| 5 | 钢丝绳 | 空中打花 | 在地面缠绳时，未将钢丝绳放松 | 让钢丝绳在放松状态下缠绳 |
| 6 | 手电门 | 按钮动作失灵，按下不能复位 | （1）按钮弹簧疲劳破坏<br>（2）灰尘及污物过多<br>（3）悬挂电缆断线或接线松落 | （1）更换弹簧<br>（2）保持清洁<br>（3）更换电缆或重接线 |
| | | 动作与按钮标志不符 | 电源相序接错 | 把三根导线中未接地的两根对调 |
| | | 触电 | （1）采用铁壳手电门<br>（2）非低压手电门 | （1）采用塑料手电门<br>（2）采用低压（36 V或42 V）手电门 |
| 7 | 交流接触器 | 线圈断裂 | 疲劳破坏 | 更换接触器 |
| | | 触点粘连 | 未能清除磁铁接触面上的防锈油或凡士林，特别在冬天低温下更易造成触点粘连 | 清除磁铁接触面上的防锈油或凡士林 |
| | | 触点烧毁 | 触点接触面质量太差 | 选择接触面质量好的接触器 |
| 8 | 起升限位器 | 负荷升降时不能限位 | （1）电源相序接错、接线不牢<br>（2）限位杆的停止块松脱 | （1）重新接线，修整<br>（2）紧固停止块于需要的位置上 |
| 9 | 葫芦运行小车 | 车轮打滑 | 工字钢轨道面或车轮踏面上有油、水等污物 | 清除轨道或车轮上的污物 |
| | | 车轮悬空 | （1）工字钢下翼缘不规整<br>（2）运行小车制造、装配精度低，三条腿现象严重 | （1）进行火焰修整<br>（2）按制造装配精度要求进行检查并修整 |
| | | 轮缘爬轨 | （1）阻进器或缓冲器不对称<br>（2）运行小车主、被动侧质量不平衡，造成被动侧车轮翘起，易爬轨 | （1）重新调整缓冲器和阻进器为对称结构<br>（2）在被动侧加配重 |

续表

| 序号 | 项目 | 常见故障 | 故障诊断 | 排除方法 |
| --- | --- | --- | --- | --- |
| 10 | 起重机运行机构 | 起动时主动车轮打滑 | (1) 轨道面或车轮踏面有油、水、污物<br>(2) 车轮装配精度差，出现三条腿、主动车轮轮压太小或悬空 | (1) 清除污物，必要时在轨顶面撒沙子<br>(2) 改进车轮装配质量，或火焰矫正桥架 |
| | | 起动、制动时有明显的不同步、扭动、侧向滑移 | (1) 因磨损造成车轮踏面直径尺寸相差较大<br>(2) 分别驱动的制动电动机制动间隙相差较大 | (1) 更换车轮<br>(2) 同一个人调整两侧驱动电动机的制动间隙 |
| | | 制动时刹不住车 | (1) 制动器间隙太大<br>(2) 制动环磨损已达到极限而未更换 | (1) 调整制动器间隙<br>(2) 更换制动环 |
| | | 运行中出现歪斜、跑偏、啃道、磨损 | (1) 轨道架设质量差<br>(2) 起重机桥架几何精度差<br>(3) 车轮槽宽与轨顶面宽间隙配合不当<br>(4) 车轮直径尺寸相差较大 | (1) 检查轨道跨度、标高差等，并进行修整<br>(2) 检查起重机跨度、跨度差，对角线差，并修整<br>(3) 调整车轮与轨道侧隙<br>(4) 检查车轮直径，必要时更换车轮 |
| | | 运行中出现卡轨、爬轨、掉道或蛇行、扭摆、冲击、振动等 | (1) 轨道与桥架跨度配合不当<br>(2) 轮槽与轨道顶面配合不当<br>(3) 起重机三条腿现象严重<br>(4) 起重机跑偏现象严重<br>(5) 轨道接缝质量差 | (1) 检查起重机和轨道几何精度，并修复<br>(2) 调整车轮与轨道侧隙<br>(3) 必要时进行起重机大修<br>(4) 修整轨道接缝<br>(5) 修复接缝 |
| 11 | 主梁 | 主梁上拱度消失，甚至出现下挠 | (1) 超载起吊<br>(2) 疲劳过度 | (1) 按规定吊载<br>(2) 火焰烘烤修复 |

续表

| 序号 | 项目 | 常见故障 | 故障诊断 | 排除方法 |
|---|---|---|---|---|
| 11 | 主梁 | 主梁工字钢下翼缘下塌 | (1) 超载起吊<br>(2) 工字钢下翼缘磨损过度而变薄，局部弯曲强度减弱 | (1) 在工字钢下翼缘下表面贴板补强<br>(2) 下塌超过一定极限，无法修复时应报废 |
| 12 | 操纵室 | 振动与摇晃 | (1) 操纵室本身刚度低<br>(2) 起重机主梁刚度低<br>(3) 起重机运行振动冲击大 | (1) 提高操纵室刚度<br>(2) 增加减振装置<br>(3) 适当提高主梁刚度并对轨道缺陷进行修复 |
| 13 | 电气 | 起重机行程开关失灵 | (1) 短路<br>(2) 接线不对 | 重新接线 |
| | | 电源引入装置滑轮滑脱 | (1) 塑料滑轮磨损严重<br>(2) 滑线架设支撑不当 | (1) 换成耐磨塑料滑轮<br>(2) 修整滑线支撑装置 |
| 14 | 密封 | 渗、漏油 | (1) 油封疲劳破坏、失效<br>(2) 减速器加油过多<br>(3) 装配时连接螺栓未拧紧 | (1) 更换新油封<br>(2) 将油全部放掉，重新按规定的油量加油<br>(3) 将紧固螺钉拧紧 |
| 15 | 锈蚀 | 零部件裸露表面锈蚀严重 | (1) 裸露的机械零件漆层剥落严重<br>(2) 金属结构件涂漆质量太差，剥落严重 | (1) 更换零件<br>(2) 除锈并重新涂防锈性能好的漆层 |
| 16 | 操作 | 误操作 | (1) 操作者技术素质差<br>(2) 操作者精神不集中 | 加强安全管理、教育与培训 |

# 第七章　流动式起重机安全技术

## 第一节　流动式起重机分类及参数

### 一、流动式起重机分类

流动式起重机是指在带载或空载情况下，沿无轨道路行驶，机体依靠重力保持稳定的臂架型回转或不回转的起重机。

1. 按底盘分类

可分为汽车式起重机、轮胎式起重机、履带式起重机和特殊底盘起重机。

汽车式起重机是以通用或专用的汽车底盘为运行装置的流动式起重机。

轮胎式起重机是以装有充气轮胎的特制底盘为运行装置的流动式起重机。

2. 按结构形式分类

可分为回转流动式起重机和不回转式流动式起重机等。

3. 按臂架形式分类

可分为桁架臂流动式起重机和箱形臂流动式起重机。

4. 按用途分类

可分为通用流动式起重机、越野流动式起重机和专用或特殊用途的流动式起重机。

通用流动式起重机用于港口、货场、车站、工厂、建筑工地等场所。

越野流动式起重机是可在泥泞或崎岖不平的场地进行作业的

流动式起重机。

特殊用途流动式起重机是从事某种专门作业或备有其他设施进行特殊作业的起重机。如专门用于大型设备及构件的安装的重型及超重型桁架臂汽车式起重机、集装箱轮胎起重机及抢险救援起重机。

## 二、参数

1. 汽车式起重机基本参数

汽车式起重机基本参数见表7—1。

**表7—1　　汽车式起重机基本参数**

| 最大额定总起重量（t） | 最小额定幅度不小于（m） | 起重力矩不小于（t·m） | | 起升高度不低于（m） | | 作业状态整机自重不大于（t） |
|---|---|---|---|---|---|---|
| | | 基本臂 | 最长主臂 | 基本臂 | 最长主臂 | |
| 3 | 2.8 | 8.4 | 6.0 | 5.5 | 10 | 4.5 |
| 5 | 3.0 | 15.0 | 10.5 | 6.7 | 11 | 8.0 |
| 8 | 3.0 | 24.0 | 15.0 | 7.5 | 12 | 13.5 |
| 10 | 3.0 | 30.0 | 22.0 | 8.0 | 13 | 15.0 |
| 12 | 3.0 | 36.0 | 24.0 | 8.5 | 14 | 17.0 |
| 16 | 3.0 | 48.0 | 28.0 | 9.0 | 22 | 23.0 |
| 20 | 3.0 | 60.0 | 38.0 | 9.5 | 23 | 25.0 |
| 25 | 3.0 | 75.0 | 48.0 | 9.5 | 24 | 30.0 |
| 32 | 3.0 | 96.0 | 60.0 | 10.0 | 25 | 35.0 |
| 40 | 3.0 | 120.0 | 75.0 | 11.0 | 29 | 40.0 |
| 50 | 3.0 | 150.0 | 85.0 | 11.0 | 32 | 48.0 |
| 63 | 3.0 | 189.0 | 95.0 | 11.5 | 35 | 60.0 |
| 80 | 3.0 | 240.0 | 105.0 | 12.0 | 38 | 72.0 |
| 100 | 3.0 | 300.0 | 115.0 | 12.5 | 40 | 85.0 |
| 125 | 3.0 | 375.0 | 125.0 | 13.0 | 42 | 100.0 |

2. 轮胎式起重机基本参数

轮胎式起重机基本参数见表 7—2。

**表 7—2　　　　　　轮胎式起重机基本参数**

| 最大额定总起重量 | | 最小额定幅度不小于（m） | 起重力矩不小于（t·m） | 起升高度不低于 | | 作业状态整机自重不大于（t） |
|---|---|---|---|---|---|---|
| 用支腿 | 不用支腿 | | | 基本臂 | 最长主臂 | |
| （t） | | | | （m） | | |
| 8 | 3.0 | 3 | 24 | 5.0 | 9 | 15 |
| 10 | 4.0 | 3 | 30 | 6.0 | 10 | 17 |
| 12 | 4.5 | 3 | 36 | 6.5 | 11 | 20 |
| 16 | 5.0 | 3 | 48 | 7.0 | 17 | 23 |
| 20 | 5.5 | 3 | 60 | 7.5 | 18 | 25 |
| 25 | 7.0 | 3 | 75 | 8.0 | 20 | 28 |
| 32 | 8.0 | 3 | 96 | 9.0 | 24 | 35 |
| 40 | 10.0 | 3 | 120 | 9.0 | 24 | 40 |
| 50 | 12.0 | 3 | 150 | 9.5 | 26 | 48 |
| 63 | 15.0 | 3 | 189 | 10.0 | 28 | 55 |
| 80 | 20.0 | 3 | 240 | 11.0 | 32 | 70 |

注：不用支腿时，最大额定总起重量指在不用支腿起重作业状态下起重机在各作业方位区的起重量及前方吊重行驶的起重量。

3. 流动式起重机的性能参数、行驶参数、重量参数

（1）轴荷　起重机总质量（作业时包括起升载荷）分配在底盘轮轴上的载荷。

（2）轮压　由一个车轮传递到路面上的垂直载荷。

（3）支腿最大压力　以支腿全伸进行起重作业时，支腿座承受的最大法向反作用力。

（4）作业时最大路面载荷　起重机起吊额定起重量做全回转运动，支撑点作用于路面的最大载荷。

（5）接地压力（地面压强）　起重机总质量与接地面积之比。

（6）起重机设计质量　没有压重、平衡重、燃料、工作油及润滑剂、水、工具备件和乘员时的起重机质量。对于臂架型起重机应包括主臂架及其平衡质量。

（7）作业状态整机质量　处于作业状态的起重机，装有完整的工作装置、随机工具备件、平衡重、燃料、油、润滑剂、水等，包括乘员在内的总质量。

（8）幅度、起升高度、起重臂倾角等见本书第一章第四节。

（9）轮廓尺寸　包括整机全长、整机全宽、整机全高。

（10）支撑轮廓　起重机支撑件（车轮或支腿）各连接线的水平投影所形成的轮廓。对于汽车式起重机就是支腿的连接线形成的轮廓。这些连接线就是起重机的倾翻线。

（11）最小转弯半径　汽车式起重机或轮胎式起重机在转弯行驶时，转向器（方向盘）处于极限位置，前轮外侧所描述的圆弧半径称为最小转弯半径。

（12）接近角 $\alpha$　过机身前端突出的最低点向前轮所引切面与水平路面的夹角。

（13）离去角 $\beta$　过机身后端突出的最低点向后轮所引切面与水平路面的夹角。

（14）最小离地间隙 $h$　除与地面相接触部分外，固定在底盘下部的刚性部件的最低点与支撑地面的距离。

（15）纵向通过半径 $\rho$　沿起重机纵向，前、后车轮及两轴间最低点相切的圆弧半径。这些参数与行驶状态的安全有密切关系。

通过性几何参数见表 7—3。

（16）爬坡能力　无载起重机以稳定行驶速度爬行的最大坡度。汽车式起重机的最大爬坡度在 12°～18°左右。轮胎式起重机的最大爬坡度为 8°～14°，越野型轮胎式起重机的最大爬坡度可达 20°～30°。

表 7—3　通过性几何参数

| 参数<br>起重机种类 | 按近角 $\alpha$ | 离去角 $\beta$ | 纵向通过半径<br>$\rho$（m） | 最小离地间隙<br>$h$（mm） |
|---|---|---|---|---|
| 公路型汽车式起重机 | 25°～30° | 25°～45° | 2.7～7 | 220～300 |
| 越野汽车式起重机 | 36°～60° | 30°～48° | 1.9～3.6 | 260～310 |
| 轮胎式起重机 | 15°～40° | 15°～30° | 2.7～7 | 220～300 |

## 三、底盘轮轴布置

汽车式起重机轮轴总数取决于整机质量和道路桥梁标准许用承载能力。驱动桥数取决于所需牵引力。

我国公路工程技术标准规定公路车辆的单后桥轴荷最大为 13 t，而双后桥为 2×12 t。将起重机总质量除以许用轴荷可得到最少的轮轴数。

轮轴的表示方法是：2 轴数×2 驱动桥数——前桥数＋后桥数（驱动桥加括号）。

常见的汽车式起重机轮轴布置见表 7—4。

表 7—4　轮轴布置

| 序号 | 表示法 | 示意图 | |
|---|---|---|---|
| 1 | 4×2－1＋（1） |  | $Q$=3～16 t |
| 2 | 4×4－（1）＋（1） |  | $Q$=5～16 t |
| 3 | 6×4－1＋（2） |  | $Q$=12～25 t |
| 4 | 6×4－（1）＋2 |  | $Q$=12～25 t |
| 5 | 6×4－2＋（1） |  | $Q$=12～25 t |
| 6 | 8×4－2＋（2） |  | $Q$=25～65 t |

## 第二节　流动式起重机工作机构

### 一、汽车式起重机工作机构

汽车式起重机工作机构有起升机构、变幅机构、回转机构、行走机构。液压汽车式起重机还有伸缩臂机构。这些工作机构的驱动装置一般是柴油机或汽油机。传动方式有机械传动、液压传动等。

如图 7—1 所示为液压汽车式起重机示意图。

1. 起升机构

液压汽车式起重机起升机构包括原动机（油马达）、制动装置、减速装置和卷绕系统。如图 7—2 所示为起升机构油路图。

对于液压起重机原动机则为油马达驱动机构工作。

当把操纵手柄向后拉时，油泵 1 将压力油通过操纵阀 2、平衡阀 3 的下方油路进入油泵 4，使油泵正向旋转，起升卷筒正转，吊钩上升。

当操纵阀的手柄向前推时，压力油通过上方油路进入油马达，使油马达反转。起升卷筒随之反转，吊钩落下。

平衡阀的作用是防止在吊物的作用下产生超速下降，所以平衡阀也称限速阀。当机构停止工作时，平衡阀闭锁，油马达不能回油，使重物保持不动。溢流阀 6 的作用是防止由于压力过高使元件过载，也称安全阀。

2. 变幅机构

变幅可分为挠性变幅（钢丝绳滑轮组）和刚性变幅（油缸变幅）。

如图 7—3 所示为变幅机构油路图。

当操纵手柄向后拉时，压力油通过操纵阀 5、平衡阀 4 中右侧油路，进入变幅油缸 3 的底部，通过活塞使起重臂 2 抬起。

当操纵手柄向前推时，压力油通过左侧油路进入变幅油缸 3

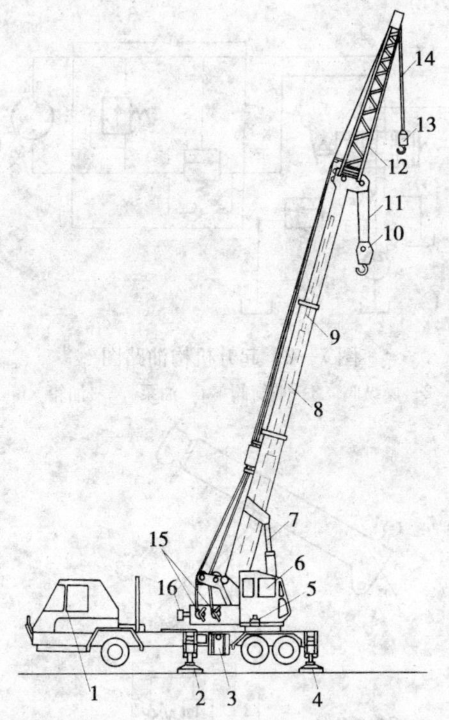


图 7—1 液压汽车式起重机示意图

1—汽车驾驶室 2—前支腿 3—油箱 4—后支腿 5—回转减速器 6—起重机驾驶室 7—变幅油缸 8—伸缩油缸 9—起重臂 10—主钩 11—主钩钢丝绳 12—副臂 13—副钩 14—副钩钢丝绳 15—起升、变幅卷筒 16—平衡重

的顶部，活塞收缩，起重臂落下。

起升机构的典型事故是断绳或制动器失灵。除超载、钢丝绳强度不够，制动器本身的缺陷之外，液压系统的故障也会导致一些事故，如平衡阀渗漏或失灵，都会造成重物坠落。

变幅机构，对于挠性变幅，要经常检查变幅绳，如不合格则按标准报废。变幅绳中与起重臂端部连接的钢丝绳曾发生过多次断绳事故（俗称千斤绳被拉断）。

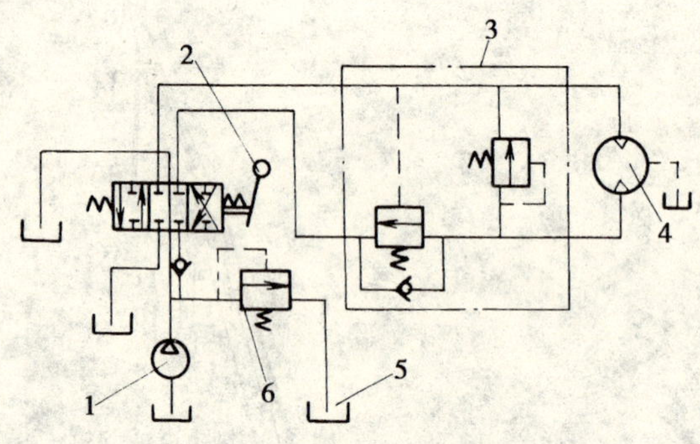


图 7—2　起升机构油路图

1—油泵　2—操纵阀　3—平衡阀　4—油泵　5—油箱　6—溢流阀

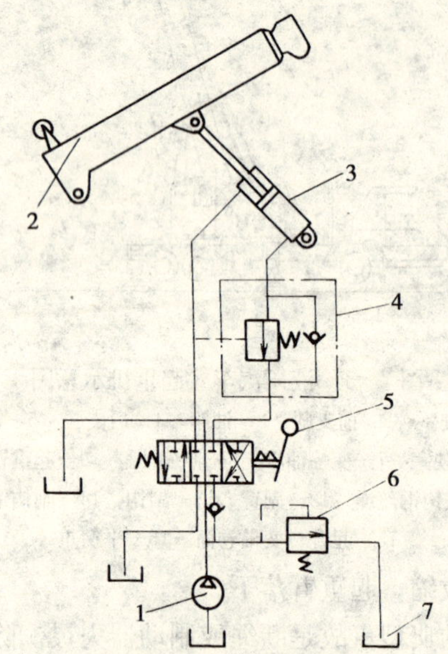


图 7—3　变幅机构油路图

1—油泵　2—起重臂　3—变幅油缸　4—平衡阀

5—操纵阀　6—溢流阀　7—油箱

变幅油路中平衡阀失灵造成坠臂事故也曾发生过。还发生过平衡阀渗漏，使起重臂发生“点头”事故（起重臂下降一些），从而造成斜吊，由此导致事故发生。

3. 回转机构

回转机构分为回转驱动装置和回转支撑装置。

如图 7—4 所示为回转驱动装置图，它包括原动机（电动机或油泵）、常闭式制动器、回转减速器、输出小齿轮。小齿轮与大齿圈相啮合，大齿圈与底盘连接，当起重机开动回转操纵手柄时，小齿轮在自转的同时（公转）带动起重机上车绕回转中心实现回转作业。

小齿轮与大齿圈的啮合形式有内啮合和外啮合两种。如图 7—5 所示为回转支撑装置图，其中包括内圈、外圈、连接螺栓等。

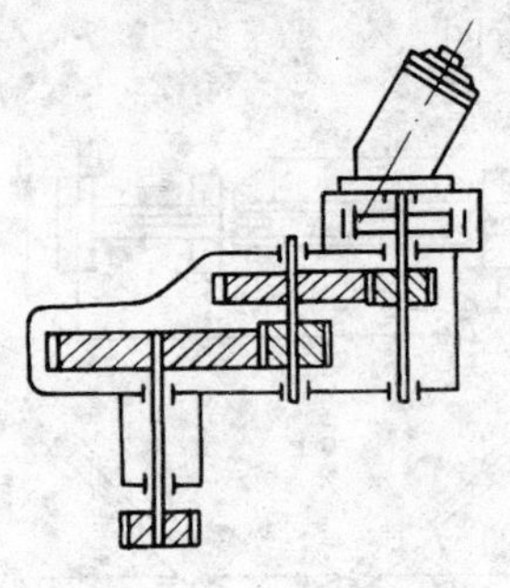

图 7—4　回转驱动装置图

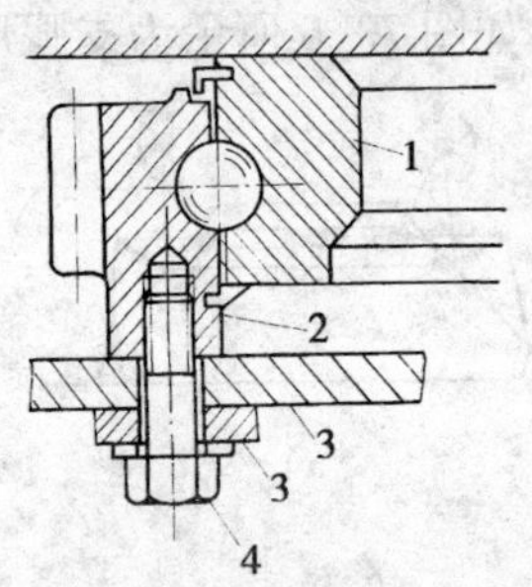


图 7—5　回转支撑装置图

1—内圈　2—外圈

3—底盘板　4—连接螺栓

从安全角度看，主要是回转支撑装置的安全检查。曾经发生过因连接螺栓 4 拉断而使整个上回转部分翻倒的大事故。

螺栓的最大载荷为：

$$P=\frac{4M}{DZ}-\frac{V}{Z}$$

式中　$M$——起重机上回转部分产生的力矩；

$V$——作用于回转支撑装置上的垂直载荷；

$D$——螺栓分布圆的直径；

$Z$——螺栓数目。

此外还要经常检查齿轮，不得有裂纹，也不得有严重的磨损。

4. 起重机支腿

支腿机构有机械式和液压式，目前多采用液压式支腿。一般起重机具有四组支腿，每组液压支腿包括一个水平油缸和一个垂直油缸，以及垂直油缸下端的支腿。支腿机构的工作由起重机下车的液压系统控制。在起重机进行作业前，必须先打好支腿，通过调整使起重机处于水平状态。

支腿使起重机的支撑轮廓增大，提高起重机作业稳定性，在作业中，如果支腿失灵，则会发生倾覆事故，所以支腿机构的可靠性是非常重要的。在运行中支腿必须收紧，否则无法在道路上行驶。

如图 7—6 所示为支腿形式的示意图。

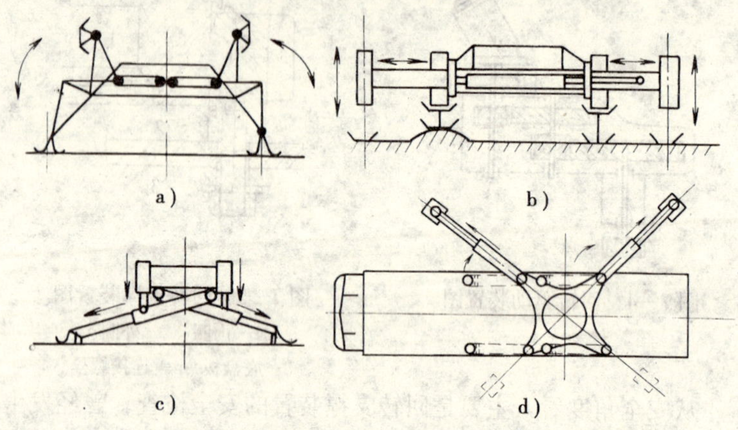


图 7—6　支腿形式的示意图

a）W 形支腿　b）H 形支腿　c）X 形支腿　d）辐形支腿

在大型液压起重机上，每个油缸都由一个电磁阀控制，每个垂直油缸安装一个液压锁（见图 7—7），液压锁的功能是当起重机作业时防止油缸自动回缩，避免造成起重机翻车事故。也防止起重机在行驶途中支腿外伸。

液压锁有 4 个油口，A 口和 C 口接支腿油缸上腔；B 口和 D 口接支腿油缸下腔。当压力油从 A 口进入时，压力油推动左阀

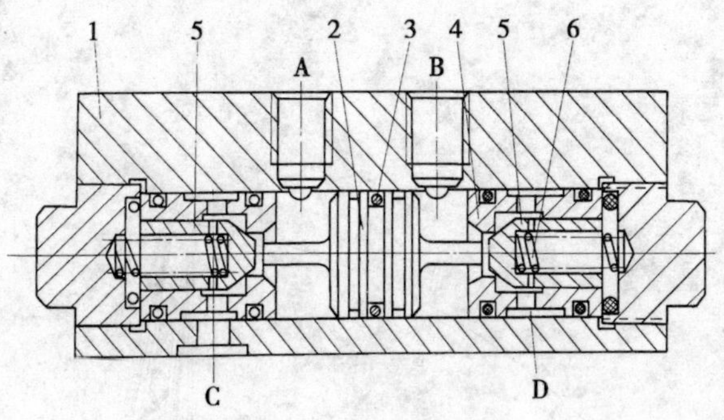


图 7—7　液压锁示意图

1—阀体　2—活塞（柱塞）　3—O形密封圈　4—阀座　5—阀芯　6—弹簧

芯 5（克服弹簧的压力），使 A—C 口接通，压力油进入油缸上腔，支腿伸出。

当停止进油时，由于弹簧力的作用使左阀芯 5 右移，C—A 口压力油截断，这样支腿油缸上腔不能回油，保持支腿稳定工作。

当支腿需要收回时，压力油从 B 口进入，右阀芯 5 右移，B—D 口接通，压力油进入支腿油缸下腔。同时，压力油推动活塞（柱塞）2 左移，进而推动左阀芯 5 也左移，支腿油缸上腔的油通过 C—A 口回油，支腿回收。当 B 口停止进油时，左右阀芯 5 在各自弹簧的作用下使 A，C 口和 B，D 口都截断。

## 二、轮胎式起重机工作机构

轮胎式起重机在车站货场、港口码头以及建筑工地使用非常广泛。QLD16G 型轮胎式起重机的外形尺寸为 6 055 mm×2 990 mm×3 351 mm。

轴距为 2 800 mm。

轮距：前轮为 2 295 mm；后轮为 2 378 mm。

支腿距：纵向为 4 910 mm；横向为 4 600 mm。

吊重时，一个支腿盘上的最大负荷为 225 kN。

空车行驶的轴负荷：前轴为 95 kN；后轴为 96.5 kW。

轮胎式起重机（见图 7—8）为全回转动臂流动式起重机，

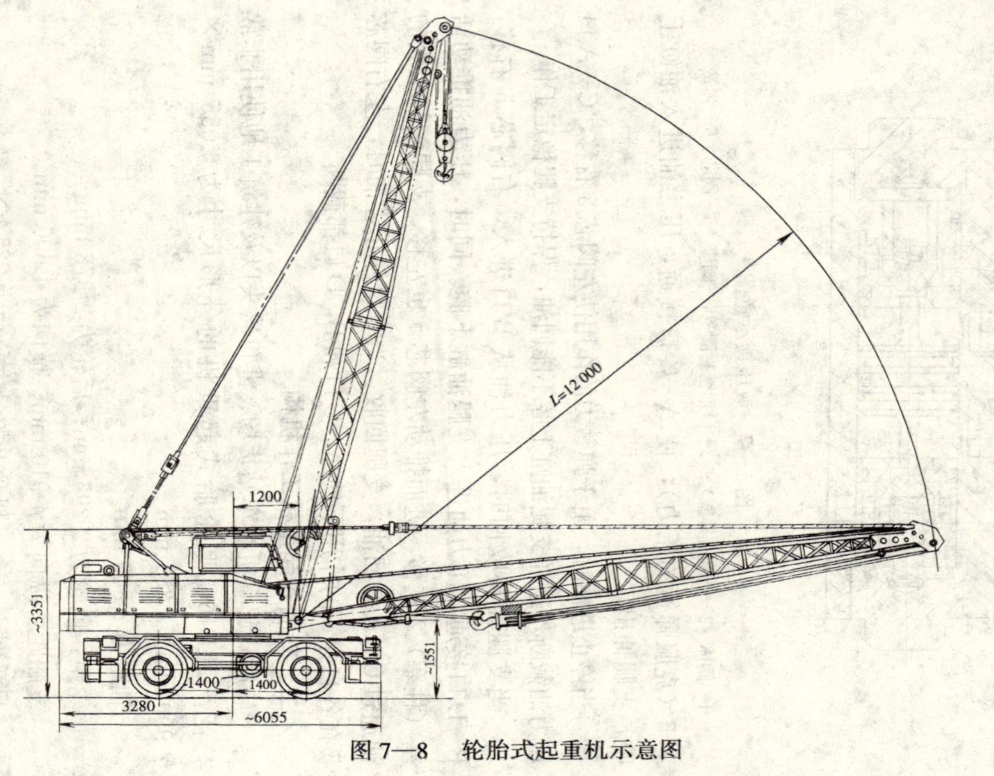


图 7—8　轮胎式起重机示意图

它是由柴油机、发电机、多台电动机驱动的起重机。最大起重量为16 t。起重机用 4135AK—2 型柴油机带动 ZQFL2—45 型直流发电机，再利用多台电动机分别驱动起升、变幅、旋转、行驶各工作机构。电气部分采用直流 24 V 低压控制系统操纵，行驶制动系统采用气动操纵，行驶转向系统采用液压操纵。

QLD16G 型轮胎式起重机的起重性能见表 7—5。

**表 7—5　　QLD16G 型轮胎式起重机的起重性能**

| 幅度（m） | 臂长 12 m | | | 臂长 15 m | | | 臂长 18 m | | | 臂长 21 m | | 臂长 24 m | |
|---|---|---|---|---|---|---|---|---|---|---|---|---|---|
| | 起重量（t） | | 起升高度（m） | 起重量（t） | | 起升高度（m） | 起重量（t） | | 起升高度（m） | 起重量（t） | 起升高度（m） | 起重量（t） | 起升高度（m） |
| | 用支腿 | 不用支腿 | | 用支腿 | 不用支腿 | | 用支腿 | 不用支腿 | | 用支腿 | | 用支腿 | |
| 3.5 | | 6.5 | 10.7 | | | | | | | | | | |
| 4 | 16 | 5.7 | 10.6 | | 5.5 | 13.9 | | | | | | | |
| 4.5 | 14 | 5 | 10.5 | 13.8 | 4.9 | 13.7 | | 4.9 | 16.5 | | | | |
| 5 | 11.2 | 4.3 | 10.4 | 11 | 4.1 | 13.6 | 11 | 4.1 | 16.4 | 10.5 | 19.7 | | |
| 5.5 | 9.4 | 3.7 | 10.3 | 9.2 | 3.5 | 13.5 | 9.2 | 3.5 | 16.3 | 9 | 19.6 | 8 | 22.4 |
| 6.5 | 7 | 2.9 | 9.7 | 6.8 | 2.7 | 13.2 | 6.8 | 2.7 | 16.1 | 6.7 | 19.4 | 6.7 | 22.3 |
| 8 | 5 | 2 | 9 | 4.8 | 1.9 | 12.5 | 4.8 | 1.9 | 15.6 | 4.7 | 19 | 4.7 | 22 |
| 9.5 | 3.8 | 1.5 | 8.1 | 3.6 | 1.4 | 11.6 | 3.6 | 1.4 | 15 | 3.5 | 18.4 | 3.5 | 21.5 |
| 11 | 3 | | 6.6 | 2.9 | 1.1 | 10.5 | 2.9 | 1.1 | 14.2 | 2.7 | 17.7 | 2.7 | 20.9 |
| 12.5 | | | | 2.3 | | 9 | 2.3 | | 13.1 | 2.2 | 16.8 | 2.2 | 20.2 |
| 14 | | | | | | | 1.9 | | 11.6 | 1.8 | 15.7 | 1.8 | 19.4 |
| 15.5 | | | | | | | 1.6 | | 10.2 | 1.5 | 14.5 | 1.5 | 18.4 |
| 17 | | | | | | | | | | | | 1.2 | 17.2 |

注：1. 起升钢丝绳最大许用拉力为 22.5 kN（起重量为 16 t 时倍率为 7）。
2. 当臂长为 12 m 时，允许在平坦路面上按不用支腿的额定起重量的 75% 吊重行驶，其行驶速度不得超过 3 km/h。

如图 7—9 所示为 QLD16G 型轮胎式起重机动力传动系统图。

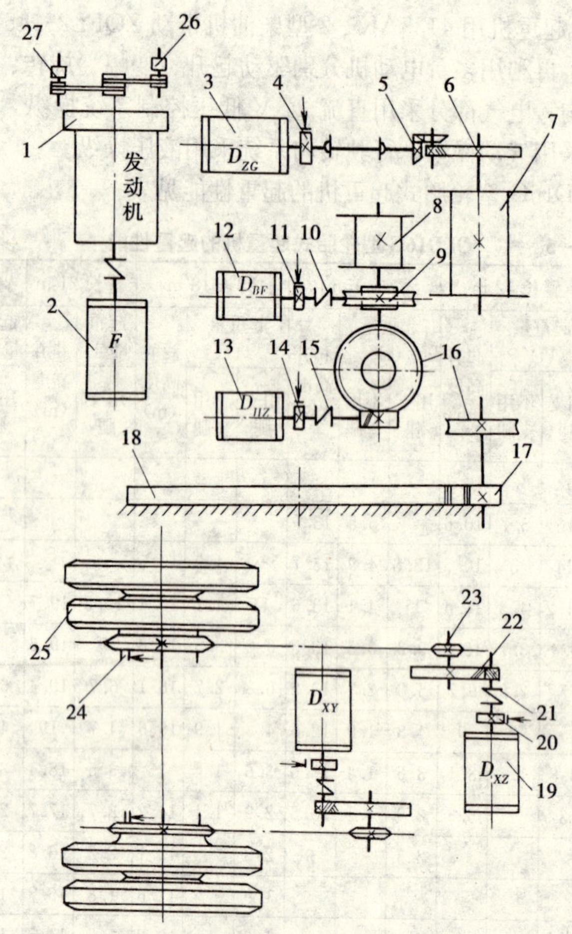


图 7—9　QLD16G 型轮胎式起重机动力传动系统图

1—柴油机　2—发电机　3—起升电动机　4，11，14—制动器　5—伞齿轮　6，22—圆柱齿轮　7—起升卷筒　8—变幅卷筒　9，16—减速装置　10，15，21—联轴器　12—变幅电动机　13—回转电动机　17—小齿轮　18—大齿圈　19—行驶电动机　20—中央制动器　23—链传动　24—轮边制动器　25—轮胎　26—气泵　27—油泵柴油机功率为 73.5 kW，额定转速为 1 500 r/min。直流发电机功率为 45 kW；起升机构电动机（ZZKL—32 型）功率为 20 kW，变幅机构电动机功率为 20 kW，回转机构电动机功率为 7 kW，行驶电动机功率为 20 kW。行驶转向系统用液压传动方式。如图 7—10 所示为行驶转向系统原理图。

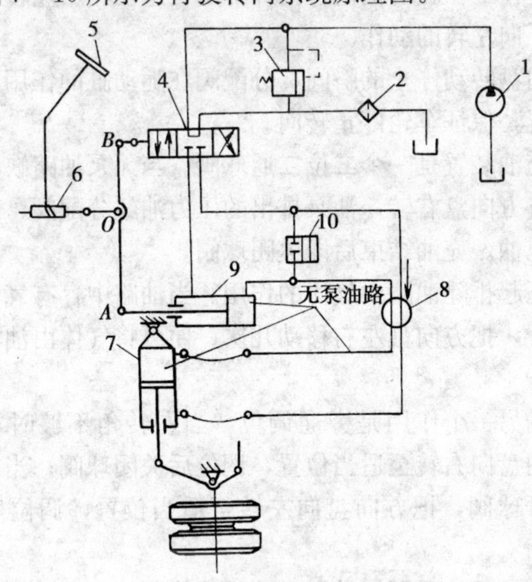


图 7—10　行驶转向系统原理图

1—油泵　2—滤油器　3—溢流阀　4—分配阀　5—方向盘　6—齿条箱　7—作用缸　8—中心回转接头　9—随动缸　10—旁通充油装置（球阀）

当分配阀 4 处于如图所示位置时，油泵 1 排出的压力油经滤油器 2 回到油箱。

当起重机需要向右转向时，司机将方向盘 5 向右转动某一角度，这时齿条箱 6 中的齿条带动杠杆 *AOB*，由于随动缸 9 内有油液，所以铰点 *A* 不能动，于是就形成杠杆 *AOB* 以 *A* 为中心的逆时针转动。因此，分配阀 4 的阀杆被拉出，压力油经分配阀 4、管道、中心回转接头 8 进入作用缸 7，压力油迫使作用缸活塞内移，活塞杆拉动车轮右转。

当起重机需要向左转时，司机可将方向盘向左转动，分配阀阀杆向内推入，从油泵来的压力油进入随动缸 9 的前腔。于是无泵油路中的油液进入工作缸 7 的后腔，而前腔油通过中心回转接头回油。这样工作缸的活塞杆向外推出，迫使轮胎左转，起重机也就完成了向左转的动作。

在方向盘转动停止的瞬间，分配阀在随动缸的作用下仍复位到中间位置，保证车轮停止转向。

旁通充油装置是一个二位二通球阀。当无泵油路缺油时，打开球阀，将方向盘右转，油泵排出的压力油经分配阀、球阀进入无泵油路充油。充油结束后即关闭球阀。

球阀还起排除油路中气体的作用。当油路中存有气体时，可将球阀打开，把方向盘左右移动几次，便可将气体由油液带回油箱中排掉。

球阀的另一个作用是旁通调位。当左转角不够时，打开球阀，把方向盘向右转至适当位置，调位后关闭球阀；当右转角不足时，打开球阀，把方向盘向左转至适当位置，调位后关闭球阀。

行驶制动系统采用气动操纵、气路控制两个制动器，即中央制动器和车轮制动器。

如图 7—11 所示为行驶制动系统原理图。

当制动踏板 4 放松时，储气缸 3 中的压缩空气通过气压替续器 6、中心回转接头进入中央制动器作用缸筒 10，使中央制动器松闸。此时，制动阀 5 也处于非工作位置，储气缸中的压缩空气也不能进入车轮制动器作用缸筒 8 中，车轮制动器 7 在弹簧作用下处于非制动状态。

当踏下制动器踏板 4 时，压缩空气经制动阀 5、中心回转接头进入车轮制动器作用缸筒 8 中，克服弹簧作用，使车轮制动器 7 上闸。同时从制动阀 5 分出另一路压缩空气进入气压替续器 6，

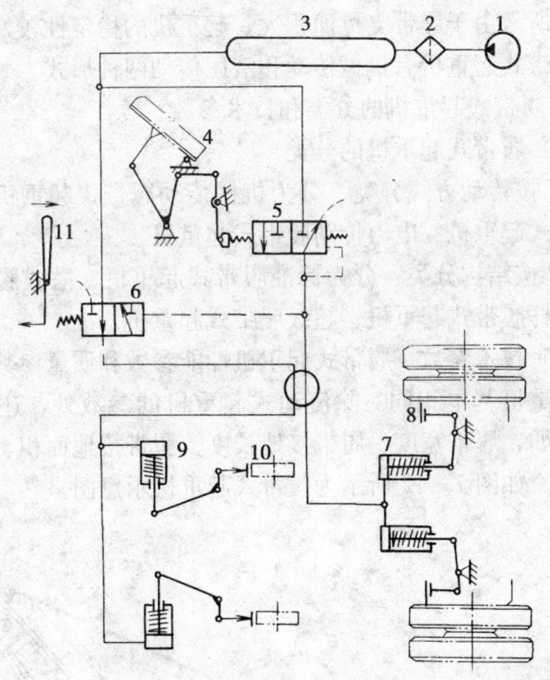


图 7—11　行驶制动系统原理图

1—气泵　2—油水分离器　3—储气缸　4—制动器踏板
5—制动阀　6—气压替续器　7—车轮制动器　8—车轮制动器作用缸筒
9—中央制动器　10—中央制动器作用缸筒　11—制动手柄

当压力达到 0.05～0.06 MPa 时，气压替续器阀芯左移。这样，中央制动器作用缸筒 10 中的压缩空气通过气压替续器放出，在弹簧的作用下中央制动器上闸。

制动手柄 11 用于手刹车。当起重机停止行驶后，可把手柄扳到“制动”位置，气压替续器的阀芯拉出，于是中央制动器作用缸筒中的压缩空气就放到大气中去。在弹簧的作用下，中央制动器进入制动状态，保持起重机停止不动。

## 三、履带式起重机工作机构

履带式起重机的特点是适用于地面不够平坦，土质松软、泥泞的场所。由于履带支撑面积大，起重机的稳定性较好。

履带式起重机有机械传动和液压传动两种形式。

1. 履带式起重机的分类和技术参数

（1）履带式起重机的分类

1）按传动方式分类　分为机械传动履带式起重机、液压传动履带式起重机、电力传动履带式起重机。

2）按结构分类　分为标准履带式起重机、塔式履带式起重机、桅杆履带式起重机、超级履带式起重机。

（2）技术参数　履带式起重机性能参数和质量参数同其他流动式起重机基本相同。除流动式起重机的参数外，还有以下参数，例如，履带宽度、履带接地长度、履带接地面积、履带底盘基距等。如图 7—12 所示为履带式起重机示意图。

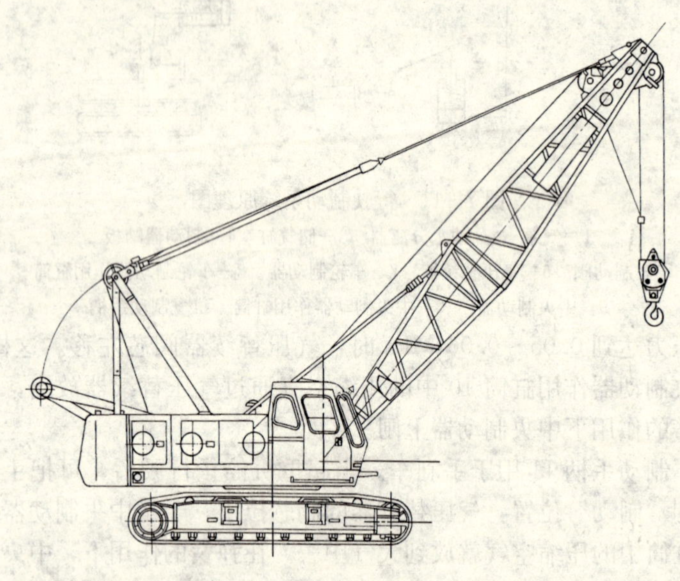

图 7—12　履带式起重机示意图

2. 履带式起重机的工作机构

（1）机械传动履带式起重机的工作机构

1）起升机构　原动机的动力通过离合器（或联轴器）、行星减速器传递给起升卷筒轴。

当离合器闭合时，卷筒转动，货物上升。货物下降时，脱开离合器的货物在自重作用下下降，司机用制动器控制下降速度。

2）变幅机构　原动机的动力通过齿轮传动，再通过离合器换向器、齿轮传动驱动变幅卷筒转动，吊臂起升。通过换向机构也可使吊臂下降。

3）回转机构　原动机的动力通过离合器、换向器、齿轮传动、小齿轮和回转齿圈实现回转运动。通过换向器可以改变回转方向。

4）行走机构　原动机的动力通过换向器、齿轮传动、锥齿轮、链传动传到履带驱动装置，实现起重机的行走运动。通过换向器使起重机反向行走。

（2）液压传动履带式起重机的工作机构　由发动机带动油泵，油泵带动油马达和油缸，实现各机构的工作。

1）起升机构　油泵（制动器）→操作阀→油马达→减速器→卷筒→钢丝绳滑轮组→吊具。

2）变幅机构　油泵（制动器）→操纵阀→油马达→蜗轮蜗杆减速器→变幅卷筒→钢丝绳。

3）回转机构　泵→二位三通阀→操纵阀→回转油马达→减速装置→小齿轮→齿圈。

4）行走机构　油泵→回转接头→行走油马达→减速装置→链传动→履带。

## 四、流动式起重机的型号

1. 形式

流动式起重机按结构和性能分为汽车式起重机、通用轮胎起重机、越野轮胎起重机和全地面起重机。

2. 型号编制方法

（1）按 ZBJ85019 的原则，型号编制方法如下：

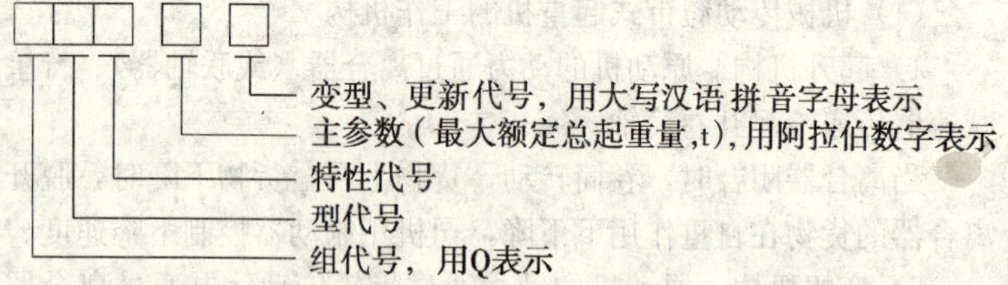


其中型代号：汽车式起重机—无代号；通用轮胎起重机—L；越野轮胎起重机—R；全路面起重机—A。

特性代号：机械—无代号；液压—Y；电动—D。

（2）需要在公路上行驶的起重机还要求按 GB 9417《汽车产品型号编制规则》编制以下型号：

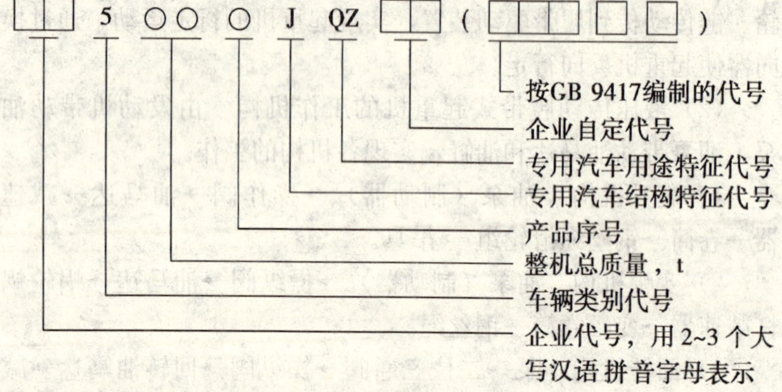


3．标记示例

最大额定总起重量为 25 t，液压传动汽车式起重机，变型、更新代号为 A，整机行驶状态总质量为 26 t。型号标记为：起重机 QY25A。

## 第三节　流动式起重机的稳定性与安全

流动式起重机最严重的事故就是“翻车”事故，翻车的根本原因是丧失稳定。所以，流动式起重机的稳定与安全关系十分密切。

流动式起重机的稳定性可分为行驶状态稳定和工作状态稳定。

## 一、行驶状态稳定

行驶状态稳定又可分为纵向行驶稳定和横向行驶稳定。

1. 纵向行驶稳定

纵向行驶稳定就是流动式起重机在爬坡行走时不要强行爬坡。若坡度超过允许的爬坡能力，就有可能使流动式起重机失去控制（汽车、轮胎式起重机），如前轮轮压接近零时，方向盘则失去控制。坡度过大又会产生下滑力。这些都是造成失稳的原因。

2. 横向行驶稳定

汽车式、轮胎式起重机在转弯时，车体会产生离心力，速度越大，离心力越大。离心力 $P_{离}=\frac{Gv^2}{gR}$，也就是离心力与车体行驶速度的平方成正比。当车速比较高，转弯半径又小的情况下，加之起重机重心比较高，很容易造成向外翻车，或者侧向滑动。因此，在行驶中要控制速度不要过快，以防止翻车。

## 二、工作状态稳定

工作状态稳定可分为静态稳定和动态稳定。

1. 静态稳定

静态稳定就是起重机在自身重力和起吊载荷的作用下的稳定性。稳定性通常用稳定性安全系数表示，如图 7—13 所示为稳定性计算图。

$$K_1=M_{稳}/M_{倾}=\frac{G_2l_2+G_3(l_3+l_2)+G_4(l_4+l_2)-G_1(l_1-l_2)}{(Q+G_{吊})(R-l_2)}\geqslant 1.4$$

式中 $G_1$——起重臂质量；

$G_2$——下车质量；

$G_3$——上车质量；

$G_4$——平衡重；

$(Q+G_{吊})$——起重量加吊具质量；

其他尺寸如图 7—13 所示。

对于臂长小于或等于 22 m 的起重机，$K_1 \geqslant 1.33$；对于臂长大于 22 m 的起重机，起重量 $Q>16 \sim 25$ t，$K_1 \geqslant 1.33$；$Q>25$ t，$K_1 \geqslant 1.27$。

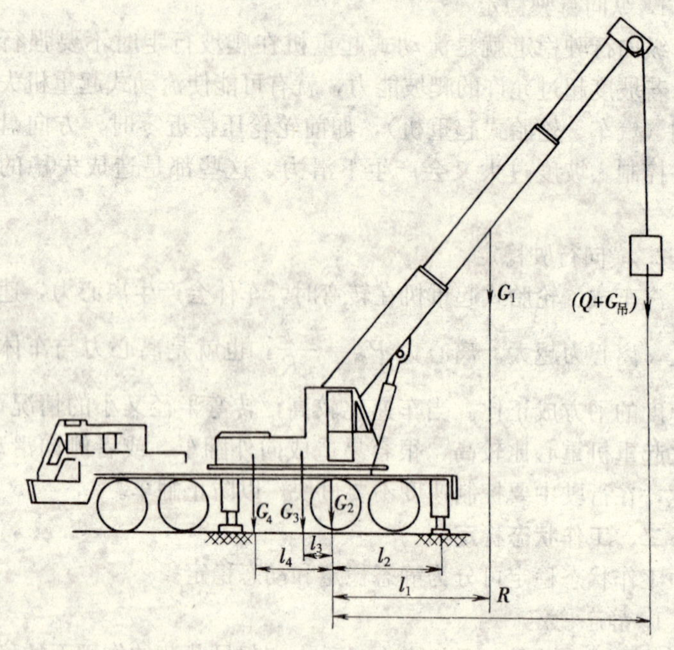


图 7—13　稳定性计算图

在国际标准中规定，静稳定性计算，规定载荷为 1.25 倍的额定起重量＋0.1 倍起重臂自重折算至臂头的重力。

除按力矩比来衡量起重机稳定程度外，还可以按起重机总重心轨迹校验稳定性（合力圆法）。

在回转过程中，起重机总合力轨迹位于起重机的支撑轮廓之内，则起重机稳定。

如图 7—14 所示为起重机总重心运动轨迹图。

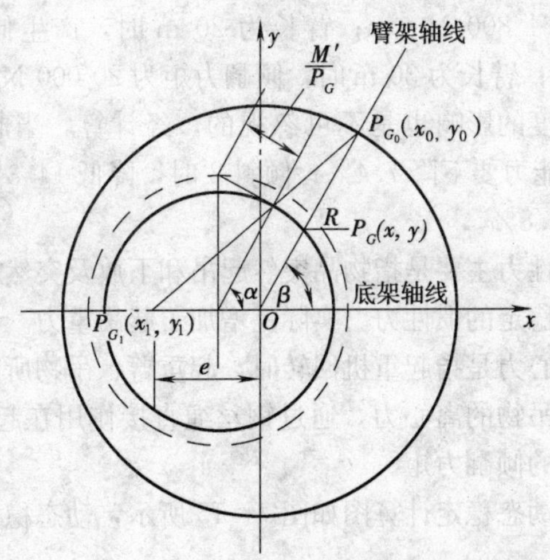


图 7—14　起重机总重心运动轨迹图

起重机总重心（合力重心）作用点的轨迹方程为：

$$\left(x+\frac{P_{G_1}}{P_G}e\right)^2+y^2=\left(\frac{P_{G_0}R}{P_G}\right)^2+\left(\frac{M'}{P_G}\right)^2$$

式中　$x$，$y$——合力作用点的坐标；

$P_{G_1}$——起重机下车的总垂直载荷；

$P_{G_0}$——起重机上车的总垂直载荷；

$P_G$——起重机总垂直载荷；

$e$——起重机下车重心在底架纵轴线的坐标；

$R$——起重机上车总垂直载荷作用重心的回转半径；

$M'$——垂直于臂架平面的侧向倾覆力矩。

这种方法既可验算稳定性，又可以用来确定支腿位置。

2. 动态稳定

动态稳定就是除起重机自重和吊载之外，还要考虑风力、惯性力、离心力和坡度的影响。

(1) 风力是指不利于稳定性的工作风力，与起重臂长度有直接关系，若以 10 m/s 的风速为例，起重臂长为 10 m 时，产生的倾翻力矩为 1 800 N·m；臂长为 20 m 时，产生倾翻力矩为 8 000 N·m；臂长为 30 m 时，倾翻力矩为 20 000 N·m。

（2）坡度的影响也是不可忽视的，经计算，当起重机倾斜 1°时，起重能力要下降 7.4%；倾斜 2°时，降低 14.3%；倾斜 3°时，降低 19.8%。

（3）惯性力主要是指物品突然起吊和下放及突然刹车时，产生的不利于稳定的惯性力。实际是增加了起吊重力。

（4）离心力是指起重机回转时，起重臂、吊物所产生的离心力。特别是吊物的离心力，通过钢丝绳直接作用在起重臂端部，增加起重机的倾翻力矩。

起重机动态稳定计算图如图 7—15 所示，动态稳定性安全系数为：

$$K_2=\frac{G(0.5l+c)-\frac{Qv^2}{gt_1}(R-0.5l)-\left[P_1h_1+P_2h_2+\frac{Qn^2Rh_2}{900-n^2h_0}+\frac{Q+G_b}{gt_2}vh_2+(Qh_2+Gh)\sin\alpha\right]}{Q(R-0.5l)}$$

式中 $Q$——起吊载荷；

$G$——起重机自重；

$G_b$——折算到臂头的起重臂自重；

$R$——幅度；

$P_1$——作用在起重机上的工作状态最大风力；

$P_2$——作用在起吊物品上的工作状态最大风力；

$h_1$，$h_2$——与 $P_1$，$P_2$ 相对应的高度；

$h_0$——起吊物品至臂端的高度；

$t_1$——起升机构起升、制动时间；

$t_2$——变幅机构起升、制动时间；

$v$——起升速度；

$n$——回转速度；

$\alpha$——起重机支撑面倾角；

$l$，$c$——如图 7—15 所示。

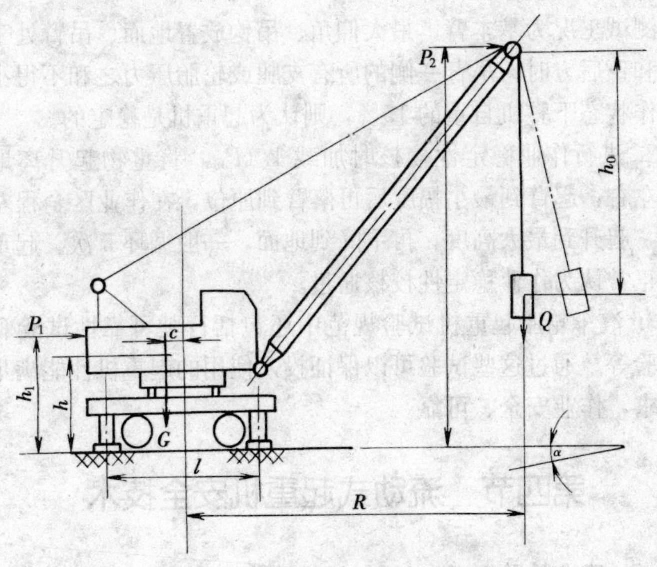


图 7—15　起重机动态稳定计算图

## 三、汽车式起重机和轮胎起重机稳定性校核

稳定性校核可以通过试验完成，载荷类型见表 7—6。

**表 7—6　　　　　　　　载荷类型**

| 校核内容 | 载荷值 | | | |
|---|---|---|---|---|
| | 自重 | 吊重 | 惯性载荷 | 风载荷 |
| 作业稳定性校核 | $G_0$ | $1.1P_Q$ | $P_H$ | $P_W$ |
| 静稳定性校核 | $G_0$ | $1.25P_Q+0.1F_1$ | — | — |

注：$G_0$——起重机自重；

$P_Q$——计算幅度上的起重量；

$F_1$——折算到主臂头部的吊臂的质量。

稳定性试验包括静稳定性试验、作业稳定性试验、后翻稳定性试验。

1. 进行静稳定性试验时，施加 $1.25P_Q+0.1F_1$ 的载荷而起重机不倾翻，则认为起重机稳定性良好。无翻稳定性采用测试支腿压力的办法来判定。

测试工况为基本臂、最大仰角、吊钩放置地面、吊臂处于正侧方和正后方时，吊臂一侧的所有支腿或轮胎压力之和不得小于该工作状态下整机自重的15%，则认为起重机是稳定的。

2. 进行作业稳定性校核时加载 $1.1P_Q$，将重物起升离地面 2 m 左右，起臂到最小幅度后再落臂到原位，在作业区全程左右回转，起升到最大高度，再下降到地面，一般循环 5 次。起重机工作正常认为作业稳定性校核通过。

3. 汽车轮胎起重机试验规范中还包括行驶可靠性试验和结构试验等。通过这些试验可以保证投入使用的起重机性能满足设计要求，作业安全、可靠。

## 第四节　流动式起重机安全技术

### 一、安全检验

1. 金属结构的安全检验

金属结构材料的选择应符合 GB 3811—83《起重机设计规范》和高强度钢使用规定。

(1) 起重臂

1) 箱形起重臂尺寸误差应满足以下各项要求

①起重臂轴线在水平平面内的直线度误差不大于 4 mm。

②各节箱形臂在组装后，侧向单面间隙调整后不大于 2.5 mm，伸缩工作时不得有异常现象。

③基本臂根部轴孔轴线对其起重臂中心线纵向铅垂面的垂直度误差在 1 000 mm 范围内不大于 1.5 mm。

④基本臂的变幅油缸连接轴孔轴线与根部轴孔轴线的平行度误差在 1 000 mm 范围内不大于 1 mm（用球铰连除外）。

⑤箱形臂的盖板、腹板的平面度误差在 1 m 长度内不超过 1.5 mm；上下盖板、两腹板的平行度误差不大于 2.5 mm；腹板对盖板在任何截面上的垂直度误差不大于 2.5 mm。

2）桁架起重臂尺寸误差应满足以下各项要求

①起重臂各节端面对角线长度误差不大于公称尺寸的1.5/1 000。

②起重臂各节间弦杆和腹杆的直线度误差不大于公称长度的2/1 000；焊接后主弦杆直线度误差在全长上不大于3 mm。

③在给定的平面内，每节臂架中心线的直线度误差不大于被测长度的1/1 000，全长不大于4 mm，焊接后在两端测量的扭转变形不大于4 mm。

④起重臂根部轴孔轴线对起重臂纵向中心平面的垂直度误差在1 m内不大于1.5 mm。

（2）支腿　各种支腿尺寸误差应满足以下各项要求

1）蛙式支腿的固定支腿及活动支腿的轴孔轴线对支腿纵向轴线的垂直度误差在1 m内不大于1.5 mm。

2）蛙式支腿的活动支腿两侧滑道工作面的表面粗糙度为6.3 μm。同一截面内，两滑道的位置度误差不大于0.1 mm，并与铰接轴孔轴线的平行度误差在1 m内不大于1 mm。

3）H形和X形支腿的活动支腿与固定支腿的单侧间隙不大于3 mm，垂直平面内间隙不大于5 mm。

4）活动支腿及固定支腿的上下盖板的平行度、平面度误差在全长范围内不大于2 mm，侧板对下盖板在任何截面上的垂直度误差不大于2 mm。

2. 焊缝检查和螺栓检查

起重机的主要受力结构件必须进行焊缝检验。焊缝不得出现气孔、夹渣、咬肉、偏移和熔深不够等缺陷。但由于结构件受力情况和焊缝的受力情况不同，所处的重要程度不同，对焊缝的要求也不同，因此，根据焊缝的重要程度分为A，B，C三级。

（1）A级——重要受力结构件中的主要焊缝　A级焊缝如果出现问题，将导致结构件发生破坏，会造成机毁人亡的重大事故发生，如臂架焊缝、转台主要受力焊缝、支腿焊缝、车架焊缝等。

这类焊缝必须严格按照焊接工艺技术规范进行施焊，焊后应进行无损探伤检查，检查时可采用抽样的方式对结构件的重要部位焊缝进行探伤检查，一般采用超声波探伤仪或X射线探伤检查。

（2）B级——主要受力焊缝　B级焊缝如果出现问题，将使起重机无法正常工作，结构件虽发生破坏，但不会造成机毁人亡的重大事故，如转台臂架支撑结构的焊缝，臂架加强板、肋的断续焊缝，车架加肋板焊缝等。这类焊缝也应严格按照焊接工艺技术规范进行施焊，并进行焊缝外观质量检查，必要时也要进行无损探伤检查或涂色检查。

（3）C级——一般结构焊缝　C级焊缝是除A级、B级规定以外的焊缝。这类焊缝一般是受力很小的连接焊缝或构造连接焊缝。这类焊缝如出现问题不会造成事故，一般用肉眼进行表面宏观检查。

应经常检查连接螺栓，必须按设计规范的强度等级使用。

**二、流动式起重机安全操作和管理**

1. 作业前的注意事项

（1）作业前，现场指挥人员和司机、司索工应充分研究作业步骤和注意事项，以提高效率，保证安全。

（2）作业前，必须进行安全检查。在无负荷运转时，检查安全装置、警报装置、制动器等必须灵敏可靠。

（3）从上班接下的作业任务，必须注意交接时的事项和措施，经过慎重的试运行，没有异常情况才能作业。

（4）作业场地以及起重臂回转范围内不应有障碍物。应划定危险区域，不准无关人员进入，并派人看护。回转警报器、后视镜、侧视镜都应完好。转台防护栏杆应完好。

（5）作业场地应尽可能选在地面坚实的地方。在松软地面上作业时，应在支腿下垫上木板或枕木。履带式起重机应垫枕木防止下沉。

（6）支腿完全伸出后，起重机应保持水平。在支腿不能完全伸出的场合下，要注意起重量和起重量指示计，绝对不能超载。

对履带可伸张式起重机，作业时应将履带伸张开。

(7) 机械式起重臂在安装和拆卸时，应注意防止起重臂坠落事故。

(8) 起重机作业时，对变幅式起重机要特别注意起重臂的运动。

(9) 流动式起重机的吊装位置和作业半径在作业中最好不变动。车轮必须注意防滑。

(10) 最好不用两台起重机共同吊起一个物品。必须时，应注意下列各项：

1) 事前充分研究，制定方案，注意配合。

2) 尽可能使用同机种、同起重能力的两台起重机。

3) 统一指挥信号。

4) 流动式起重机的配置要适当。

5) 捆绑钢丝绳的选择和捆绑方法要适当。

6) 作业时只准起升或下降载荷。

2. 运转作业时的注意事项

(1) 应由专人指挥，并注意起重臂端部的运动以及载荷的状态。

(2) 吊点必须选在货物的重心上方。

(3) 司机在起吊作业中不准离开司机室。如果作业需要停止一段时间时，必须将物品放在地上。

(4) 不准超载，目测物品质量要准确。

(5) 变幅不准超过规定的倾角。卷扬不准超高。一般使用倾角为 30°～75°(80°)，尽量不用 30°以下的倾角。

(6) 流动式起重机司机座椅侧面应装有起重特性曲线或起重性能表的牌子。根据牌子可以知道多大的作业半径应起吊多重的货物。

(7) 不准蛮干，否则会引起事故或损伤机械。

(8) 在运转中不准进行清扫、润滑、修理工作。

(9) 起吊时要徐徐地起升，并注意机械的稳定性。捆绑钢丝绳必须牢固、可靠后才准起升。

(10) 下降时，物品下降速度不要过快。物品着地前要降低速度，然后慢慢落地。

(11) 物品上不准站人，起吊物品下也不准站人。

(12) 横拉斜吊是危险的，要注意下列要求：

1) 车体倾斜时不准起吊。

2) 吊钩不在物品重心正上方不准起吊。

3) 装卸长、大物件时不准拉出。

4) 从房屋内往外卸货时，不准生拉硬拽。因为货物拉动后，会沿拉动方向冲过来造成事故。

5) 在输电线下不准拉拽货物。

(13) 当物品下降时，突然制动会使起重机失去稳定，所以不要在下降物品时突然刹车。制动器闭合状态时必须注意检查制动器的可靠性，否则有可能使物品坠落。

(14) 必须把起吊物品提升到安全高度（一般从地面到物品底端 2 m）后才能水平移动。

(15) 起重机旋转时，必须注意观察机器周围是否有人，即使没人也要鸣笛示警。

(16) 吊重回转时速度要低。由于快速回转载荷在离心力的作用下向外摆动，相当于幅度加大，有倾翻的可能性，所以应注意。

(17) 流动式起重机侧方的起重能力比后方的起重能力小。如果在后方起吊载荷，回转到侧方时，一定应注意不要发生倾翻事故。

(18) 在大风下作业要注意安全。特别是起重臂较长的起重机，在有风的环境下作业，回转时一定要注意风向。允许工作风力一般在 5 级以下，风压应小于 150 Pa ，当起升高度超过 30 m 时，风压应小于 60 Pa。

(19) 起重机作业时不准突然变幅或做激烈的回转运动，否则会使吊物偏摆，发生危险。

(20) 架空线下作业，特别是高压线下作业，要注意检查是否停电，是否有防止触电措施，是否已派人看守。

(21) 在架空电线附近作业时，必须事先与电管单位取得联系，研究安全对策。必要时可安装防护管。与输电线路应保持一个安全距离：电压小于 1 kV 应为 1.5 m；1～35 kV 应为 3 m。

(22) 当起重机起重臂触电时，要及时使起重臂与导线脱离接触或者断电。

(23) 起重机作业地面不坚实时，吊重可能发生倾斜，这样相当于作业半径增大，所以要注意地面情况。

(24) 切换离合器（传动系统、回转和行走机构离合器）时，发动机要放慢速度。

(25) 对于汽车式起重机和轮胎式起重机，在起重作业时，下车行走机构要打中位挡。

(26) 汽车式起重机或轮胎式起重机停车时，停车制动器必须上闸，并注意给车轮“打眼”。

(27) 对于上车没有发动机的液压式汽车式起重机，必须挂上取力器（或者脱开行走机构）。

(28) 起重机在作业过程中应注意各部位有无异常声响、振动、发热、臭味等现象。如有异常现象，应立即停止作业，并报告有关方面。

(29) 起重机行走时，回转机构必须锁紧。

(30) 吊载行走是危险的，不得已时，要注意下列各项：

1) 注意选择良好地面，避免选择凸凹不平的地面。

2) 载荷吊离地面要低，防止振动。

3) 回转机构要锁紧，低速行走，速度一般不超过 5 km/h。

4) 起吊重要物品时，不应超过额定质量的 30%～40%。

5) 支腿应伸出，并与地面保持一定的距离，以便运行。

(31) 长起重臂的起重机在场内行走时，要注意选择平坦地面，把支腿伸出并与地面保持一定距离。变幅、回转机构要锁紧，起升机构也要锁紧。低速行走，转向时动作要缓慢。

(32) 主卷扬和副卷扬不要同时操作。主卷扬作业时，副卷扬应上闸。

(33) 用抓斗提升货物时，要注意抓斗闭合后再提升。

(34) 用起重电磁铁或抓斗起吊长大物品时，要防止振摆和转动。

(35) 用抓斗抓取物品时，要根据物品的性质决定滑轮组倍率。难抓的物品用倍率大的滑轮组，易抓的用倍率小的滑轮组。

(36) 当从深处起吊物品时，要设专人指挥，并注意起升动作。

3. 移动时的注意事项

(1) 起重机从一个场地向另一个场地移动时，必须将回转机构锁紧，把起重臂（伸缩臂使用基本臂）固定在支架上，以防止振动。支腿不能随意伸出。轮式起重机用其他车辆牵引时，要摘下驱动或摘下传动轴的离合器。桁架臂起重机行走时，应将起重臂置于45°以下的倾角位置。

(2) 在架空电线下，特别是在高压线下移动时，要留有足够的安全距离，根据指挥者的信号行走［见运转作业中（21）条的规定］。

(3) 当流动式起重机在泥水中或洼地中陷下去时，如果用低速也不能爬上时，不要强行开动发动机，应求援于其他车辆。在6°～12°的坡道上行驶时，为防止打滑，在爬坡时，主动轮位于前方行驶；下坡时，主动轮应位于后方行驶。

4. 作业完毕后的注意事项

(1) 作业完毕后应注意把空钩升上去。

(2) 各操作手柄及液压控制手柄都要复位（零位），制动器应上闸，棘爪要顶住棘轮，回转机构要锁紧。

(3) 有台风预报时，要注意有关方面的指示。

(4) 交接班时，应将机械状态、有无异常等事项告诉接班人。必要的应记入作业日志。

(5) 上述各项是对汽车式起重机、轮胎式起重机和履带式起重机而言。对于铁道式起重机和浮式起重机除上述各项之外，还要注意下列各项：

1) 铁道式起重机作业时，如果有支腿则应伸出。

2) 铁道式起重机移动时，应注意不超过车辆通过界限。

3) 浮式起重机作业或移动时，应尽可能注意避开风浪。

5. 作业前的检修

为充分发挥流动式起重机的能力，并做到安全作业，定期检修是十分必要的。

根据起重机安全规则，作业前要做必要的检修。每月应进行一次自检并记录。每年一次的自检、试验及修理记录等项事务是由管理者进行的。自检工作除司机外还应有机械、电气人员参加，每日的检修由司机进行，并进行润滑和必要的修理。

作业前的检查项目和方法如下：

(1) 整机检查

1) 各部位的螺栓、螺母、键、弹性挡环、楔等不得松动、脱落、损伤。

2) 零件不得有裂纹和明显的变形。

3) 各部位是否有显著的污染。

4) 液压油是否充足。

(2) 上车回转部分

1) 发动机

①动力输出端或取力器是否漏油，是否有异常声响。

②离合器、制动器动作是否良好。

③转向装置手轮动作是否良好。

④轮胎气压是否饱满。

⑤信号灯是否正常。
⑥警报器、方向指示器是否正常。
⑦反射镜（前、后）和车牌是否有污染及损伤。
⑧各种指示仪表是否准确、灵敏。
⑨是否漏油。
⑩是否漏气。
2）支腿
①是否漏油。
②支腿动作是否良好。
3）履带
①履带、链子是否张紧。
②滑履键（锁）、链条是否脱落。
③动作时油是否有泄漏。
4）臂架、吊具等
①起重臂及支撑装置
a. 结构件有无裂纹或变形。
b. 根部销轴是否安装良好。
c. 是否漏油。
②吊具
a. 吊钩是否能转动自如。
b. 轴枢动作是否良好。
c. 防脱钩装置是否完好。
③钢丝绳
a. 钢丝绳的连接部位是否正常。
b. 钢丝绳端的紧固是否正常。
c. 钢丝绳有无乱卷现象。
d. 钢丝绳有无磨损、断丝现象。
5）安全装置
①过卷扬限制器和警报器的动作是否良好。

②起重臂幅度限制器动作是否良好。

③角度指示器、止挡器（后折臂）动作是否良好。

④起重臂变幅锁紧装置，卷筒、制动器踏板锁紧装置，回转、行走、支腿的锁紧装置是否牢固。

⑤起升、变幅、回转机构制动器动作是否良好。

⑥超负荷限制装置和报警装置动作是否准确。

⑦油压表指示是否准确。

6）道路行走姿态

①吊钩支持方式是否妥善。

②是否遵守车辆通行的法则。

③支撑架的上面及侧面与起重臂间是否留有适当的间隙。

④变幅卷筒是否锁紧，制动器是否上闸。

⑤卷扬制动器是否锁紧。

⑥回转机构的锁紧装置或制动器的锁紧装置是否锁紧。履带式起重机上车回转部分与支撑装置必须锁紧。

⑦支腿在行走过程中不能随便伸出，应检查是否锁牢。

⑧备用轮胎是否正常。

⑨上车回转装置的门是否锁上，附件、工具在车辆行走时不能散乱和摇动。

从 163 起流动式起重机事故中分析，汽车式起重机事故占 68.7％，轮胎式起重机事故占 15.3％。从事故类型看，整机倾翻事故占 71.8％，起重臂折损占 22.7％。

整机倾翻、起重臂折损的主要原因是超负荷运行，不顾地面下沉而野蛮操作等。起重机结构强度不够，稳定性差等缺陷也能导致倾翻、折臂。因此，应在设计阶段全面考虑，在操纵中合理使用。此外，还要按时检修，发现问题及时处理。

# 第八章　塔式起重机安全技术

## 第一节　塔式起重机分类

### 一、概述

塔式起重机在建筑施工中的幅度利用率是比较高的。能够比较理想地包围建筑物。塔式起重机幅度利用率可高达80％，一般的轮胎式起重机幅度利用率只有50％。由于建筑业的发展，塔式起重机发展也很快。2000年拥有量达6万多台。起重能力在4 000 kN·m以上的塔式起重机就称为大型塔式起重机。对于水平臂的塔式起重机，自由高度达70 m，臂长达80 m的也称为大型塔式起重机。

最大塔机的起重能力可达到9 800 kN·m，最大起重量达到500 kN。K－1000型塔机最大幅度达100 m，在82 m幅度时的起重量达120 t。今后，随着建筑业的不断发展，塔式起重机还会有更大的发展。

### 二、塔式起重机的分类

1. 按支撑方式分类

（1）固定式　用连接件将塔身固定在地基上。

（2）移动式

1）轨道式　起重机通过车轮在轨道上运行。

2）轮胎式　采用专门的轮胎底盘作为运行底盘。只有在使用支腿时才能进行起重作业。

3）汽车式　以汽车底盘作为运行底盘，不能带载行驶。

4）履带式　以履带盘作为运行底盘，通常由履带式起重机改装。

（3）自升式

1）附着式　通过附着装置将塔身与建筑物连接起来，提高起重机的承载能力。

2）内爬式　通常将塔式起重机安装在建筑物的电梯井内，通过爬升装置使起重机随着建筑物的升高而爬升。

2. 按回转方式分

（1）上回转式

1）塔帽回转式。

2）塔顶回转式。

3）转柱回转式。

4）上回转平台式。

（2）下回转式。

3. 按变幅方式分类

（1）动臂变幅式。如图 8—1a 所示为动臂变幅塔式起重机。

（2）小车水平变幅式。如图 8—1b 所示为小车水平变幅塔式起重机。

（3）折臂式。

4. 按安装方式分类

（1）非快装式　借助其他起重设备进行安装架设的塔式起重机。

（2）快装式　可利用起重机自身的动力装置实现整体拖运和安装。

## 三、基本参数和型号标记

1. 基本参数

塔式起重机主参数—起重力矩系列见表 8—1。

快装式塔式起重机基本参数系列见表 8—2。

非快装式塔式起重机基本参数系列见表 8—3。

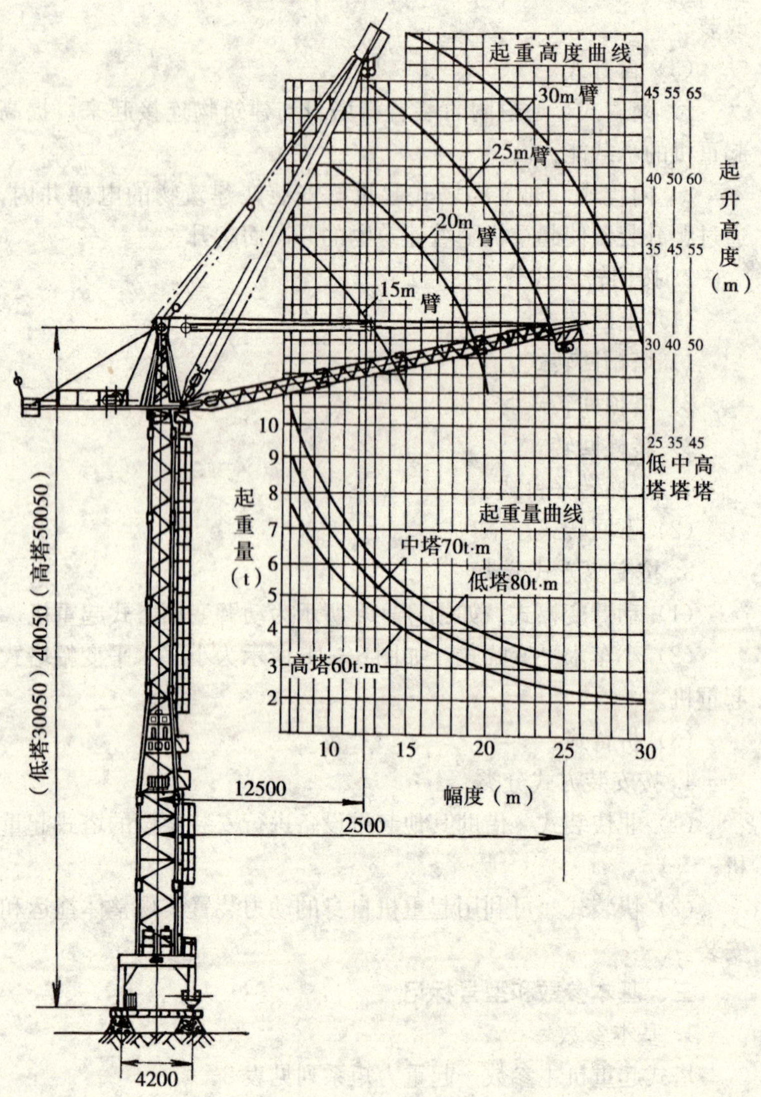

起重高度曲线
30m臂
25m臂
20m臂
15m臂
45 55 65
40 50 60
35 45 55
30 40 50
25 35 45
低塔 中塔 高塔
起升高度（m）
起重量（t）
10
9
8
7
6
5
4
3
2
起重量曲线
中塔70t·m
低塔80t·m
高塔60t·m
10 15 20 25 30
幅度（m）
12500
2500
（低塔30050）40050（高塔50050）
4200

a）

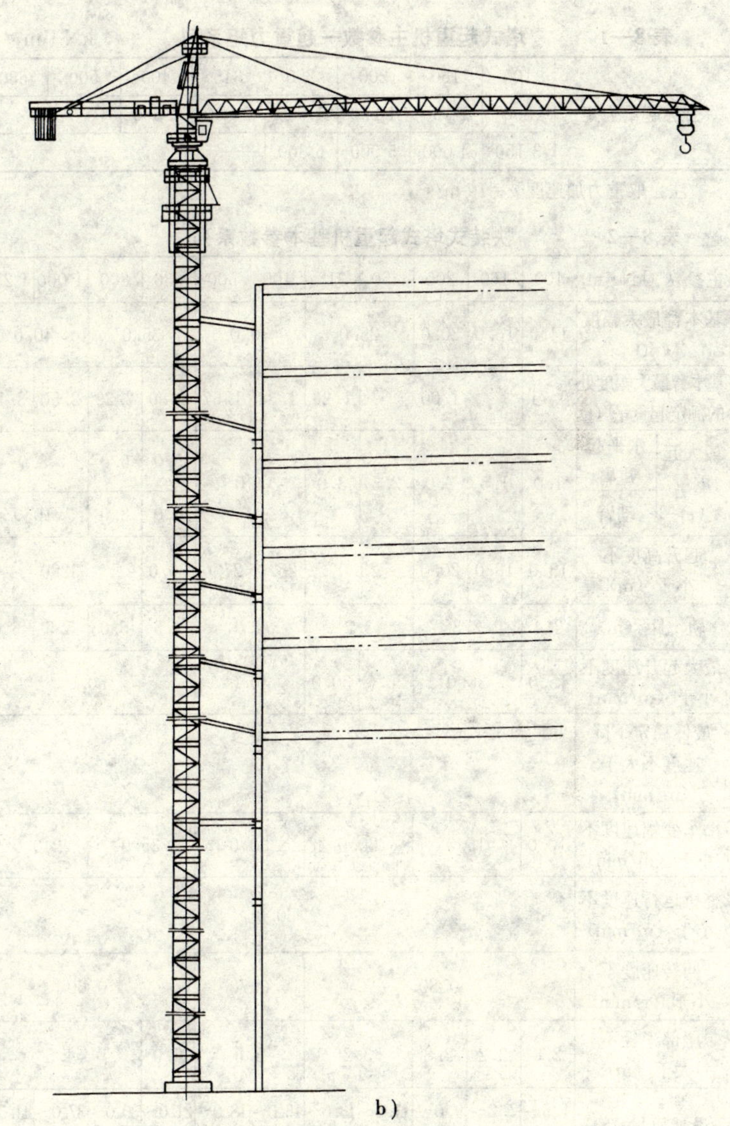

b)

图 8—1　塔式起重机示意图

a）动臂变幅塔式起重机　b）小车水平变幅塔式起重机

**表 8—1　　塔式起重机主参数—起重力矩系列　　kN·m**

<table>
<tr><td rowspan="3">公称起重力矩</td><td>100</td><td>160</td><td>200</td><td>250</td><td>315</td><td>400</td><td>500</td><td>630</td></tr>
<tr><td>800</td><td>1 000</td><td>1 250</td><td>1 600</td><td>2 000</td><td>2 500</td><td></td><td></td></tr>
<tr><td>3 150</td><td>4 000</td><td>5 000</td><td>6 300</td><td></td><td></td><td></td><td></td></tr>
</table>

注：取重力加速度 $g=10\ m/s^2$。

**表 8—2　　快装式塔式起重机基本参数系列**

<table>
<tr><td colspan="2">主参数（kN·m）</td><td>100</td><td>160</td><td>200</td><td>250</td><td>315</td><td>400</td><td>500</td><td>630</td><td>800</td><td>1 000</td><td>1 250</td></tr>
<tr><td colspan="2">基本臂最大幅度（m）</td><td>14.0</td><td>16.0</td><td>20.0</td><td colspan="2">25.0</td><td colspan="2">30.0</td><td colspan="2">35.0</td><td colspan="2">40.0</td></tr>
<tr><td colspan="2">基本臂最大幅度处的额定起重量（t）</td><td>0.71</td><td colspan="3">1.00</td><td>1.26</td><td>1.34</td><td>1.67</td><td>1.80</td><td>2.29</td><td>2.50</td><td>3.13</td></tr>
<tr><td rowspan="2">最大起重量（t）</td><td>水平起重臂</td><td rowspan="2">1.0</td><td rowspan="2">1.5</td><td rowspan="2">2.0</td><td rowspan="2">2.5</td><td rowspan="2">3.0</td><td colspan="2" rowspan="2">4.0</td><td>5.0</td><td>6.0</td><td colspan="2">8.0</td></tr>
<tr><td>动臂</td><td>6.0</td><td>8.0</td><td colspan="2">10.0</td></tr>
<tr><td colspan="2">起升高度不小于（m）</td><td>15.0</td><td>18.0</td><td>20.0</td><td colspan="2">23.0</td><td>25.0</td><td>27.0</td><td>30.0</td><td colspan="3">32.0</td></tr>
<tr><td colspan="2">轨　距（m）</td><td>2.4</td><td colspan="2">2.8</td><td colspan="2">3.2</td><td colspan="2">4.0</td><td>4.5</td><td>5.0</td><td>5.5</td><td>6.0</td></tr>
<tr><td colspan="2">最大起升速度不小于（m/min）</td><td>15.0</td><td colspan="2">20.0</td><td>25.0</td><td>30.0</td><td colspan="2">40.0</td><td colspan="4">50.0</td></tr>
<tr><td colspan="2">最低稳定下降速度不大于（m/min）</td><td colspan="11">7.0</td></tr>
<tr><td colspan="2">小车变幅速度不小于（m/min）</td><td>10.0</td><td colspan="2">15.0</td><td colspan="2">20.0</td><td colspan="2">30.0</td><td colspan="2">35.0</td><td colspan="2">40.0</td></tr>
<tr><td colspan="2">整机运行速度不小于（m/min）</td><td colspan="11">20.0</td></tr>
<tr><td colspan="2">回转速度不小于（r/min）</td><td colspan="5">0.80</td><td colspan="2">0.70</td><td colspan="4">0.60</td></tr>
<tr><td colspan="2">尾部半径不大于（m）</td><td>2.0</td><td>2.2</td><td>2.8</td><td colspan="2">3.2</td><td colspan="2">3.5</td><td>4.0</td><td colspan="3">4.5</td></tr>
<tr><td colspan="2">设计质量（t）</td><td>4.5～5.5</td><td>7.2～8.9</td><td>9.0～11.0</td><td>11.4～13.0</td><td>13.0～16.0</td><td>16.0～19.0</td><td>18.0～21.0</td><td>21.0～25.0</td><td>30.0～35.0</td><td>37.0～43.0</td><td>41.5～48.0</td></tr>
</table>

注：1. 取重力加速度 $g=10\ m/s^2$。

2. 设计质量不包括压重、平衡重和整体拖运装置的质量。

表 8—3　　非快装式塔式起重机基本参数系列

| 主参数 (kN·m) | | 160 | 200 | 250 | 315 | 400 | 500 | 630 | 800 | 1 000 | 1 250 | 1 600 | 2 000 | 2 500 | 3 150 | 4 000 | 5 000 | 6 300 |
|---|---|---|---|---|---|---|---|---|---|---|---|---|---|---|---|---|---|---|
| 基本臂最大幅度 (m) | | 16.0 | 20.0 | 25.0 | | 30.0 | | 35.0 | | 40.0 | | 45.0 | | | 50.0 | | | 55.0 |
| 基本臂最大幅度处的额定起重量(t) | | 1.00 | | | 1.26 | 1.34 | 1.67 | 1.80 | 2.29 | 2.50 | 3.13 | 3.56 | 4.40 | 5.60 | 6.30 | 8.00 | 10.00 | 11.46 |
| 最大起重量(t) | 水平起重臂 | 1.5 | 2.0 | 2.5 | 3.0 | 4.0 | | 5.0 | 6.0 | 8.0 | | 10.0 | 12.0 | | 16.0 | 20.0 | | 25.0 |
| | 动臂 | | | | | | | 6.0 | 8.0 | 10.0 | | 12.0 | 16.0 | | 20.0 | 25.0 | | 32.0 |
| 起升高度不小于(m) | | 20.0 | 22.0 | 25.0 | 27.0 | 30.0 | 35.0 | 40.0 | 45.0 | 50.0 | | | 55.0 | | 60.0 | 65.0 | 70.0 | 80.0 |
| 轨距(m) | | 2.8 | | 3.2 | | 4.0 | | 4.5 | 5.0 | | | 6.0 | 6.5 | | | 8.0 | | 10.0 |
| 起升速度不小于 (m/min) | | 20.0 | | 50.0 | | 60.0 | | 80.0 | | 100.0 | | | 120.0 | | | | | |
| 最低稳定下降速度不大于(m/min) | | 7.0 | | | | | | | | 5.0 | | | | | | 3.0 | | |

续表

<table>
<tr><td>小车变幅速度不小于（m/min）</td><td>15.0</td><td>20.0</td><td colspan="4">30.0</td><td colspan="2">40.0</td><td colspan="4">50.0</td><td colspan="2">60.0</td><td>70.0</td></tr>
<tr><td>整机运行速度不小于(m/min)</td><td colspan="12">20.0</td><td colspan="3">15.0</td></tr>
<tr><td>回转速度不小于(r/min)</td><td colspan="6">0.70</td><td colspan="7">0.60</td><td colspan="2">0.50</td></tr>
<tr><td>设计质量(t)</td><td>7.0～9.0</td><td>8.0～10.0</td><td>12.0～15.0</td><td>13.0～17.0</td><td>18.0～25.0</td><td>23.0～30.0</td><td>30.0～37.0</td><td>36.0～45.0</td><td>45.0～55.0</td><td>50.0～60.0</td><td>58.0～70.0</td><td>71.0～83.0</td><td>80.0～95.0</td><td colspan="2"></td></tr>
</table>

2. 型号标记

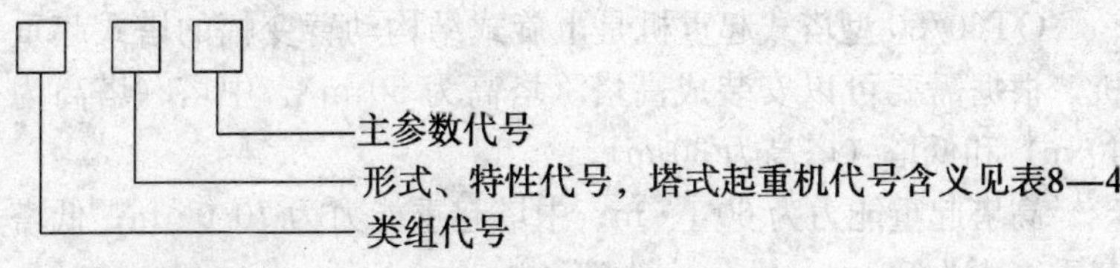


标记示例：

公称起重力矩为 400 kN·m 的快装式塔式起重机标记为：

塔式起重机 QTK400　JG/T 5037。

公称起重力矩为 600 kN·m 的固定塔式起重机标记为：

塔式起重机 QTG600　JG/T 5037。

表 8—4　　塔式起重机代号含义

| 组 | | 型 | | 特性 | 产品 | | 主参数代号 | | |
|---|---|---|---|---|---|---|---|---|---|
| 名称 | 代号 | 名称 | 代号 | 代号 | 名称 | 代号 | 名称 | 单位 | 表示法 |
| 塔式起重机 | QT（起塔） | 轨道式（固定式） | — | — | 上回转塔式起重机 | QT | 额定起重力矩 | kN·m | 主参数乘 $10^{-1}$ |
| | | | | Z（自） | 上回转自升塔式起重机 | QTZ | | | |
| | | | | A（下） | 下回转塔式起重机 | QTA | | | |
| | | | | K（快） | 快装塔式起重机 | QTK | | | |
| | | 汽车式 | Q(汽) | — | 汽车塔式起重机 | QTQ | | | |
| | | 轮胎式 | L(轮) | — | 轮胎塔式起重机 | QTL | | | |
| | | 履带式 | U(履) | — | 履带塔式起重机 | QTU | | | |
| | | 组合式 | H(合) | — | 组合塔式起重机 | QTH | | | |

# 第二节　塔式起重机工作机构

## 一、QT60/80 型塔式起重机

QT60/80 型塔式起重机是一种老式的塔式起重机，但是目前工地上还在使用。从安全管理角度需要了解这种塔式起重机的工作性能。

QT60/80 型塔式起重机是上旋式结构动臂变幅的塔式起重机，根据需要可以安装成高塔（塔高为 50 m）、中塔（塔高为 40 m）和低塔（塔高为 30 m）。

高塔起重能力为 60 t·m；中塔起重能力为 70 t·m；低塔起重能力为 80 t·m。

如图 8—2 所示为 QT60/80 型塔式起重机起升机构图。起升机构由电动机、制动器、减速器、开式齿轮、卷绕系统等构成。

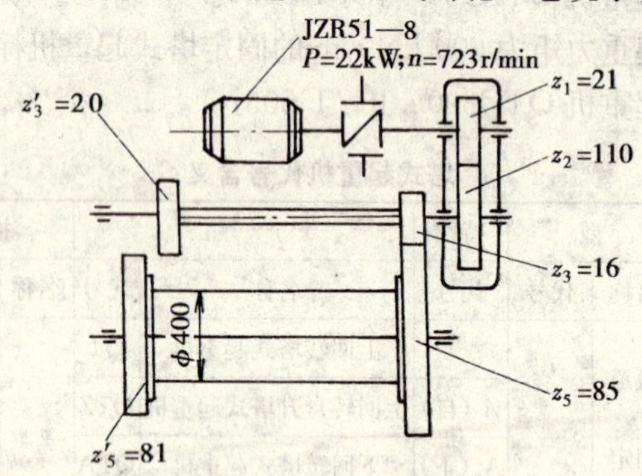

图 8—2　QT60/80 型塔式起重机起升机构图

1. 开式齿轮

开式齿轮有两副，所以在同一倍率下可以获得两种速度。在双绳时，可获得的起升速度 $v_1=21.5$ m/min，$v_2=16.4$ m/min；在三绳时 $v_1=14.3$ m/min，$v_2=11$ m/min。

2. 起升电动机

起升电动机型号为 JZR 51—8，功率为 22 kW，转速 $n=723$ r/min，减速器传动比 $i=110/21=5.24$，开式齿轮传动比 $i_1=85/16=5.31$，$i_2=81/20=4.05$，卷筒直径 $D=400$ mm。

3. 变幅机构

QT60/80 型塔式起重机变幅机构属于挠性变幅机构。变幅机构电动机型号为 JZR31—8，功率 $N=7.5$ kW，转速 $n=$

702 r/min，减速器传动比 $i=38.5$，开式齿轮传动比 $i=2.4$，卷筒直径 $D=360$ mm。

为确保安全，在减速器内装有载荷自制式制动器。

4. 回转机构

回转机构由小齿轮、内齿圈、开式齿轮、蜗轮蜗杆减速器组成。在蜗轮蜗杆传动中，蜗杆采用双头蜗杆，目的是避免在蜗轮传动中产生自锁，使之成为可逆传动。当大风吹击时，起重臂可以转向顺风方向，避免由于风力发生事故。

5. 行走机构

行走机构由电动机、制动器、减速器、轮边开式齿轮和车轮等构成。

QT60/80 型塔式起重机发生“倒塔”事故是比较多的，在操作中要严格遵守操作规程，不准超载，回转动作要慢。在装、拆塔中要注意安全操作。

**二、QTZ 系列塔式起重机**

QTZ 系列塔式起重机是适应高、中层建筑和大跨度工业厂房施工的多用途自升式塔式起重机。QTZ 系列塔式起重机采用水平臂架、小车变幅、底架台车行走的结构形式。塔身采用液压顶升，可随建筑物的升高而增高。该塔可以改装成轨道行走式、附着式、内爬式等不同形式。

1. QTZ 系列起重机起升机构

QTZ 系列起重机起升机构由电动机、涡流制动器、减速器、液压推杆制动器、上升极限位置限制器、卷绕系统等构成，如图 8—3 所示为 QT80 型起升机构图。

起升机构采用减速器中电磁离合器换挡齿轮调速，机械速比为 3∶1；绕线电动机与涡流制动器速比为 7∶1。整机速比为 21∶1。这样可以实现轻载高速，重载低速。轻载速度为 96 m/min，重载速度为 16 m/min。塔吊每日起吊次数可达 120～140 次。

2. 回转机构

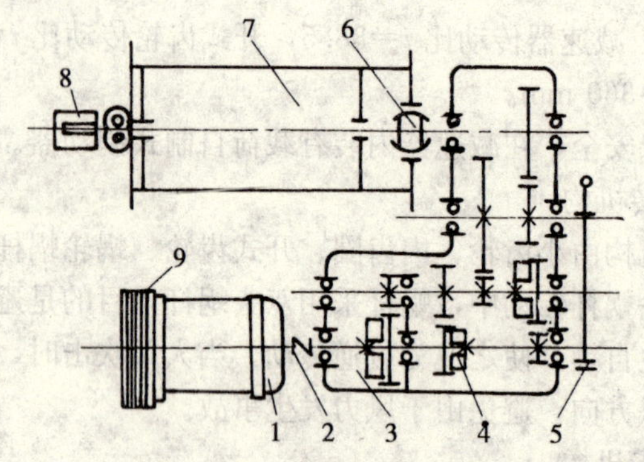


图 8—3 QT80 型起升机构图

1—电动机 2—弹性联轴器 3—减速器 4—电磁离合器

5—制动器 6—浮动铰链及齿形接盘 7—卷筒

8—上升极限位置限制器 9—涡流制动器

回转机构由电动机、带传动、摆线针轮减速器、小齿轮和大齿圈构成。

回转机构采用绕线式电动机、液力耦合器、摆线针轮减速器相配合的“电—液—机”结构，使塔式起重机回转工作平稳，就位方便。两套回转机构对称地分布在大齿圈的两侧。转速 $n$＝0.63 r/min。在 35 m 幅度时，回转线速度达 138 m/min；在 40 m 幅度时，回转线速度可达 158 m/min。

3. 金属结构

底架采用“X”形交叉大梁结构，大梁结构为箱形断面形式，全部采用低合金钢焊接而成。“X”形交叉底架具有构造简单、制造方便、易于运输等优点。

塔身由标准节和下塔身构成。标准节由角钢对焊成正方形截面结构。主弦杆连接焊缝要求做 X 射线探伤检查。

塔身标准节高度为 2.5 m，中心截面尺寸为 1.5 m×1.5 m。

4. 回转塔身

回转塔身由上支座、回转机构、司机室及框架构成，其示意图如图 8—4 所示。

回转塔身与塔帽用螺栓固接，下部通过回转轴承与塔身支座连接。

5. 起重臂

起重臂为正置三角形断面及平行弦杆结构。下弦杆由槽钢加封板焊成，槽钢上平面兼作载重小车运行轨道，封板则作为导向滚轮的导向面。A 型和 B 型的上弦杆由低合金钢板压成槽形并合焊成矩形断面，C 型的上弦杆由无缝钢管构成台阶式变载面结构。起重臂由根部节、吊点节、臂头和标准节组成，可分别组成 25，30，35，40 m 的长度。

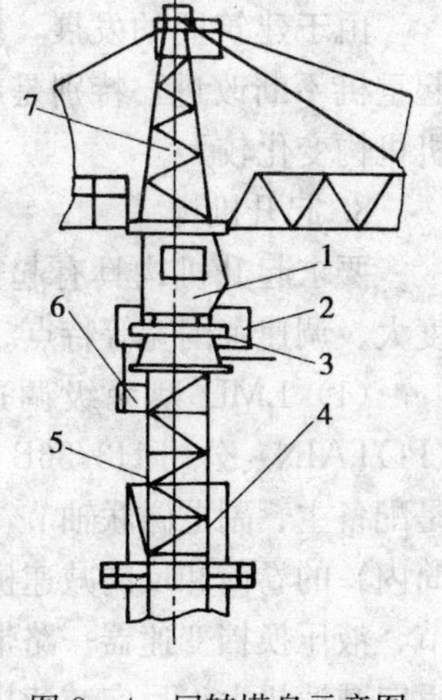

图 8—4 回转塔身示意图

1—司机室及主架 2—六角平台 3—上下支座 4—爬升架 5—塔身 6—外悬平台 7—塔帽

起重臂吊点为上支撑式，即吊点放置在上弦杆节点处。QT80B 型塔式起重机采用“双点双拉杆”方式，由于增加了一个弹性支座，吊臂成为超静定结构。

6. 司机室

司机室置于六角平台上，操作方便，视野良好。室内铺设隔热材料，操纵器和显示器采用联动控制台。还安装了 TDLX1 型电子式和 MML—1 型微电脑式力矩限制器，质量检测装置安装在司机室顶部，通过起升绳取信号。幅度检测装置安装在起重臂根部，从安装在减速器外伸轴上的多圈电位器取信号。

7. 自升式塔式起重机

自升式塔式起重机采用自动更换倍率的装置。如图 8—5 所示为倍率变换机构图。

当起重量很大时，中间的活动滑轮与吊钩滑轮组固定在一起，支撑绳数为 4。当起重量比较小时，中间活动滑轮脱开吊钩滑轮组与小车滑轮组在一起，支撑绳数为 2。

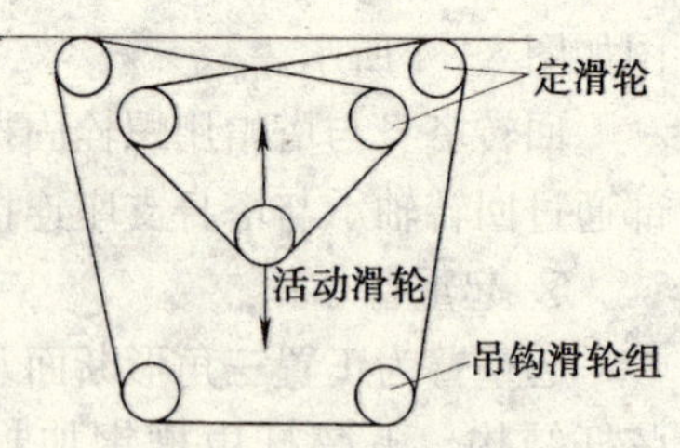

图 8—5 倍率变换机构图

由于建筑业的发展，塔式起重机不断改进，特别是起重机机构变化较大。

8. 起升机构

要求起升机构具有起升高度大、调速范围宽等特点。

（1）LMD 型无级调速起升机构　这种机构是法国波坦（POTAIN）公司 H3/36B 型塔式起重机的起升机构，结构特点是配备主、副电磁联轴节，液压换挡变速器，带行星减速器（卷筒内）的卷筒和反向减速机。当电动机转动时，通过主电磁联轴节、液压换挡变速器一路带动卷筒转动；另一路通过万向轴接到反向减速机上。反向减速机上装有测速电动机，并通过副电磁联轴节起制动作用。通过电子控制箱来控制两个电磁联轴节，最终合成一个稳定的速度。LMD 型无级调速起升机构是通过电磁联轴节和液压换挡变速器共同调速的，所以调速范围大，满足起重机空载快速下放的要求，速度可达 260 m/min。液压盘式制动器是由液压中心控制的。LMD 型无级调速起升机构在国内大型塔式起重机中也有应用。电动机功率范围为 60～100 kW。

（2）RCS 型起升机构　这种机构是 POTAIN 公司生产的塔式起重机的一种方案，又称双绕线转子异步电动机调速起升机构。电动机功率范围为 30～70 kW。该机构包括两台绕线异步电动机、制动器、减速器、起升卷筒。

由两台参数相同的绕线转子异步电动机接减速机的两齿轮轴，两齿轮的齿数不同（传动比为 2∶1），这样连接齿轮齿数多的电动机输出较低的转速，所以称为低速电动机，连接齿轮齿数少的电动机输出较高的转速，所以称为高速电动机。当起升时，在低速电动机转子回路串入电阻做电动状态运行；而高速电动机做能耗制动状态运行。当下降时，高速电动机转子回路串入电阻做电动状态运行；低速电动机做能耗制动状态运行。这样就实现调速作用。这种起升机构的优点是：可在负载运动过程中调速，提高工作效率，取物装置工作平稳。

（3）多速三相异步电动机起升机构　通过改变绕组接法改变极对数，从而改变电动机转速，也称变极多速电动机调速起升机构，由三速或两速电动机、盘式电磁制动器、减速器、卷筒等构成。最大功率不超过 30 kW。用于中、小型塔式起重机上。

9. 回转机构

（1）OMD 型回转机构　包括笼型电动机、带传动、电磁离合器（涡流制动器）、制动器、行星减速机、小齿轮、测速电动机和回转限位器等。OMD 型回转机构有两种保护作用，一是防止突然打“反车”操作对塔身钢结构的影响。通过测速电动机测得转速低于设定值时，电动机才能反转。另外在回转机构中装有“风标机构”，保证起重机在非工作状态下起重臂能够随风转动，减小风阻力，防止起重机被大风破坏或独立塔式起重机被大风吹倒。

功率范围在 6～18 kW 之间，回转速度为 1 r/min。起动、制动平稳，起动时间可为 15 s。

（2）RCO 型回转机构　包括电动机、涡流制动器、行星减速机、回转小齿轮、弹簧盘式止动器等。

特点是：采用涡流制动器调速，塔式起重机在回转过程中比较平稳；由于安置减振弹簧，可以减少起重机在回转作业中的摇晃，改善回转齿圈的工作条件。

**三、LC—8752 型塔式起重机**

LC—8752 型塔式起重机的起重臂长度达到 81.6 m，可起重 2.1 t。起重机最大起重量为 18 t（18.6 m）。幅度为 80 m 时，可起重 2.9 t。起升机构功率为 90 kW；小车运行机构功率为 7.5 kW。起升速度为 3.2～192 m/min；行走速度为 20 m/min；

回转速度为0.7 r/min；小车运行速度为20 m/min。

## 第三节　塔式起重机安全技术

### 一、机构

1. 起升机构

塔式起重机起升机构的特点是起升钢丝绳比较长，有时可达200～600 m，所以卷筒为多层卷绕。塔式起重机的起升机构要求调速性能高，重载慢速，轻载快速，而且要求有良好的微动性能，以满足工程安装的要求。为此塔式起重机起升机构采用多种调速方案，如电磁离合器调速，闭环电磁联轴器调速系统，双电动机、能耗制动调速系统，变极多速电动机调速等方法进行调速。

在选择电动机容量和控制系统时，应控制物品的起升加速度不超过0.8 $m/s^2$，起升机构的驱动装置至少要安装一个常闭式支持制动器，并且安装在刚性连接轴上。制动器安全系数应不小于1.5，制动引起的加（减）速度不宜大于0.8 $m/s^2$。此外塔式起重机对钢丝绳的偏角提出要求，其允许值为：钢丝绳绕出或绕入滑轮的最大偏角不大于4°；钢丝绳绕出或绕入卷筒时，钢丝绳偏离螺旋槽两侧的角度应不大于3.5°；如偏角过大应设导绳器。

多层缠绕卷筒两侧凸缘的高度应超过钢丝绳最外层再加上2倍钢丝绳直径的高度。小车变幅的塔式起重机变幅机构允许采用无凸缘卷筒，但卷筒两侧边缘应比缠绕最外侧钢丝绳再空出2.5倍钢丝绳直径的宽度。在任何情况下，留在卷筒上的钢丝绳都应不少于3圈。

滑轮应安装钢丝绳防脱槽装置，防脱槽装置与滑轮外缘的间隙不得超过钢丝绳直径的20%。起升机构按规定的工作级别操作时，应保证起动、制动平稳；吊重在空中停止后，重复慢速起升时，不允许吊重有瞬时下滑现象出现。

2. 变幅结构

塔式起重机有动臂变幅和小车变幅两种变幅机构。

（1）动臂变幅机构　起重臂是由变幅钢丝绳支撑起重机，要特别注意变幅钢丝绳的检验。在选择电动机容量和控制系统时，要求变幅时起重臂头部水平移动的最大加（减）速度不超过 0.6 $m/s^2$。

制动器应采用常闭式制动器。对于平衡变幅机构，工作状态制动安全系数取 1.25；非工作状态制动安全系数取 1.15。对于非平衡变幅机构应安装一个支持制动器和一个停止器，或两个支持制动器。当选择一个支持制动器时，制动安全系数为 1.5；当选择两个支持制动器时，每个制动器的制动安全系数不小于 1.25。在所有工况下按规定的工作级别变幅时，应保证起动、制动平稳。

停止器应能保证在制动器失灵时可靠地支持住起重臂和起升载荷，而不发生坠臂事故。

（2）小车变幅机构　这种塔式起重机在空载时，小车任意一个滚轮与轨道的支撑点对其他 3 个滚轮的支撑点所构成的平面的偏移不得超过轴距值的 1/1 000。

3. 回转机构

回转机构宜采用可操纵的常开式制动器，制动器产生的制动力矩应能保证在最不利的工况和最大臂长时能稳定停止回转。如果采用闭式制动器，则应先减速后制动，并且确保当风速大于 20 m/s 时回转部分能在风的作用下自由回转。

极限转矩联轴器是起安全保护作用的装置，功能是保证起重机回转时，正常起动、制动不打滑；而在阻力过大或风力过大时，极限转矩联轴器打滑，以防起重臂被破坏或起重机倾倒；当风力过大时极限转矩联轴器滑脱，起重臂及时顺风转动，以防止起重机被吹倒，起安全保护作用。

回转支撑安装螺栓及螺母应采用级别为 8.8 以上的高强度螺栓、螺母。螺栓在上下支座上的最小拧入螺纹深度要满足表8—5

的规定。

**表 8—5　　回转支撑安装螺栓在上下支座上的最小拧入螺纹深度**

| 螺栓性能等级 | | 8.8 | 8.8 | 10.9 | 10.9 | 12.9 | 12.9 |
|---|---|---|---|---|---|---|---|
| 螺纹直径与螺距之比 $d/p$ | | <9 | ≥9 | <9 | ≥9 | <9 | ≥9 |
| 上下支座材料屈服强度 $R_{eL}$（MPa） | ≥280 | 1.0$d$ | 1.25$d$ | 1.25$d$ | 1.4$d$ | 1.4$d$ | 1.6$d$ |
| | ≥500 | 0.9$d$ | 1.0$d$ | 1.0$d$ | 1.2$d$ | 1.2$d$ | 1.4$d$ |
| | ≥900 | 0.8$d$ | 0.9$d$ | 0.9$d$ | 1.0$d$ | 1.0$d$ | 1.1$d$ |

注：1. 螺纹直径与螺距单位为 mm。

2. 当螺纹规格不大于 M30 时取 $d/p<9$，当螺纹规格大于或等于 M33 时取 $d/p\geqslant 9$。

在所有工况下按规定工作级别变幅时，应保证起动、制动平稳。动臂变幅的塔式起重机，对于可带载变幅的变幅机构，要求变幅过程平稳，并应设有防止吊臂坠落的安全装置；小车变幅的塔式起重机，在空载时，起重小车的任何一个滚轮与轮道的支撑点对其他支撑点构成的平面，要求该平面偏移不得超过轴距公称值的 1/1 000。

4. 运行机构

在所有工况下按规定工作级别运行时，应保证起动、制动平稳；在未装配回转平台或塔身及压重时，任意一个车轮与轨道的支撑点对其他车轮与轨道构成的平面，要求该平面偏移不得超过轴距公称值的 1/1 000。

5. 自升式塔式起重机的顶升

如图 8—6 所示为顶升过程图。从图中可看出自升式塔式起重机的顶升机构与顶升工作程序。

（1）顶升机构　包括电动机、油泵、换向阀、溢流阀、平衡阀、工作油缸等构成的液压系统。还有套架、扁担梁、过渡节、引渡小车等构件。

（2）顶升工作程序　首先把标准节安置在引渡小车上，（见

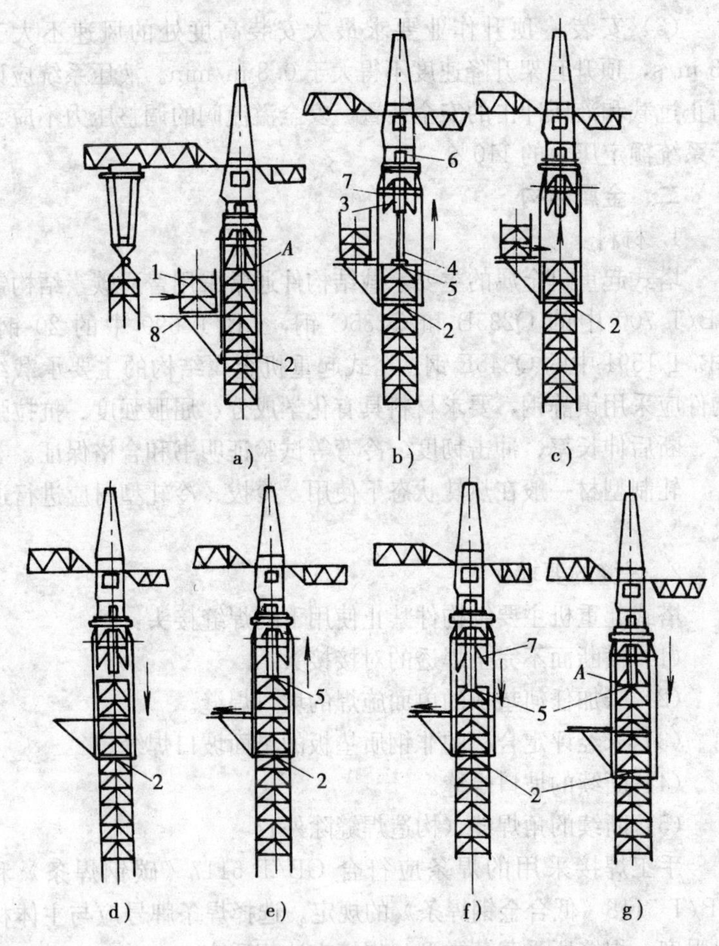


图 8—6 顶升过程图

1—标准节架 2—定位销 3—油缸 4—活塞杆

5—扁担梁销子 6—塔帽 7—过渡节 8—引渡小车

图 8—6a)；然后顶升套架并锁紧（见图 8—6b)；提升活塞杆（见图 8—6c)；引入标准节（见图 8—6d)；退出引渡小车（见图 8—6e)；连接标准节架（见图 8—6f)；拔出定位销、连接过渡节（见图 8—6g）等。

（3）安装　顶升作业要求最大安装高度处的风速不大于13 m/s，顶升套架升降速度不得大于0.8 m/min。液压系统应设防止过载和液压冲击的安全装置。安全溢流阀的调整压力不应大于系统额定压力的110%。

**二、金属结构**

1. 材料

塔式起重机金属的主要承载结构件通常采用普通碳素结构钢GB/T 700中的Q235B和Q235C钢，GB/T 699中的20钢，GB/T 1591中的Q345E钢。塔式起重机金属结构的主要承载结构件应采用镇静钢，要求材料具有化学成分、屈服强度、抗拉强度、断后伸长率、冲击韧度、冷弯等试验证明书和合格保证。

轧制型材一般在热轧状态下使用，冷拔、冷轧型材应进行退火。

2. 焊缝的要求

塔式起重机主要结构件禁止使用下列焊缝接头：

（1）横断面不完全焊透的对接接头。

（2）未加任何垫板的单面施焊的坡口焊缝。

（3）未经评定合格的非钢质垫板的单面坡口焊缝。

（4）断续的坡口焊缝。

（5）断续的角焊缝（构造焊缝除外）。

手工焊接采用的焊条应符合GB/T 5117《碳钢焊条》和GB/T 5118《低合金钢焊条》的规定。选择焊条牌号应与主体材料强度、焊缝所受载荷类型、焊接方法相适应。

焊缝质量检验方法应符合JG/T 5082.1《建筑机械与设备焊接通用技术条件》。

3. 高强度螺栓连接的检验

（1）高强度螺栓孔应采用钻削加工，孔的直径应比高强度螺栓公称直径 $d$ 大1.5～2.0 mm。

（2）普通螺栓只允许使用在次要结构件的连接中。

（3）采用铰制孔螺栓连接时，如果结构件承受脉动载荷，则孔的直径不得大于螺栓配合杆直径加上 0.2～0.3 mm，若结构件承受交变载荷，要求孔和螺栓的配合精度不低于 H11/ h9。

（4）螺栓布置的极限尺寸参见表 8—6 的规定选取。

**表 8—6　　螺栓布置的极限尺寸**

<table>
<tr><th>名称</th><th colspan="3">布置与方向</th><th>最大允许距离（取以下两者之中的较小值）</th><th>最小允许距离</th></tr>
<tr><td rowspan="3">中心间距</td><td colspan="3">外排</td><td>$8d_0$ 或 $12\delta$</td><td rowspan="3">$3d_0$</td></tr>
<tr><td colspan="2" rowspan="2">中间排</td><td>受压结构件</td><td>$12d_0$ 或 $18\delta$</td></tr>
<tr><td>受拉结构件</td><td>$16d_0$ 或 $24\delta$</td></tr>
<tr><td rowspan="4">中心到结构件边缘的距离</td><td colspan="3">顺内力方向</td><td rowspan="4">$4d_0$ 或 $8\delta$</td><td>$2d_0$</td></tr>
<tr><td rowspan="3">垂直于内力方向</td><td colspan="2">切割边</td><td rowspan="2">$1.5d_0$</td></tr>
<tr><td rowspan="2">轧制边</td><td>高强度螺栓</td></tr>
<tr><td>其他螺栓</td><td>$1.2d_0$</td></tr>
</table>

注：表中 $d_0$ 为螺栓孔径，mm；$\delta$ 为外层较薄板件的厚度，mm。

## 三、梯子、护圈和平台、走台、栏杆

1. 梯子、护圈

（1）梯子

1）斜梯（与水平面夹角不大于 65°）踏板横向宽度大于 300 mm，梯级间距不大于 300 mm，斜梯两侧应设高度不低于 1 m 的扶手，两扶手间距（宽度）不小于 60 mm。

2）直梯（与水平面夹角在 75°～90°之间）梯级间距为250～300 mm，两撑杆间宽度不小于 300 mm，踏杆与主结构的腹杆的间距不小于 160 mm，踏杆直径不小于 16 mm。踏板、踏杆应采用金属材料制造，并且应具有防滑性能。

（2）护圈　高出地面 2 m 以上的直梯应设护圈，护圈的最小直径为 650 mm，护圈间距为（700±50）mm。护圈之间侧向应均匀布置连接板条，连接板条的数量应为 3 条。当梯子设于起重机结构内部时，梯子与结构件的间距不小于 1.2 m，可不设护圈。护圈的任何一点均可承受 1 kN 的集中载荷而无塑性变形。

2. 平台、走台、栏杆

在有维修、操作的位置均应设置平台、走台、栏杆和挡板。

（1）平台和走台　离地高度 2 m 以上的平台和走台应采用金属材料制造，并且应具有防滑性能。当采用带圆孔或其他形状孔洞的材料制造时，圆孔或其他洞孔的面积应小于 400 mm²，也不能使直径为 20 mm 的球体通过。平台和走台的宽度应不小于 500 mm，并且在边缘处设高度不低于 150 mm 的挡板。平台和走台能承受 3 kN 的集中载荷而无塑性变形。

（2）臂架走台　对于小车变幅的臂架，走台应设在臂架内部。臂架断面高度在 1 800 mm 以内时，走台设在臂架的一侧；当臂架断面高度大于 1 800 mm 时，走台可设在臂架的中间。

当梯子高度超过 10 m 时，应在 10 m 处设休息小平台，以后每隔 6～8 m 设置一个小平台。

（3）栏杆　离地高度 2 m 以上的平台和走台应设防护栏杆，栏杆高度按 GB 6067 规定为 1 050 mm。

## 四、安全装置

1. 起重力矩限制器

根据 GB 6067 的规定，起重力矩大于或等于 25 t·m 的塔式起重机应安装起重力矩限制器。当起重量大于相应工况下额定值并且小于额定值的 110％时，应切断上升或变幅增大方向的电源，但是允许下降或变幅减小方向运动。

2. 行程限位器

（1）行走限位器　轨道行走式塔式起重机在两个方向均应安装行走限位器。应保证起重机在距离终端止挡小于 1 m 的范围内自动停止运动。终端止挡与缓冲器最小距离为 1 mm。

（2）幅度限位器　对于小车变幅的起重机，最大变幅速度超过 40 m/min 的起重机，小车向外运行时，当起重力矩达到额定值的 80%时，应能自动切换到低速挡运行；对于动臂变幅的起重机，应设起重臂最低极限位置和最高极限位置的幅度限位器（开关），并且应安装幅度指示器。小车变幅的起重机的小车限位器动作时，小车停车点与缓冲器的最小距离为200 mm。

（3）高度限位器　起重机应安装吊钩上极限位置限位器。对于臂架变幅的起重机，当吊钩装置上部至起重臂上端的最小距离为 800 mm 时，吊钩上极限位置限位器应立即停止起升机构的上升运动，但允许下降运动。对于小车变幅的起重机，吊钩装置上部与小车架下端的安全距离分别为：上回转塔式起重机 2 倍倍率时为 1 000 mm；4 倍倍率时为 700 mm。下回转塔式起重机 2 倍倍率时为 800 mm；4 倍倍率时为 400 mm。当吊钩装置上升到安全距离时，极限位置限位器应立即停止起升机的上升运动，但允许下降运动。

（4）回转限位器　对于回转部分不设集电器的起重机以及有特殊使用需要的塔式起重机，应设回转限位器。对于有自锁作用的回转机构，应设安全极限力矩联轴器。

3. 小车断绳保护装置

小车变幅起重机应设小车断绳保护装置。

4. 风速仪

臂架根部铰点高度大于 50 m 的起重机应安装风速仪。当风速大于工作极限风速时，应发出停止作业警报。

5. 夹轨器

轨道式起重机必须安装夹轨器，应保证夹轨器不妨碍塔式起重机运行。

6. 缓冲器

轨道式起重机大小车要安装缓冲器，允许的最大减速度为 4 $m/s^2$。

7. 挡板

轨道式起重机要在台车架上安装挡板，以排除轨道上的障碍。挡板与轨道的间隙不大于 5 mm。

8. 滑轮组的防护装置

避免手指铰入滑轮和钢丝绳之间；对于能变换倍率的滑轮组，应配置一个防护装置，保证手不接触钢丝即可变换倍率。

根据 GB 6067 的要求还应具有下列安全装置：

9. 轨道终端止挡。

10. 暴露零部件的防护罩。

11. 电气设备的防雨罩。

**五、电气安全要求**

1. 起重机金属结构、轨道及所有电气设备的外壳，金属线管、安全照明的变压器低压侧等均需可靠接地。接地电阻不大于 4 Ω。采用多处重复接地时，其接地电阻值不应大于 10 Ω。

2. 电气系统应有可靠的自动保护装置，具有短路保护、过流保护和缺相保护等。总电源电路必须设置自动空气开关，起短路保护作用。

3. 为保障正常工作，系统应设有欠压、过压及失压保护，应设欠压、过压报警装置，当电压低于 $0.85U\mathrm{e}$ 和高于 $1.1U\mathrm{e}$（$U\mathrm{e}$ 为额定电压）时，装置应报警或切断电源。

4. 电源错相和断相保护装置。

5. 零位保护。

6. 联锁保护装置。

7. 照明、信号和通信

必须保证司机室、塔身、塔顶、起重臂等处的照明。固定照明的电源电压不超过 220 V，并单独控制。禁止用金属结构作为照明线路的回路。塔高度超过 30 m 的起重机应在塔顶和起重臂（包括平衡臂）端部安装红色障碍信号灯。

8. 电缆卷筒

轨道式塔式起重机供电电缆卷筒应配备张紧装置，电缆收放速度应与起重机同步，保护电缆不被扭曲、磨损、拉断和堆积。

电缆卷筒的防护等级不应低于 IP44。电缆卷筒应设接地集电环，采用三相三线制供电的电缆卷筒设 4 个集电环，而三相四线制则应设 5 个集电环。

9. 集电器集电滑环应满足相应的电压等级和电流容量的要求。每个滑环必须有一对炭刷，炭刷与滑环的接触面积应不小于理论面积的 80%。

**六、塔式起重机司机室**

1. 安全技术要求

(1) 基本要求　工作环境温度为 −20～40℃；司机室应通风、保暖、防雨，当温度低于 5℃时，应安置取暖装置（非明火式），温度高于 35℃应有防暑通风装置。如采用空调器应设置单独电源。

(2) 结构　司机室内部尺寸中长度不小于 0.8 m，宽度不小于 0.8 m，高度不小于 2 m。司机室外面有走台，司机室门应向外开。顶棚上的活动门只能向上开，所有的门均需安装联锁装置。

2. 试验

(1) 封闭式司机室防水试验　在正常温度下，将司机室的门窗关闭。使用带喷头的水管与铅垂线成 30°角向顶面和四周喷水。各处喷水时间不少于 5 min。要求司机室内不渗水。

(2) 将 102 kg 的试块置于司机室顶棚薄弱处，在长、宽各 25 cm 的底面上放置时间不少于 10 min。卸载后，要求顶棚不得有任何变形，所有焊缝不得出现裂纹。

# 第九章　港口起重机安全技术

## 第一节　门座式起重机分类和技术参数

### 一、门座式起重机的分类

1. 港口门座式起重机

用于港口码头装卸作业的起重机具有比较高的工作速度。

（1）港口通用门座式起重机　其示意图如图 9—1 所示，它适用于装卸不同种类的货物，例如散货、成件货物和集装箱等。

（2）带斗门座起重机　门座式起重机上有抓斗，有的还配有漏斗和带式输送机。

（3）集装箱门座式起重机　集装箱码头上的装箱专用门座式起重机。

2. 船厂门座式起重机

具有比较高大的门座，有比较大的起升高度和起重能力，用于船厂的吊装作业。

3. 电站门座式起重机

用于电站建设用的门座式起重机，具有起重能力大、工作幅度大等特点。

此外港口起重机除门座式起重机外，还包括岸边抓斗卸船机、岸边集装箱起重机（集装箱装卸桥）、港口轮胎起重机及浮式起重机等。

集装箱起重机又可分为 H 型门架岸边集装箱起重机、A 型门架岸边集装箱起重机、集装箱门式起重机、轮胎式集装箱门式

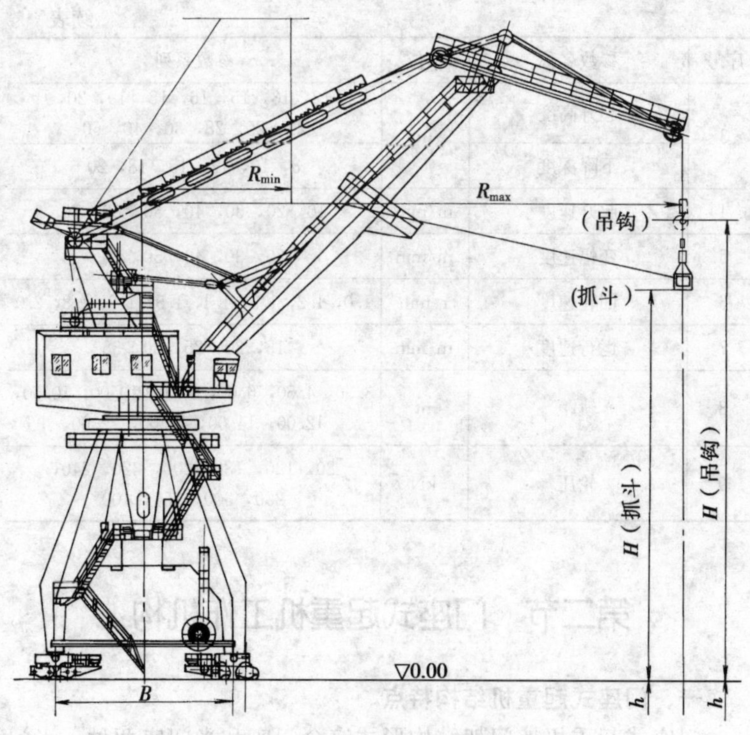

图 9—1　门座式起重机示意图

起重机等。

## 二、技术参数

港口门座式起重机基本参数系列见表 9—1。

**表 9—1　　港口门座式起重机基本参数系列**

| 序号 | 参数名称 | | 单位 | 参数系列 |
|---|---|---|---|---|
| 1 | 额定起重量 | | t | 3，5，8，10，16，20，25，32，40，63，80，100，125，160 |
| 2 | 幅度 | 最大 | m | 16，20，25，30，35，45，50，60 |
| | | 最小 | | 6，7，8，9，11，16 |

续表

| 序号 | 参数名称 | 单位 | 参数系列 |
|---|---|---|---|
| 3 | 起升高度 | m | 12，13，15，16，18，19，20，22，25，28，30，40，60 |
| | 下降深度 | | 8，10，12，15，18，20 |
| 4 | 起升速度 | m/min | 10，20，30，40，50，60，70 |
| 5 | 变幅速度 | m/min | 20，30，40，50，60 |
| 6 | 回转速度 | r/min | 1.0，1.2，1.3，1.4，1.5，1.6，1.8，2.0 |
| 7 | 运行速度 | m/min | 15，20，25，30，35 |
| 8 | 轨距 | m | 3.36，4.50，6.00，9.00，10.00，10.50，12.00，14.00，16.00，22.00， |
| 9 | 轮压 | kN | 80，120，180，200，220，240，250，300，350，400 |

## 第二节　门座式起重机工作机构

### 一、门座式起重机结构特点

门座式起重机按门架结构形式有全门座和半门座两种。半门座是指一侧支撑在地轨道上，另一侧支撑在栈桥（墙壁）上。

起重臂的结构形式有刚性拉杆组合臂架、柔性拉索式组合臂架、单臂架系统等。

门座式起重机的构造可分为两大部分，即上旋转部分和下运行部分。

上旋转部分包括臂架系统、人字架、旋转平台和司机室、机器房。机器房内安装有起升机构、变幅机构、旋转机构。

下运行部分包括门架和运行机构。

也可以按起重机的机械部分、金属结构部分和电气部分分类。

### 二、工作机构

1. 起升机构

起升机构由电动机、制动器、减速器、卷绕系统等组成，如图 9—2 所示为门座式起重机的起升机构总装图。

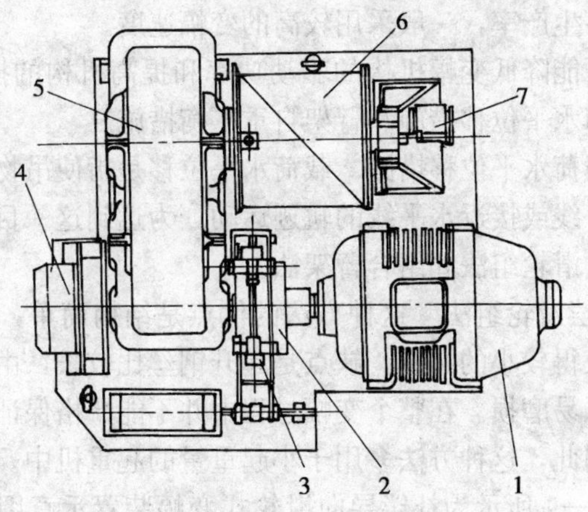


图 9—2　门座式起重机起升机构总装图

1—电动机　2—联轴器制动轮　3—制动器　4—限速器

5—减速器　6—卷筒　7—上升限位器

对于大起升高度的门座式起重机采用如图 9—3 所示的起升卷绕系统。由于起重臂较长，所以需要安装导向滑轮和钢丝绳托辊。

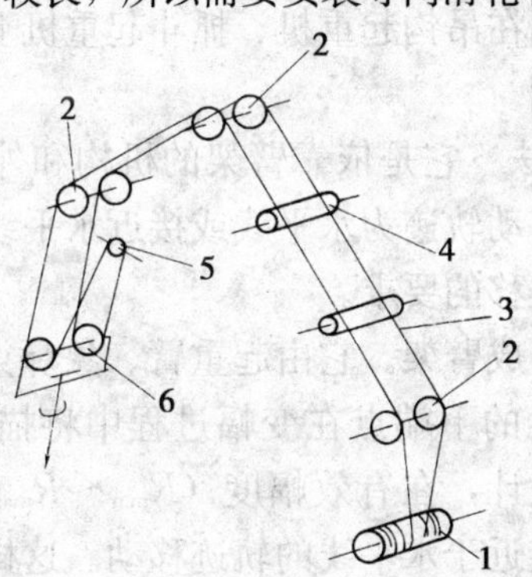


图 9—3　起升卷绕系统示意图

1—卷筒　2—导向滑轮　3—钢丝绳

4—托辊　5—平衡轮　6—动滑轮

2. 变幅机构

门座式起重机变幅机构属于带载变幅或称工作性变幅的机构。为提高生产率，一般采用较高的变幅速度。

为尽可能降低变幅机构的驱动功率和提高机构的操作性能，可采用载荷水平位移措施和臂架自重平衡措施。

（1）载荷水平位移措施　载荷水平位移是指使吊物在变幅过程中沿水平线或接近水平线的轨迹运动。为达到这一目的，基本上采用补偿滑轮组法和组合臂架法。

1）补偿滑轮组法　这种方法的优点是结构简单，臂架受力好，容易获得较小的幅度。缺点是起升钢丝比较长，由于穿绕滑轮多，所以易磨损。在整个变幅过程中并不能严格保证载重做水平移动，因此，这种方法多用于小起重量的起重机中。

如图 9—4 所示为补偿导向滑轮式变幅装置示意图，它是通过摆动杠杆上的导向滑轮实现绳索补偿作用。在变幅过程中，当起重臂端从 $A$ 变化到 $A'$ 时，补偿导向滑轮从 $B$ 移动到 $B'$。此时起重臂升高，但由于导向滑轮处放出的钢丝绳补偿这一变化，于是吊钩仍处于同一水平面，即 $AB+BC-A'B-B'C=H$。

这种方法可用在吊钩起重机、抓斗起重机上。在大起重量的起重机上也有应用。

2）组合臂架法　它是依靠臂架的机构和外形设计，实现在变幅过程中臂端移动轨迹为水平线或接近水平线，以满足在变幅过程中载重水平位移的要求。

①四连杆式组成臂架。它由起重臂、象鼻梁和刚性拉杆等 3 部分组成。象鼻梁的下端点在变幅过程中将描绘出一条双叶曲线，经过适当的设计，在有效幅度（$R_{min}\sim R_{max}$）范围内，象鼻梁下端点将沿着接近于水平线的轨迹移动。这样在起升钢丝绳不动的情况下，则能保持吊钩实现水平移动。

②曲线象鼻梁式组合臂架。这种方法是在四连杆系统的基础上发展起来的，将刚性拉杆改成挠性拉索。把象鼻梁设计成曲线

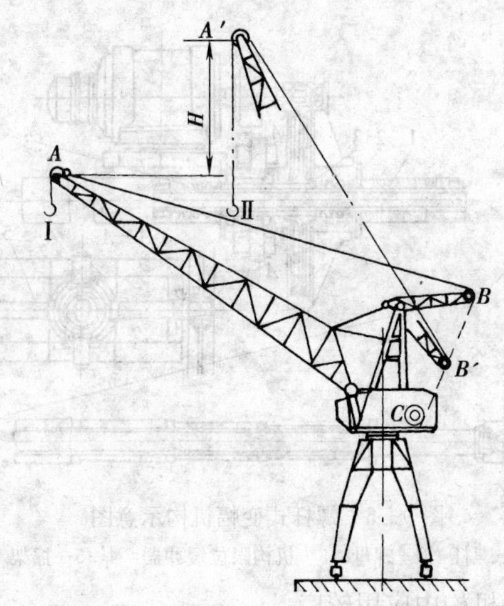


图 9—4　补偿导向滑轮式变幅装置示意图

形。从理论上是可以设计成臂端实现水平移动的。

这种方法的优点是自重轻。缺点是在侧向水平力的作用下，起重臂受转矩作用。

（2）变幅驱动机构　变幅驱动机构有推杆式（螺杆式、齿条式、液压推杆式），扇形齿轮式和曲柄连杆式。

如图 9—5 所示为螺杆式变幅机构示意图。

这种机构是由螺母驱动螺杆，螺杆推动臂架实现变幅的。螺母连同其传动装置均安装在能绕水平轴线摆动的摇架上。螺杆的螺纹多采用双头以上的螺纹。优点是传动比大，传动平稳，无噪声，但要特别注意螺杆的密封和润滑。为提高传动效率，可采用现代化的滚珠丝杆代替一般的传动螺杆。

如图 9—6 所示为齿条变幅驱动机构示意图。这种机构由齿条推动臂架，电动机通过减速装置后驱动小齿轮，小齿轮与齿条相啮合。整个驱动机构安装在机器房顶上。对于大型起重机，齿条常制成针齿的形式，以简化制造和维修工作。由于结构紧凑，

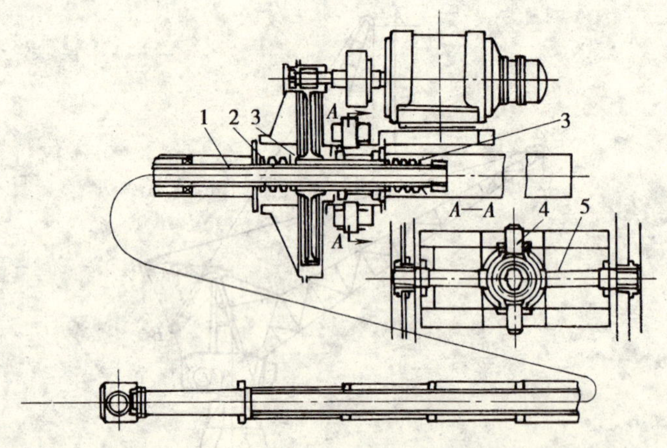


图 9—5　螺杆式变幅机构示意图

1—螺杆　2—螺母　3—机构限位缓冲器　4，5—摇架

在工作性变幅机构中应用较广。

此外，还有液压缸变幅机构，它是一个摆动油缸，其活塞杆的端部与臂架连接，靠液压缸活塞杆实现变幅。

扇形齿轮变幅机构和曲柄连杆变幅机构在现代起重机中应用不多。

为减缓变幅起动和制动时的冲击，并消除振动，在机构与臂架间要安装缓冲器，有橡胶缓冲器和液压弹簧缓冲器两种。

液压弹簧缓冲器具有较好的吸收振动能量的阻压性能。可通过调整活塞两侧节流阀的开度获得不同的阻压。通过橡胶变形和液压油的节流发热还能吸收部分冲击动能，起消振作用。

为限制臂架的变幅行程，应装设限位开关。

3. 旋转机构

门座式起重机一般都采用齿圈式旋转传动机构，通常驱动装置安装在旋转部分上，驱动机构的小齿轮与固定的门架上的大齿圈相啮合。小齿轮绕齿圈转动，实现起重机的旋转运动。

为保护摩擦面，使摩擦系数保持稳定，最好将摩擦面浸在油

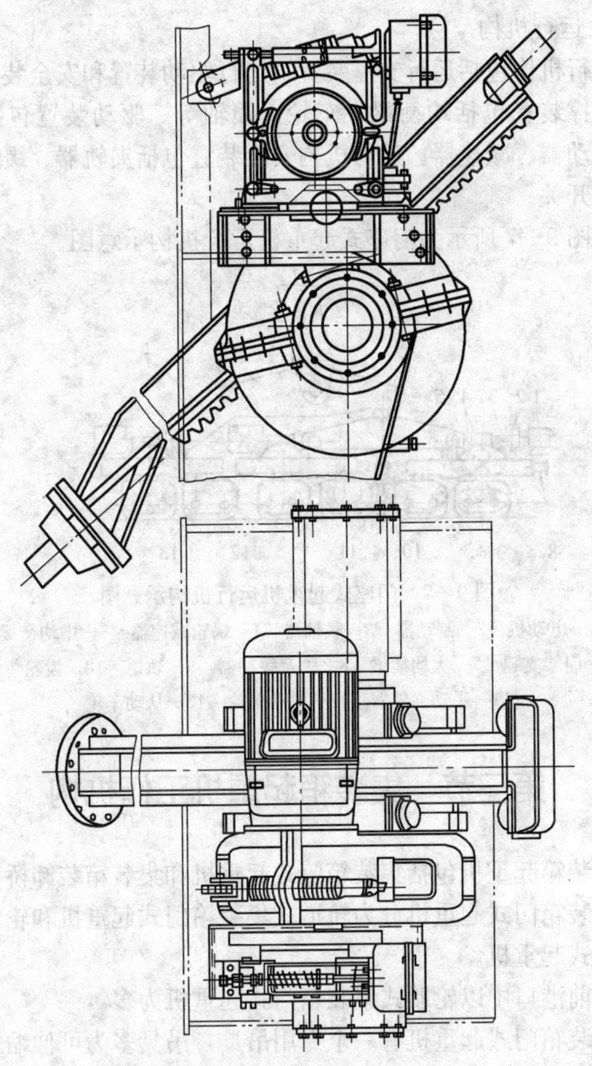

图 9—6　齿条变幅驱动机构示意图

里，或用油泵供油进行润滑。

有的门座式起重机为了减小旋转惯性力和冲击，还装有弹簧缓冲器。

4. 运行机构

运行机构包括运行支撑装置、运行驱动装置和安全装置。

支撑装置包括均衡梁、车轮、锁轴等。驱动装置包括电动机、制动器、减速器。运行机构安全装置包括夹轨器、缓冲器以及限位开关。

如图 9—7 所示为门座式起重机运行机构示意图。

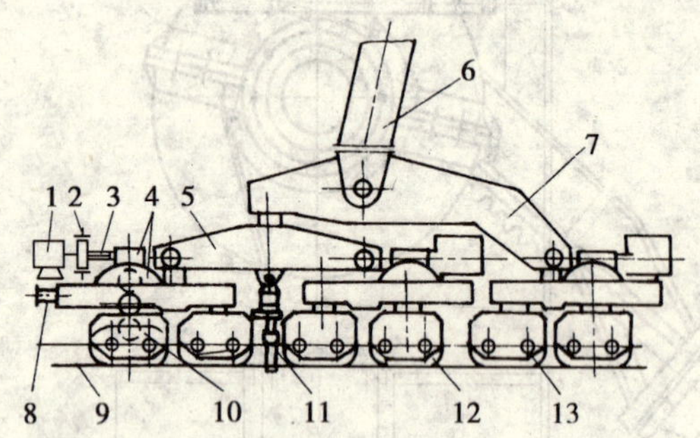


图 9—7　门座式起重机运行机构示意图

1—电动机　2—制动器　3—联轴器　4—蜗轮减速器　5—中均衡梁　6—门架支腿　7—大均衡梁　8—弹簧缓冲器　9—轨道　10—齿轮传动　11—手动夹轨器　12—驱动车轮　13—从动车轮

## 第三节　集装箱起重机工作机构

集装箱起重机包括集装箱门式起重机和集装箱装卸桥。

集装箱门式起重机分为轨道式集装箱门式起重机和轮胎式集装箱门式起重机。

目前港口中以轮胎式集装箱门式起重机为多。

集装箱门式起重机有一个专用吊具，吊具多为可伸缩式，根据集装箱大小来调节吊具。40 ft 集装箱长度为 12 192 mm，宽度为 2 438 mm，高度为 2 438 mm。20 ft 的集装箱长度为 6 058 mm，宽度为 2 438 mm，高度为 2 438 mm。

集装箱起重机为提高装卸效率，应有效控制集装箱摇摆并缩短摆动的衰减时间。

减摇装置有许多结构形式。有丝杆减摇装置、油缸自动锁紧减摇装置、绳索式减摇装置。

这种起重机有起升机构、小车运行机构、大车运行机构、吊具回转装置和起重机驱动机构。

为使吊具对准集装箱，吊具应能做±5°的回转运动。吊具回转装置有双层小车结构，也有整体小车结构。

驱动装置有柴油机—电动机方式，也有柴油机—液压方式。

大车运动机构通常是借助链轮传动实现起重机行走。

轮胎式集装箱门式起重机装有行驶自动控制装置。它包括轨线偏移检测器、轨线控制装置、运行电动机控制装置、司机室内的轨线偏移指示和报警装置。这些装置可以保证轮胎在集装箱堆场上按直线行驶。

这类起重机还可以转弯，安装一个直角转向装置。

轮胎式集装箱门式起重机在集装箱堆场上行驶时，车轮与集装箱的距离应不小于 500 mm。一旦发生走偏就会发生碰箱事故。为避免撞坏集装箱，在起重机上安装一个防碰装置。

这类起重机装有较为齐全的显示装置和安全装置。

防摇系统在小车停车后 5～6 s 内，可使集装箱摆动幅度减小到 10 cm 之内。

有可靠的防风夹轨器，可以抵抗风速为 33 m/s 时起重机不被风吹走。

在起升机构上装有最大高度极限限位开关、高度限速开关。当吊具降到离码头 7 m 高时减速限位开关动作，当上升和下降速度超过额定速度 115％时，超速开关动作，以防超速。

起重臂俯仰限位开关有杠杆式、凸轮式、离心式及无触点式结构。

集装箱装卸桥的防风措施是很重要的。某港口有 12 台岸壁集装箱装卸桥，在 1 周之内有 11 台被吹翻。这主要是因为防风夹轨器不可靠，结果起重机被吹到轨道头撞倒后翻入海里。

装卸桥陆侧后伸梁的拉杆由于风力而产生振动，常引起开焊，所以要注意检查。要经常检查这些部件，防止由于裂纹发展造成重大事故。

此外，还要注意电缆被车压坏的事故出现。

## 第四节　门座式起重机安全技术

### 一、材料

1. 金属结构的材料

金属结构的材料见表 9—2。

2. 卷筒材料

（1）对于焊接件通常采用力学性能不低于 Q235B 的材料。

**表 9—2　　金属结构的材料**

| 工作环境温度 | | 不低于－20℃ | | 低于－20℃ |
|---|---|---|---|---|
| 工作级别 | | A6 | A7，A8 | A6～A8 |
| 钢材牌号 | $\delta \leqslant 20$ | Q235B | Q235B | Q235D，Q345 |
| | $\delta > 20$ | Q235B | Q235C | Q235D，Q345 |

注：在低于－20℃环境中材料的冲击功 $A_K$ 不得低于 27 J。

（2）对于铸钢件应采用力学性能不低于 ZG230－450 的材料。

（3）滑轮的焊接件通常采用 Q235B 和 35 钢，铸铁件采用 HT200。

3. 集装箱吊具转锁应采用力学性能不低于 40Cr 钢的材料。

4. 车轮材料

（1）轧制的大型车轮轮箍应采用力学性能不低于 60 钢的材料。

（2）锻造车轮应采用力学性能不低于 45 钢的材料。

## 二、结构件的安全技术要求

1. 焊缝

(1) 焊缝坡口应符合 GB/T 985《气焊、手工电弧焊及气体保护焊焊缝坡口基本形式与尺寸》和 GB/T 986《埋弧焊焊缝坡口的基本形式与尺寸》的要求，特别焊缝要注明。

(2) 所有焊缝均应保证焊接质量，不得有影响性能和外观质量的缺陷，如不得有漏焊、烧穿、裂纹等缺陷。

(3) 受力结构件的焊缝质量应达到 GB/T 12469《焊接质量保证钢熔化焊接头的要求和缺陷分级》中规定的缺陷分级Ⅱ级标准。

(4) 未注明焊缝高度的角焊缝，其焊缝高度不得小于较薄被焊件厚度的 80%。

2. 连接结构件的高强度螺栓副

(1) 连接结构件的高强度大六角螺栓、螺母、高强度垫圈及技术要求必须符合 GB/T 11228《钢结构用高强度大六角头螺栓》等技术标准的规定，并按设计规定的安装程序进行安装和检查。

(2) 连接结构件铰制孔螺栓副。螺栓的力学性能不低于 8.8%级，螺母的力学性能不低于 8 级。

3. 臂架、象鼻梁、大拉杆、转柱、转台等制造完工后应达到下列标准

(1) 整体结构轴线在给定平面内的直线度误差不得大于被测量长度的 1/1 500，并且不超过 20 mm。

(2) 几何铰点轴线对全结构纵向对称平面的垂直度误差不大于被测量件长度的 1/1 500。

4. 门座制作完工后应达到的要求

(1) 门座支腿轨距的偏差 $\Delta S$：(−5～−10) mm。

(2) 门座支腿底部对角线偏差 $\Delta L$：(−5～+5) mm。

(3) 门座各支腿底平面的垂直高低差不大于 3 mm，水平偏

斜不大于被测量长度的 1/1 000。

**三、门座式起重机的安全管理**

门座式起重机常受风灾袭击，严重的造成起重机出轨倾翻事故。

在作业前，必须了解气象情报、船舶进出港时间、装卸泊位等情况。

然后检查起升、变幅、旋转机构的工作情况，锚固装置、夹轨器的工作状态是否完好。

还应注意在工作过程中起重臂不应与船舶相碰（如船上瞭望塔、桅杆等）。当船舶靠岸时，起重机能退到安全地点。

在作业中，要注意海潮变化和货物对船体吃水线的影响。根据这些情况调整起重机的作业状态。

在作业过程中若遇到刮起大风时，应马上停止作业，采取锚固措施。当风速达到 30 m/s 时，必须可靠锚固。行走电动机在风速为 16 m/s 时应具有行走的能力，把起重机开到安全地点。风速报警器应在风速为 20 m/s 时报警。

在因风而停止作业时，要把起重臂转向顺风方向。起重机之间应留有安全距离。

风暴过后，要检查轨道是否有弯曲、下陷等损坏；起重机金属结构是否有裂纹；配电线是否漏电；钢丝绳是否损伤。

事故实例：

某港 10 t 门座式起重机受台风袭击，出轨机毁。当时风速为 45 m/s，风向由西向北。狂风过后，5 号机两支腿从运行小车上掉下来，另外两支腿扭转，车轮出轨。6 号门机被吹走十多米，防风铁鞋毁坏。

门座式起重机金属结构要经常检查，防止焊缝出现开焊和裂纹现象。

某港口 15 t 门座式起重机拉杆折断，这是由于拉杆中部下翼缘板的对接焊缝质量不良，加上工作频繁，动载大，振动十分严重，在使用中逐步开焊，最后导致折断。

某港口有门座式起重机57台（M10—25型门座式起重机），使用8 000～13 000 h后出现开焊和断裂现象，57台门座式起重机不同程度上都出现裂纹和开焊现象。

产生裂纹的主要部位有象鼻梁下弦杆、平衡梁小拉杆、平衡梁座、人字梁、变幅油缸支座、支撑环、转柱、门腿及运行台车平衡梁。

根据经验，开焊和裂纹有以下规律：

1. 每年冬末春初易产生裂纹。

2. 截面发生突变的主要受力部位易产生裂纹。

3. 焊缝比较集中的部位易开焊。

4. 回转机构起动、制动惯性力是象鼻梁、人字架、平衡梁系统损坏的主要原因。

5. 超负荷、甩钩等违章作业极易使金属结构损坏。

# 附录

**起重机监督检验必备仪器设备**

| 序号 | 仪器、量具名称 | 精度要求 | 备注 |
|---|---|---|---|
| 1 | 万用表 | ±2% | |
| 2 | 绝缘电阻测量仪 | ±1.5% | |
| 3 | 接地电阻测量仪 | ±2% | |
| 4 | 钳形电流表 | ±2% | |
| 5 | 经纬仪 | 4″ | |
| 6 | 水准仪 | ±2.5 mm/km | |
| 7 | 测拱仪 | | 自制 |
| 8 | 便携式测距仪 | ±1.5 mm | |
| 9 | 转速表 | ±1 km/h | |
| 10 | 测厚仪 | ±0.5% | |
| 11 | 称重仪 | ±1% | |
| 12 | 声级计 | 0.1 dB（A） | |
| 13 | 温湿度计 | ±2% | |
| 14 | 百分表 | 0.01 mm | |
| 15 | 压力表 | ±7 Pa | |
| 16 | 点温计 | ±1% | |
| 17 | 弹簧秤 | ±0.6 N | |
| 18 | 游标卡尺 | 0.02 mm | |
| 19 | 钢卷尺 | 1级 | |
| 20 | 钢直尺 | 1级 | |
| 21 | 塞尺 | 1级 | |
| 22 | 力矩扳手 | | |
| 23 | 放大镜（20倍） | | |

续表

| 序号 | 仪器、量具名称 | 精度要求 | 备注 |
| --- | --- | --- | --- |
| 24 | 线锤 | | |
| 25 | 常用电工工具 | | |
| 26 | 便携式检验照明灯 | | |
| 27 | 钢丝绳探伤仪 | | 选用 |
| 28 | 便携式超声波探伤仪 | 垂直度误差：水平方向小于1%；垂直方向小于5% | 选用 |
| 29 | 便携式磁粉探伤仪 | A1 试片 | 选用 |
| 30 | 照相机 | | 选用 |

# 参 考 文 献

1. 中国机械工业标准汇编．北京：中国标准出版社，2003

2. 刘佩衡主编．塔式起重机使用手册．北京：机械工业出版社，2002

3. 孙桂林主编．物料搬运设备手册．北京：人民交通出版社，2002

4. 孙桂林主编．机械安全手册．北京：中国劳动出版社，1993

5. 孙桂林主编．起重搬运安全技术．北京：化学工业出版社，1993

6. 孙桂林主编．特种设备质量监督与安全监察手册．北京：化学工业出版社，2005

7. 张劲，卢毅非主编．现代起重机械．北京：人民交通出版社，2003